中等职业教育“十三五”规划教材

矿山流体机械

林志斌　黄艳杰　主编

煤炭工业出版社

·北　京·

图书在版编目（CIP）数据

矿山流体机械/林志斌，黄艳杰主编．--北京：煤炭工业出版社，2019（2020.12 重印）
中等职业教育“十三五”规划教材
ISBN 978-7-5020-7377-0

Ⅰ.①矿… Ⅱ.①林… ②黄… Ⅲ.①矿山机械—流体机械—中等专业学校—教材 Ⅳ.①TD44

中国版本图书馆 CIP 数据核字(2019)第 057135 号

矿山流体机械（中等职业教育“十三五”规划教材）

主　　编　林志斌　黄艳杰
责任编辑　肖　力
责任校对　李新荣
封面设计　于春颖

出版发行　煤炭工业出版社（北京市朝阳区芍药居 35 号　100029）
电　　话　010-84657898（总编室）　010-84657880（读者服务部）
网　　址　www.cciph.com.cn
印　　刷　北京虎彩文化传播有限公司
经　　销　全国新华书店

开　　本　787mm×1092mm 1/16　**印张**　17 1/4　**字数**　406 千字
版　　次　2019 年 8 月第 1 版　2020 年 12 月第 2 次印刷
社内编号　20180723　　**定价**　45.00 元

中等职业教育“十三五”规划教材
编 审 委 员 会

主　　编： 林志斌　黄艳杰

副主编： 侯　健　李　辉　佟晶杰

参　　编： 李新伟　于国状　董　慧

前　　言

为学习贯彻党的十九大精神，落实《国务院关于加快发展现代职业教育的决定》(国发〔2014〕19号)、《教育部关于深化职业教育教学改革全面提高人才培养质量的若干意见》(教职成〔2015〕6号）等文件要求，进一步深化中等职业教育教学改革发展，全面提高技术技能人才培养质量，为社会和企业培养和造就一批“大国工匠”，中国煤炭教育协会决定组织编写出版突出技能型人才培养特色的中等职业教育“十三五”规划教材。为将教材打造为精品、经典教材，中国煤炭教育协会高度重视教材建设和编写工作，提出了“科学严谨、改革创新、特点突出、适应发展”的教材编写指导思想，多次组织召开会议研究和部署教材建设及编写工作，并采取有力措施，落实了教材编什么、怎么编、谁来编等具体问题。

2015年以来，教材编审委员会、各有关院校和企业、煤炭工业出版社统一思想，巩固认识，精诚团结合作，主动承担责任，扎实稳步推进工作，严把教材编写质量关，取得教材编写重大成果，教材正陆续出版发行。这套教材主要适用于中等职业学校教学、企业职工培训，也适合具有初中以上文化程度的人员自学。

《矿山流体机械》是这套教材中的一种，其主要特点是：

(1）突出操作技能的培养。教材采用项目引导、任务驱动模式，以工作任务为中心，让学生在完成工作任务的过程中学习相关理论知识，掌握相关技能，提升其综合职业能力。

(2）在篇幅上着力为教材瘦身。理论知识以够用为原则，篇幅上力争简短，内容选用主流的、成熟的技术、工艺、设备，并对照规程规范进行更新，力争做到好教易学。

(3）教材内容广泛，具有通用性。既兼顾了国有大型煤矿集团的生产工艺设备，也兼顾了地方小煤矿的开采方法，让大家都能用得好、用得上。

(4）专业理论和技能训练密切与生产实际相结合。将相关职业技能鉴定标准要求和相关的典型工作任务融入教学内容和实训中，实现专业教学与职业技能培训有机融合。突出学生解决问题能力和职业素养的培养。

(5）书中任务来源于就业岗位的典型工作任务，技能训练按实际生产工作过程设计，最大限度地模拟与现场实际相吻合的教学情境。任务实践过程中，老师巡回指导，学生自主学习、相互评分，利于知识、技能的掌握。

本书由同煤集团技师学院林志斌老师、辽北技师学院黄艳杰老师任主编，同煤集团技师学院侯健老师、铁法煤业集团小青煤矿李辉、辽北技师学院佟晶洁老师任副主编，铁法煤业集团煤矿机械技能大师工作室李新伟、于国状、董慧参与编写。具体分工为：黄艳杰编写项目一、三、四，并负责统稿；林志斌编写项目二、五，并负责统稿；侯健编写项目六；李辉、佟晶洁负责项目一、三、四中实践教学任务的编写；李新伟、董慧参与项目一、三的编写；于国状参与项目四的编写。

受编者水平所限，书中难免存在不当之处，恳请广大读者批评指正。

中等职业教育“十三五”规划教材

编审委员会

2019 年 5 月

目　　次

项目一　员工基本素养的培养 …… 1

任务一　员工安全生产管理理念的建立 …… 1
任务二　实训设备设施认知和工量具的管理 …… 4

项目二　流体力学基础知识 …… 8

任务一　流体的性质 …… 8
任务二　流体静力学 …… 11
任务三　流体动力学 …… 20

项目三　矿山排水设备的运行与维护 …… 35

情境一　矿山排水设备的操作 …… 35
任务一　认识排水系统及设备 …… 35
任务二　离心式水泵的工作过程分析 …… 41
任务三　离心式水泵的操作 …… 44
情境二　矿山排水设备的运行与调节 …… 49
任务一　离心式水泵的运行分析 …… 49
任务二　离心式水泵工况点的调节 …… 61
情境三　矿山排水设备的维护与故障处理 …… 66
任务一　离心式水泵的检修 …… 66
任务二　排水设备的故障分析与处理 …… 87
任务三　矿山排水设备的经济运行分析（技能提升） …… 92

项目四　矿井通风设备的运行与维护 …… 101

情境一　矿井通风设备的操作 …… 101
任务一　认识通风系统和通风设备 …… 101
任务二　通风机工作原理的分析 …… 107
任务三　通风设备的操作 …… 110
情境二　矿井通风设备的运行与调节 …… 116
任务一　通风机的运行 …… 116
任务二　通风机的调节 …… 129
情境三　矿井通风设备的使用维护与故障处理 …… 135

任务一　通风设备的使用维护 …… 135
任务二　通风机的反风操作 …… 159
任务三　通风机的常见故障分析与处理 …… 169
任务四　矿井通风设备的经济运行（技能提升） …… 173

项目五　矿山压缩空气设备 …… 184

情境一　矿山压缩空气设备的操作 …… 184
任务一　认识矿山压缩空气设备 …… 184
任务二　矿山压缩空气设备的操作 …… 186
情境二　空压机的运行与调节 …… 194
任务一　活塞式空压机的运行与调节 …… 194
任务二　螺杆式空压机的运行与调节 …… 202
情境三　空压机的维护与故障处理 …… 209
任务一　活塞式空压机的维护与故障处理 …… 209
任务二　螺杆式空压机的维护与故障处理 …… 216

项目六　煤矿瓦斯抽采设备 …… 223

情境一　瓦斯抽采相关知识和瓦斯泵 …… 223
任务一　瓦斯抽采相关知识 …… 223
任务二　瓦斯泵的初步认识和基本操作 …… 225
情境二　水环泵的日常维护与故障处理 …… 232
任务一　水环泵的结构、安装及维护 …… 232
任务二　水环泵的检修和故障处理 …… 239
情境三　瓦斯抽采泵站 …… 243
任务一　移动式瓦斯抽采泵站 …… 243
任务二　地面瓦斯抽采泵站 …… 253

参考文献 …… 267

项目一　员工基本素养的培养

任务一　员工安全生产管理理念的建立

【知识目标】

（1）掌握安全生产管理内容及基本要求。

（2）熟知车间管理制度及安全措施。

（3）明确工种岗位生产任务和岗位职责。

【技能目标】

（1）树立安全生产管理理念、保证生产安全。

（2）养成安全文明生产的习惯。

（3）形成良好的工种岗位素养。

【任务分析】

一、安全文明生产须知与要求

为保障良好的作业环境和做到安全生产，从业人员必须养成安全文明生产的习惯，作业时工具、材料、拆卸下来的零部件要合理摆放，不得有碍作业和通行；作业完毕后，认真清点工具、材料，打扫好作业现场的卫生。从业人员应熟知以下内容和要求：

（1）具有相应的文化水平，接受与工作岗位相应的安全培训。

（2）熟悉有关的安全生产规章制度和安全操作规程。

（3）了解《煤矿安全规程》和煤矿机电设备检修质量标准中的相关规定。

（4）掌握必要的安全生产知识，以及本岗位的安全技能。

（5）掌握设备安装找正的方法。

（6）了解钳工工具、常用量具的使用方法。

（7）具有起重、搬运知识，掌握设备物品的捆绑方法，会常见起重工具的安全使用。

（8）增强预防事故和应急处置事故的能力。

二、安全操作规程

以《矿井维修钳工安全操作规程》为例，介绍与本课程相关的安全操作规程。

（一）一般规定

第1条　矿井维修钳工（以下简称维修工）必须经过培训，考试合格，取得资格证后，持证上岗。

第2条　维修工必须熟知自己的职责范围，熟练掌握所维修设备的技术性能、完好标准、检修工艺和检修质量标准，具备一定的钳工基本操作技能及液压基础知识，并了解周围环境及相关设备的配合关系。

第3条　下井前，要由维修工作负责人向有关人员讲清工作内容、步骤、人员分工和安全注意事项；维修工要根据当日工作的需要认真检查所带工具、材料、备件，确保合格。

第4条　维修工在进行维修工作时，一般不得少于2人，并应与司机配合好。

第5条　在距检修地点20 m内风流中瓦斯浓度达到1%时，严禁送电试车；达到1.5%时，停止一切作业，并切断电源。

第6条　在倾角大于15°的地点检修时，下方不得有人同时作业。

（二）作业前的准备

第7条　维修工进入现场后，要与所维修设备及相关设备的司机联系。处理故障时，要确认故障的部位和性质。

第8条　清理所维修设备的现场，应无妨碍工作的杂物；支护顶板，特别是需吊挂起重设备的支撑物应牢固，检查周围无其他不安全因素。如有问题，必须处理后方可工作。

第9条　对所维修的设备停电、闭锁并挂停电牌，并与相关设备的司机或周围相关环节的工作人员联系，必要时也需对相关设备停电、闭锁并挂停电牌。

（三）检修作业

第10条　检修工对所负责的设备维护检查时应注意：

（1）检查各部紧固件应齐全、紧固。

（2）润滑系统中的油路应畅通、不漏油；油质清洁，油量应符合规定。

（3）转动部位的防护罩应齐全、可靠。

（4）机械（或液压）安全保护装置应灵敏可靠。

（5）各焊件应无变形、开焊和裂纹。

（6）减速箱、轴承温升正常。

（7）液压系统中的连接件、油管、液压阀、千斤顶等应无渗漏、无缺损、无变形。

（8）附属设备应齐全完好。

（9）发现问题应及时处理，或及时向当班领导汇报。

第11条　在打开机盖、油箱进行拆检、换件或换油等检修工作时，必须注意遮盖好，严防落入煤矸、粉尘、淋水或其他异物等；注意保护设备的结合面，以免受损伤；注意保护好拆下的零部件，应放在清洁安全的地方，防止损坏、丢失或落入机器内。

第12条　在调运物件时，必须检查周围环境，检查吊梁、吊具、绳套、滑轮、千斤顶等起重设施和用具，应符合要求。

第13条　需要在井下焊接作业时，必须严格执行井下烧焊安全技术措施。

第14条　检修结束后，必须与司机联系并通知周围相关人员后，方可送电试车。

（四）收尾工作

第15条　维修工应会同司机对维修部位进行检查验收，并做好检修记录。

第16条　检查清点工具及剩余材料、备品配件，并认真清理检修现场。

三、实训车间管理制度

为确保实训教学秩序，保证各项实训教学正常进行，持续营造良好的工作环境，促进学生养成安全文明生产的习惯，学生进入实训车间必须严格遵守实训车间管理制度。

（一）通则

（1）新生进入实训车间前必须接受安全教育。

（2）学生或教师进入实训车间必须穿好工作服，戴好安全帽。

（3）实训车间内禁止穿拖鞋、凉鞋、背心，禁止吸烟、追逐打闹。

（4）学生和教师都必须坚守实训岗位，不得串岗、离岗。

（5）树立“安全第一”的思想，严格按照《设备安全操作规程》进行操作。

（6）凡教师未作讲解或未示范的练习内容，学生不得提前或私自练习。

（7）教师下班后必须按规定关好门窗、电灯、电扇、设备电源及总电源。

（二）安全用电

（1）不要随便触动电气设备，电气设备有问题要立即报告指导教师，由电气维修人员进行处理。

（2）检修电气时须先关闭电源开关，并挂“正在检修”牌，非专业维修人员不得自行检修。

（3）不得损伤电线，有损坏立即报告指导老师，指定专业人员更换。

（4）湿手不得触碰电气设备。发生电气火警，立即切断电源，及时报警，并用二氧化碳灭火器或黄砂灭火。未知电源是否切断时，不可用水和普通灭火器灭火。救火时更不可接触电气。

（5）动力部分如发生异常，应立即关机检查。

（三）定置管理

（1）实训设备、工具柜、工作台等应定置摆放，未经许可不得随意移动。

（2）设备附件、工夹量具、教具不用时应放在既定位置，使用后应放回原位。

（3）实训用原材料、零部件要摆放整齐，做到放而不乱，堆而不散。

（4）实训用工量具专人管理，组长负责领取和送还，认真做好完好情况记录。

（四）卫生管理

（1）每班每次实训结束后，应对设备、地面进行全面清洁。

（2）每周对车间进行一次大扫除。

（3）班长负责对各实训组进行卫生管理检查、打分，并将考核结果记入“生产活动组”考核项目中。

（五）设备故障或事故处理程序

实训过程中，若出现一般设备故障，应按下面程序处理：

（1）立即停机并切断电源，挂上“禁止开机”警示牌。

（2）通知教学管理部门和设备维修人员。

（3）设备维修人员组织抢修或维修。

（4）设备恢复正常后，做好维修记录。

四、工种岗位的认知

本课程服务的工种是矿井维修钳工、主排水泵操作工、主要通风机操作工、空压机操作工等。

1. 典型工作任务

（1）负责主排水设备、主通风设备、空气压缩设备和瓦斯抽放设备的运行操作和日常检查与维护工作，保障上述设备的完好和安全运转。

（2）负责主排水设备中水泵、阀门、管路及附属件的检查和更换，水泵的各种常见故障处理；负责检查和更换水泵的填料工作；负责检查和调整水泵平衡盘轴向窜量等工作。

（3）负责主通风机的风道、风门、反风风门、风门绞车、风门绞车钢丝绳、导绳轮等附属设施的检查和维护；负责主通风机各部轴承的润滑油的油量、油质、油温的检查及添加和更换工作；负责主通风机电机轴瓦的检查、调整和更换工作；负责主通风机的叶轮风叶及调角机构的检查；负责风机的反风操作和倒机操作。

（4）负责空气压缩设备的冷却系统（包括后冷却器、油冷却器、水泵、管路、阀门、冷却水塔、流量计、压力表等）的检查和维修；负责空压机冷却器的清洗除垢，油冷却器、风冷却器、空滤的检查更换；负责油分和油过滤器的检查更换。

（5）负责瓦斯抽放设备（瓦斯泵）外部零件的定期检查和更换；负责供水水质、冷却系统温度的检查；负责定期检查填料密封性及其更换工作；负责经常检查水环式真空瓦斯泵管路的完好情况；负责调整填料压盖，保证填料室内的滴漏情况正常；负责检查轴套的磨损及更换工作；负责水环式真空瓦斯泵的定期解体检修工作。

2. 职业目标

（1）会操作矿山流体机械设备，保障其正常运行。

（2）会维护检修矿山流体机械设备。

（3）会判断并处理矿山流体机械设备运行中简单的故障。

（4）会进行矿山流体机械设备的日常管理。

任务二　实训设备设施认知和工量具的管理

【知识目标】

（1）熟悉生产环境及设施。

（2）认知设备工量具及管理方法。

【技能目标】

（1）建立工种岗位的概念。

（2）会正确使用和维护实训设备及设施。

【任务分析】

一、生产环境及设施

1. 实际生产环境及设施

（1）地面机电修造厂，设有检修平台（2个）、吊车、机床、工作台（10个）及火电焊工具等。

（2）井下中央水泵房，安装有3~4台D(或MD)型水泵及管路、阀门、仪表等附属设施。

（3）主通风机房，安装有2套通风设备及风门、风门绞车、反风门、反风门绞车等附属设施。

（4）压风机房，安装有空压机（3~4台）、附属装置（风包、安全阀、释压阀、冷却水循环系统等）和输气管路等。

（5）中央瓦斯抽放站，安装有瓦斯泵（6台）、附属设施（仪表、阀门、管路、三防装置、冷却系统、多参数监测仪、软化水设备等）。

2. 实训车间环境及设备

矿山流体机械实训车间，正常运行主排水泵设备、主通风设备、空气压缩设备各2套，各类型水泵、风机、空压机、瓦斯抽放设备若干，检修平台2个、吊车1个。

二、常用工量具

手锤、扁錾、铜棒、手拉葫芦起重机、钢丝绳扣、撬棍、扳手、游标卡尺、钢板尺、塞尺、专用拉拔器、V形铁、百分表等。

三、工量具的使用要求与管理

（1）掌握工具、量具使用方法、使用范围，保证正确使用，防止损坏。

（2）班组工具、量具应存放在各场所工具箱内，由专人保管和保养。

（3）工具、量具使用前要认真检查，保证完好、准确。

（4）工具、量具取走要登记，使用完及时送回。

（5）量具在使用过程中，不要和工具、刀具（如锉刀、手锤等）堆放在一起，以免碰伤量具。

（6）量具是测量工具，绝对不能作为其他工具的代用品。

（7）游标卡尺、塞尺等使用后，应平放在专用盒子里。

（8）自觉养成注意保持工量具整齐摆放、清洁的习惯，并妥善保管。

【任务实施】

一、地点

多媒体教室和实训车间。

二、内容

（1）阅读并熟记安全文明生产须知和要求。

(2) 贯彻《安全操作规程》。
(3) 通读实训车间管理制度。
(4) 工种岗位认知。
(5) 观看视频，熟悉生产环境及设施。
(6) 现场认识工量具，熟记管理要求。

三、实施方式

多媒体教学—阅读指导—参观教学。

四、建议学时

4 学时。

【任务考评】

实训设备设施认知及工量具管理考评内容及评分标准见表 1-1。

表 1-1 实训设备设施认知及工量具管理考评内容及评分标准

序号	考核内容	考核项目	配分	评分标准	得分
1	安全生产管理及要求	1. 安全生产须知 2. 安全操作规程	20 分	错一大项扣 10 分 错一小项扣 2 分	
2	实训车间管理	1. 通则 2. 安全用电 3. 定置管理 4. 卫生管理 5. 设备故障或事故处理程序	50 分	错一大项扣 10 分 错一小项扣 2 分	
3	工种岗位的认知	1. 工种 2. 职业目标	10 分	错一大项扣 5 分 错一小项扣 1 分	
4	工量具管理	1. 常用工量具 2. 工量具的使用要求与管理	10 分	错一大项扣 5 分 错一小项扣 1 分	
5	遵章守纪，文明操作	遵章守纪，文明操作	10 分	错一项扣 5 分	
合计					

【综合训练题】

一、填空题

1. 检修作业时工具、材料、拆卸下来的零部件要（　　），不得有碍（　　）。
2. 检修作业完毕后，要认真（　　）工具、材料，打扫好作业现场的（　　）。
3. 煤矿从业人员必须经（　　），考试合格，取得资格证后，（　　）上岗。
4. 中央水泵房最少安装（　　）台主排水泵。

5. 每班每次实训结束后，应对（　　）、（　　）进行全面清洁。
6. 学生或教师进入实训车间必须穿好（　　），戴好（　　）。
7. 实训教学中要树立（　　）的思想，严格按照（　　）进行操作。
8. 发生电气火警，立即（　　），及时报警，并用（　　）灭火器或（　　）灭火。
9. 在调运物件时，必须检查周围环境，检查（　　）（　　）、（　　）、滑轮、千斤顶等起重设施和用具，应符合要求。

二、判断题

（　　）1. 实训中，每月对车间进行一次大扫除。

（　　）2. 夏季在实训车间内，若是参观教学的话，可以穿拖鞋、凉鞋、背心，但禁止吸烟、追逐打闹。

（　　）3. 实训中学生和教师都必须坚守实训岗位，不得串岗、离岗。

（　　）4. 实训过程中，若出现一般设备故障，应立即停机并切断电源，挂上“禁止开机”警示牌。

（　　）5. 发生电气火警，未知电源是否切断时，不可用水和普通灭火器灭火。

三、选择题

1. 维修工在进行维修工作时，一般不得少于（　　）人，并应与司机配合好。

A. 2　　B. 3　　C. 4

2. 井下检修作业时，在距检修地点（　　）m 内风流中瓦斯浓度达到 1% 时，严禁送电试车。

A. 15　　B. 20　　C. 30

3. 井下检修作业时，在距检修地点 20 m 内风流中瓦斯浓度达到（　　）时，停止一切作业，并切断电源。

A. 1%　　B. 1.5%　　C. 3%

4. 井下在倾角大于（　　）的地点检修时，下方不得有人同时作业。

A. 15°　　B. 18°　　C. 20°

四、简答题

1. 简述安全文明生产须知与要求。
2. 简述车间定置管理的内容。
3. 简述本课程工种岗位的职业目标。
4. 本课程服务的工种是什么?
5. 本课程服务的工种将来主要的工作地点有哪些?

项目二　流体力学基础知识

任务一　流 体 的 性 质

【知识目标】

（1）了解本课程的主要研究对象和解决的实际问题。

（2）了解流体的概念和特性。

（3）熟知流体的主要物理性质。

【任务描述】

流体力学是研究流体平衡和运动规律的一门科学。它采用理论分析与实践相结合的方法研究流体中的作用力、运动速度和压力之间的关系，并用所得的规律解决工程实际中的问题。如引水灌溉、水运、水能利用、输油管道、城市给排水、矿井通风、排水、水力采煤、液压传动等都以流体力学作为理论基础。

能够流动的物质叫流体，流体是流体力学的研究对象。学习流体力学知识，掌握流体的主要物理性质非常重要。

【任务分析】

一、流动性

凡是没有固定的形状，易于流动的物质就叫流体。液体和气体都是流体。流体（特别是液体）能承受较大的压应力，却几乎不能承受拉应力，对剪切应力的抵抗极弱，易于流动，不能自由地保持固定的形状，只能随着容器的形状而变化，这个特性叫作流动性。

液体和气体的流动性是有差别的。当装有流体的容积形状和大小改变时，对于液体，虽然形状随着容器改变，但是体积不变；对于气体则不然，它在流动中改变自身形状的同时，体积也随着容器的改变而变化，扩散到整个容器中。

二、密度与重度

流体在单位体积内所具有的质量，叫作流体的密度，用符号 ρ 表示。

液体的密度几乎不随压强而变化，但温度对液体密度有一定影响。液体的密度可由实验测定或用查找手册的方法获取。气体的密度随温度和压强而变化，而且比液体显著得多，因此要根据温度及压强条件来确定气体的密度。

流体在单位体积内所具有的重量叫作流体的重度，用符号 γ 表示。

流体重度与密度有下列关系：

$$\gamma = \rho g \tag{2-1}$$

在工程技术中，4 ℃的蒸馏水的密度为1000.62 kg/m^3，重度为98100 N/m^3。矿井水的重度一般为9957~100055 N/m^3，有时可达10300.5 N/m^3。

在标准状态下（温度为0 ℃、大气压为760 mmHg），空气的密度为1.295 kg/m^3，重度为11.77 N/m^3。

几种流体的重度和密度见表2-1。

表2-1 几种流体的重度和密度

流体名称	温度/℃	密度/(kg·m^{-3})	重度/(N·m^{-3})
清水	4	1001	9810
矿井水	15	1051	10300
汽油	15	700~750	6867~7358
柴油	15	876	8584
润滑油	15	890~920	8731~9025
液压油	15	863~903	8437~8829
酒精	15	890~801	7750~7848
水银	15	13597	133416

三、压缩性和膨胀性

在温度不变的情况下，流体体积随压强增加而缩小的性质，叫作流体的压缩性。在压强不变的情况下，流体体积随着温度升高而增大的性质，叫作流体的膨胀性。

液体的压缩性和膨胀性很小。因此，在一般给排水工程中，可以不考虑液体的压缩性和膨胀性。但在水暖系统中，则要考虑液体的压缩性和膨胀性问题。

由于液体的易流动性和不可压缩性（或少压缩性），它才可以作为液压传动的介质，迅速和正确地传递力和运动。但是，液体具有易流动性，也就不可避免地带来了渗漏和泄漏问题，在液压系统工程中必须采用各种密封装置，以防漏油。密封装置又带来了摩擦阻力，造成能量损失。由于液体的少压缩性，在运动状态变换时，往往产生较大的液压冲击，影响元件的使用寿命和系统的可靠性。这就促进我们采取适当的措施，减少冲击以便使液压元件和液压系统有较高的效能和良好的工作条件。

易流动性是液体和气体区别于固体的基本宏观表现，而不可压缩性（严格地讲应为少压缩性）则是液体区别于气体的基本宏观表现。

对于气体来说，其压缩性和膨胀性都是很大的，但在压强和温度变化很小的情况下，这种性质有时也可以被忽略。例如通风系统中的空气压强较小，在计算时可以把它看作和液体一样是不压缩流体，这样液体的平衡和运动规律就同样适用于通风系统。

四、黏性

流体的重要特点在于它的流动性，流体流动时，在流体内部产生阻碍运动的内摩擦力的性质叫流体的黏性。由于黏性，实际流体在圆管内流动时，流动速度在过流断面上的变

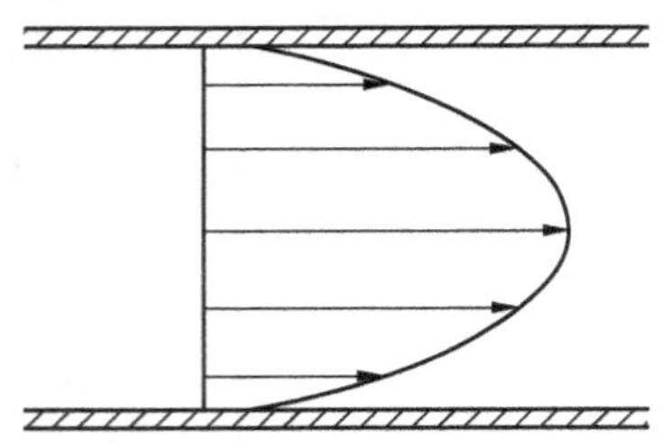
图 2-1　实际流体的速度分布

化规律：在紧靠管壁处，由于流体质点黏附于管壁上，其速度等于零；随着离壁距离的增加，流体速度连续地增大，将出现如图 2-1 所示的速度分布。

黏性的大小用黏度表示，在液压系统中所用的油液，主要是根据黏度来选择的。黏度因流体不同而异，黏度主要有以下几种度量方法。

1. 动力黏度

表示面积各为 1 m^2 并相距 1 m 的两块平板，以 1 m/s 的速度做相对运动时，因流体互相作用所产生的内摩擦力的大小，用 μ 表示。因为它反映了黏性的动力性质，所以称之为动力黏度。在国际单位制中，动力黏度的单位为 Pa·s。

在物理单位制中，动力黏度的单位为 P（泊）。通常使用 cP（厘泊）作为动力黏度的单位，1 cP = 10^{-3} Pa·s。

2. 运动黏度

流体的动力黏度 μ 与密度 ρ 在一个标准大气压下且温度相同时比值称为运动黏度，用 v 表示。v 的常用单位为 cm^2/s，简称 St（斯）。St 的百分之一为 cSt（厘斯）。它们的换算关系为 1 St = 100 cSt = 10^{-4} m^2/s。

运动黏度 v 没有什么特殊的物理意义，只是因为在流体力学中动力黏度和密度的比值常常在计算中出现，所以才采用 v 这一符号代替 $\frac{\mu}{\rho}$，因为 v 的单位中只有运动学的量，所以把 v 称之为运动黏度。

严格说来，μ 与 v 都与压强和温度有关，但在一般情况下，压强的影响很小，可忽略不计，通常只考虑温度对黏性的影响。在液压系统计算及液压油的牌号表示上多用运动黏度，一种机械油的号数就是以这种油在 50 ℃时的运动黏度的平均值来标注的，例如 20 号机械油，就是指这种油在 50 ℃时的运动黏度的平均值为 20 cSt。

表 2-2 列出了几种常见的润滑油的运动黏度。

表 2-2　几种常见的润滑油的运动黏度 v　　cSt

油温/℃	机械油				压缩机油		液压油		
	20 号	30 号	40 号	50 号	13 号	19 号	20 号	30 号	40 号
50	17~23	27~33	37~43	47~53			17~23	27~33	37~43
100					11~14	17~21			

油温/℃	汽轮机油				变压器油	合成定子油	齿轮油		高速机械油	
	22 号	30 号	46 号	57 号			20 号	30 号	5 号	7 号
50	20~23	2~32	44~48	55~59		17.8~22	28.4~32.4	4.0~5.1	6.0~8.0	
100					≤30	≤49				

3. 恩氏黏度

恩氏黏度是以恩氏黏度计测出的。它是在一定的温度下，使 200 mL 的被测油液在自重作用下从恩氏黏度计圆筒中经过孔径 2.8 mm 的小孔流出所需要的时间 t_1，与 20 ℃时同体积蒸馏水流过上述仪器所需时间 t_2 的比值。恩氏黏度用符号°E 表示。

工业上常用 20 ℃、50 ℃、100 ℃作为测定恩氏黏度的标准温度，其代表符号为$°E_{20}$、$°E_{50}$、$°E_{100}$。

【提升知识】

本教材涉及不同单位制的换算关系，见表 2-3。

表 2-3　不同单位制的换算关系

物理量名称	国际单位制		工程单位制		绝对单位制		换算关系
	名称	符号	名称	符号	名称	符号	
长度（L）	米	m	米	m	厘米	cm	1 m=100 cm
质量（m）	千克	kg	千克力二次方秒每米	$kgf \cdot s^2/m$	克	g	$1\ kg=10^3\ g$ $1\ kg=0.102\ kgf \cdot s^2/m$
时间（t）	秒	s	秒	s	秒	s	
力（F）	牛（顿）	$N=kg \cdot m/s^2$	千克力	kgf	达因	dyn	$1\ N=10^5\ dyn$ 1 N=0.102 kgf
压强（p）	帕斯卡	$Pa=N/m^2$	千克力每平方厘米	kgf/cm^2	达因每平方厘米	dyn/cm^2	$1\ Pa=10\ dyn/cm^2$ $1\ Pa=0.102\ kgf/m^2$
密度（ρ）	千克每立方米	kg/m^3	千克力二次方秒每四次方米	$kg \cdot s^2/m^4$	克每立方厘米	g/cm^2	$1\ kg/m^3=10^{-3}\ g/cm^3$ $1\ kg/m^3=0.102\ kgf \cdot s^2/m^4$
重度（γ）	牛每立方米	N/m^3	千克力每立方米	kgf/m^3	达因每立方厘米	dyn/cm^3	$1\ N/m^3=10^{-1}\ dyn/cm^3$ $1\ N/m^3=0.102\ kgf/m^3$
动力黏度系数（μ）	帕·秒	$Pa \cdot s=N \cdot s/m^2$	千克力秒每平方米	$kgf \cdot s/m^2$	泊	P	$1\ Pa \cdot s=10\ P$ $1\ Pa \cdot s=0.102\ kgf \cdot s/m^2$
运动黏度系数（υ）	二次方米每秒	m^2/s	二次方米每秒	m^2/s	斯	St	$1\ m^2/s=10^4\ St$ $1\ cm^2/s=1\ St$
能功（W）	焦耳	$J=N \cdot m$	千克力米	$kgf \cdot m$	尔格	erg	$1\ N \cdot s=1\ J=10^7\ erg$ $1\ J=0.102\ kgf \cdot m$
功率（P）	瓦	$W=J/s$	千克力米每秒	$kgf \cdot m/s$	尔格每秒	erg/s	$1\ J/s=1\ W=10^7\ dyn \cdot cm/s$ $1\ W=0.102\ kgf \cdot m/s$

任务二　流体静力学

【知识目标】

（1）了解流体静压力及其特性，液体静压力的传递原理。

（2）掌握流体静力学基本方程式及意义。

（3）掌握压力的表示方法及压力的单位。

（4）理解液柱式测压计的测压原理，能使用液柱式测压计测量流体的压力。

【技能目标】

能使用液柱式测压计测量流体压力。

【任务描述】

流体静力学主要研究流体在静止状态下所受的各种力之间的关系，实质上是讨论流体静止时其内部压力变化的规律，是研究流体运动规律的基础。液柱式压力计的测量原理就是流体静力学原理在工程中的应用。

【任务分析】

一、流体静压力及其特性

流体的静压力，是指流体单位面积上所受的作用力，其国际单位为 N/m^2，即 Pa。

流体静压力有两个特性：

（1）流体静压力总是垂直于作用面，且指向作用面。

（2）在静止流体中任意一点所受各方向的静压力的大小均相等。

二、流体静力学基本方程式

流体静力学基本方程式是研究静止流体中某点的流体静压力的大小，以及流体在平衡时静压力分布规律的数学表达式。

在盛有静止流体的容器中，流体的表面为自由面（即液体和外界气体之间或与真空之间的分界面）。设作用于流体自由面上的静压力为 p_0，那么在自由面以下深度 h 处的流体静压力 p 为

$$p = p_0 + \gamma h \tag{2-2}$$

式中　p——深度为 h 处的流体静压力，N/m^2；

p_0——作用于自由面上的静压力，N/m^2；

γ——流体的重度，N/m^3；

h——所研究的点与自由面之间垂直距离，m。

在静止的流体中，某点静压力 p 的大小，等于作用在自由面上的外压力 p_0 和由流体自重形成的压力 γh 之和。

如果自由面上所受的外压力 p_0 为一定值时，则流体内部某一点的流体静压力 p 与其所在的深度 h 呈线性规律分布。

三、等压面

在静止液体中，压力相等的点所组成的面，叫作等压面。

由流体静力学基本方程式 $p=p_0+\gamma h$ 可知，若 $p_0=$常数，同一种液体 γ 为常数，则液体中其静压力的大小决定于深度 h。因此，在仅受重力作用的静止液体中，对于同一深度 h 的液面静压力相等，这个面就是等压面。

显然，液体的自由面是等压面。在均质只受重力作用的静止液体中，各水平面也是等

压面。

注意：上述结论必须满足同种液体、静止、连续的前提条件。如不能同时满足静止、同种、连续这三个条件，液体中的水平面就不是等压面。如图2-2a中的b和c两点，虽属静止、同种，但不连续，中间被气体隔开了，所以，同在一个水平面上的b和c两点压力不相等。又如图中的c和d两点，虽属静止、连续，但不同种，所以，同在一个水平面的c和d两点压力也不相等。又如图2-2b中的e和f两点，虽属同种、连续，但不静止，管中是流动的液体，所以，同在一个水平面上e和f两点压力也不相等。而在图2-2a中的a、c两点同时满足静止、同种、连续三个条件，所以a、c两点的压力是相等的。

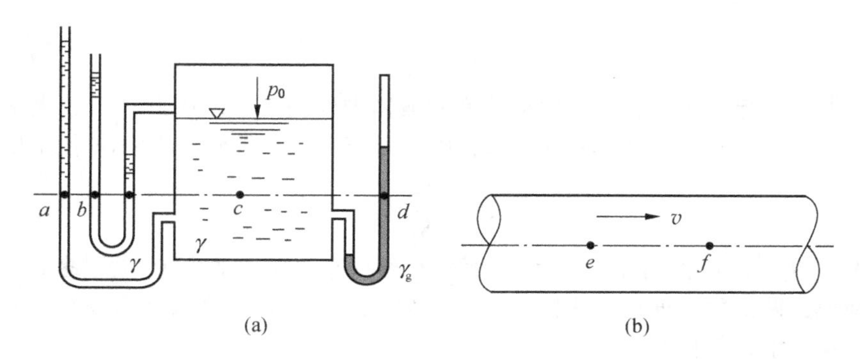

图2-2　等压面条件

四、液体静压力的传递

设有一充满液体的封闭容器，在容器壁上有一个很小的孔口，孔内装有一个底面积为S活塞（图2-3），并有外力P作用于活塞上，则活塞与液体接触处单位面积上的压力为

$$p_0 = \frac{P}{S}$$

式中　S——活塞的面积。

在容器内的液体里，位于不同深度h_1、h_2处1和2两点，根据流体静力学基本方程式，该两点处的绝对静压力为

$$p_1 = p_0 + \gamma h_1$$
$$p_2 = p_0 + \gamma h_2$$

从上述方程式可以看出，对液体内某点的静压力有影响的变量只是深度h，压力p_0的大小对一切点来说都是固定不变的。因此可以这样说：作用在封闭容器内处于平衡状态下的液体表面单位面积上的压力p_0，将以同样的大小传递至液体内所有各点。这就是静压力等值传递规律，也称帕斯卡定律。

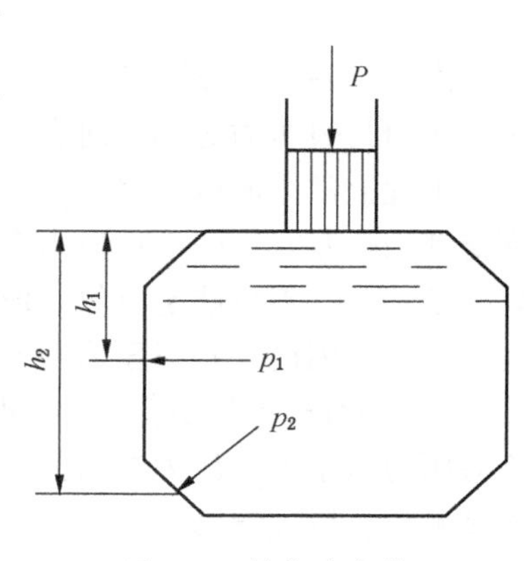

图2-3　帕斯卡定律

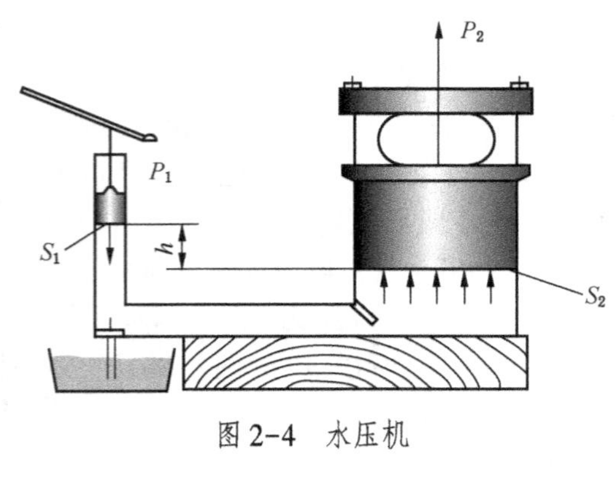

图 2-4　水压机

帕斯卡定律在机械工程方面有着广泛的应用。例如在金属加工车间常用的水压机，在煤矿生产中移动可弯曲刮板输送机用的液压千斤顶，支护用的自移式液压支架，提升机制动系统中的液压蓄压器等都应用这个定律。

在图 2-4 所示的水压机左边小活塞上加一作用力 P_1，若小活塞的活塞面积为 S_1，则在活塞下面产生的压力为

$$p = \frac{P_1}{S_1}$$

根据帕斯卡定律，压力 p 将等值地传递到液体中任何一点。因此，右边大活塞下面压力也变成 p，如果大活塞的活塞面积为 S_2，则大活塞对加工件所产生的作用力为

$$P_2 = \frac{S_2}{S_1}P_1$$

由于 $S_2 > S_1$，所以作用在大活塞上的力 P_2 要比小活塞上的力 P_1 大很多。

严格地说，两活塞表面压强不同，其压差为 γh（h 为两活塞表面高差），但 γh 相对于 p 来说小得多，可忽略不计。

五、压力的测量

（一）压力的计算基准和单位

在实际应用中，由于计算压力的起点不同，故可分为绝对压力和相对压力。

以完全真空为基准算起的压力叫作绝对压力。即

$$p_{绝} = p_a + \gamma h \qquad (2-3)$$

式中　p_a——大气压力，N/m²；

$p_{绝}$——绝对压力，N/m²。

以大气压力为基准算起的压力叫作相对压力，又称表压力或计示压力。即

$$p_{表} = p_{绝} - p_a = \gamma h \qquad (2-4)$$

由式（2-3）、式（2-4）可知，在重力作用下的静止液体中，某一点的绝对压力等于大气压力与表压力之和，而表压力为绝对压力与大气压力之差。

工程上常用的压力表或压力计，在其标度为零处相当于大气压力，也就是在大气压力下指针指在零点，因而在压力表或压力计上读得的读数值是相对压力。某一点的绝对压力只能是正值，不可能是负值。但是，它与大气压力比较，可以大于大气压力，也可以小于大气压力，因此，相对压力可正可负。人们把相对压力的正值，叫作正压（即压力表读数），把相对压力的负值叫作负压。负压的绝对值叫作真空度，所以，真空度实质上是指绝对压力低于大气压力的数值。真空度也是以大气压力为基准的，亦可由真空表或真空计直接测量，以 p_z 表示，即

$$p_z = p_a - p_{绝} \qquad (2-5)$$

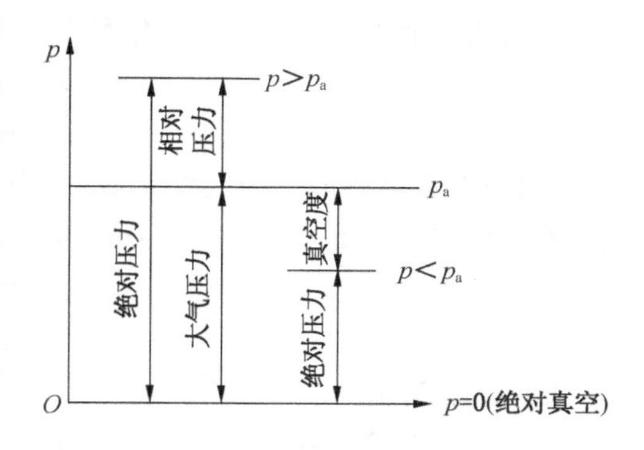

图 2-5　绝对压力、相对压力、真空度三者之间的关系

显然，真空度只能在 0～1 个大气压力的范围内变化，例如某点的真空度是 0.7 个大气压力，则其绝对压力实际上是 0.3 个大气压力。

绝对压力、相对压力和真空度之间的关系可用图 2-5 表示。

压力的单位一般有三种。

（1）用单位面积上的作用力表示，单位为 N/m^2（或 Pa）。

（2）用液柱高度表示，其单位为 mH_2O、mmH_2O、mmHg 等。

例如，在静止的水中某点的相对压力 $p_{表}=294.3\ kN/m^2$，若以水柱高度表示该点的相对压力，则为

$$h=\frac{p_{表}}{\gamma}=\frac{294300}{9810}(\mathrm{m})=30(\mathrm{m})$$

即相对压力为 30 mH_2O。

（3）用大气压表示。大气压与前两种单位的关系：

1 标准大气压（atm）= 101337 N/m^2（温度为 0 ℃时海平面上的压强）= 1.033 kgf/cm^2 = 10.33 mH_2O = 760 mmHg。

1 工程大气压（at）= 98100 N/m^2 = 1 kgf/cm^2 = 10 mH_2O = 735 mmHg。

在通风工程中常遇到较小的压力，对于较小的压力可用 mmH_2O 表示。

对于国际单位，根据 101337 N/m^2 = 10.33 mH_2O 的关系可得：

$$1\ mmH_2O=9.8\ N/m^2$$

对于工程单位，根据 10000 kgf/m^2 = 10 mH_2O 的关系可得：

$$1\ mmH_2O=1\ kgf/m^2$$

（二）液柱式测压计

液柱式测压计是基于流体静力学原理，利用已知密度工作液的液柱高度产生的静压力来平衡被测压力，根据液柱高度来确定被测流体压力的大小。一般以水、乙醇或水银等作为工作液，适合低压、低压差测量。液柱式测压计优点是简单可靠，精度与灵敏度高，采用不同密度的工作液用于不同场合，价格便宜；缺点是测量范围较小，不便携带，没有超量程保护，介质冷凝会给测量带来误差。

1. 测压管

测压管是结构最简单的液柱式测压计，采用直径均匀的玻璃管制造，测量时将其直接连接到测量压力的容器上。为了减小毛细现象的影响，玻璃管的直径一般不小于 10 mm。这种测量较准确，但测量范围小，一般在工程大气压的 1/10 以内，且只能测量液体。

图 2-6a 为被测液体的压力高于大气压力的情况。

被测点的绝对压力和表压力分别为

$$p_{绝} = p_a + \rho g h$$

$$p_{表} = p - p_a = \rho g h$$

图 2-6b 为被测液体的压力低于大气压力的情况。

被测点的绝对压力和真空度分别为

$$p_{绝} = p_a - \rho g h$$

$$p_{真} = \rho g h$$

2. U 形管测压计

当液体压力较大或容器内是气体时，常使用 U 形管测压计来测压力，其结构如图 2-7 所示。U 形管测压计的 U 形管是用高硼玻璃加工而成的，其物理和化学性质稳定，透明度好且不易碎裂，安装架是用优质木材加工的平板，U 形内截面积相同的玻璃管被固定在安装架上，在 U 形管中间设一个刻度标尺，零点在标尺中央。可根据现场工作需要在上面灵活的钻孔和安装挂钩等配件。

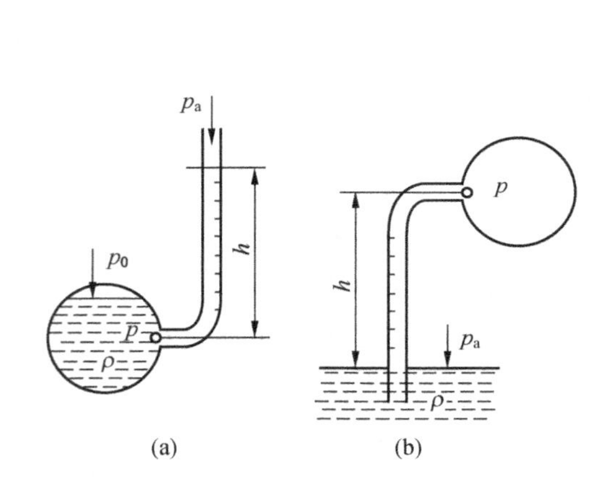

图 2-6　测压管

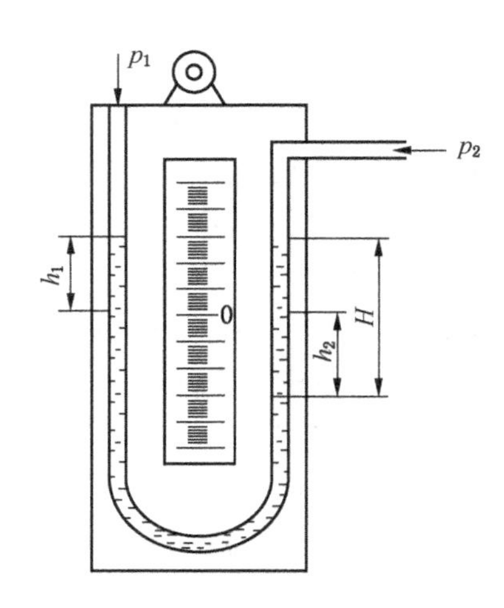

图 2-7　U 形管测压计结构示意图

为减小毛细现象的影响，玻璃管的直径一般不小于 10 mm，U 形管测压计的测压量程比测压管大，U 形管中的工作液体一般为水、乙醇或水银。测量时，把 U 形管的一端与被测管路或容器相接，另一端与大气相通，便可测得流体的表压或真空度。

1）U 形管测压计测压原理

测压原理如图 2-8 所示，其中图 2-8a 为被测流体的压力高于大气压力的情况。

A 点的绝对压力：

$$p_A = p_a + \gamma_2 h_2 - \gamma_1 h_1$$

A 点的表压力：

$$p_{表} = \gamma_2 h_2 - \gamma_1 h_1$$

若管路或容器内为气体，因气体的重度很小，故上述公式中的 $\gamma_1 h_1$ 可忽略不计。

图 2-8b 为被测流体的压力低于大气压力的情况。在 U 形管内装上水银，当 U 形管测压计与被测流体连通后，由于被测流体的绝对压力 p_C 小于大气压力 p_a，所以在大气压力的作用下，U 形管左侧的水银面高于右侧。

C 处的真空度为

$$p_z = p_a - p_C = \gamma h_2 + \gamma_g h_1$$

式中　p_C——容器中 C 处的绝对压力；

h_1——U 形管两侧水银面高度差。

真空度的大小可用液柱高度表示，叫作真空高度。若以水银柱高度表示时，则

$$h_z = \frac{p_z}{\gamma_g} = \frac{\gamma}{\gamma_g} h_2 + h_1$$

式中　h_z——以水银柱高度表示的真空度。

若管路或容器中为气体时，因其重度很小，故 γh_2 这一项可以忽略不计，即

$$p_z \approx \gamma_g h_1$$

$$h_z = h_1$$

U 形管测压计还可以用来测量两容器中流体的压力差，如图 2-9 所示。两容器内的压力差为

$$p_A - p_B = \gamma_g h_3 - \gamma(h_1 - h_2)$$

式中　γ_g——水银的重度；

γ——A、B 容器中流体的重度。

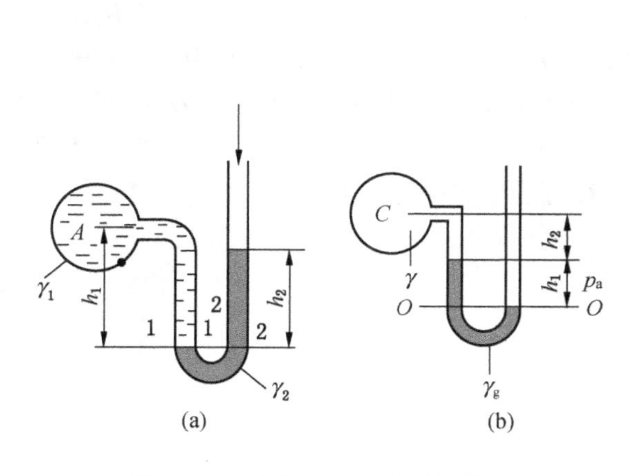

图 2-8　U 形管测压计的测压原理

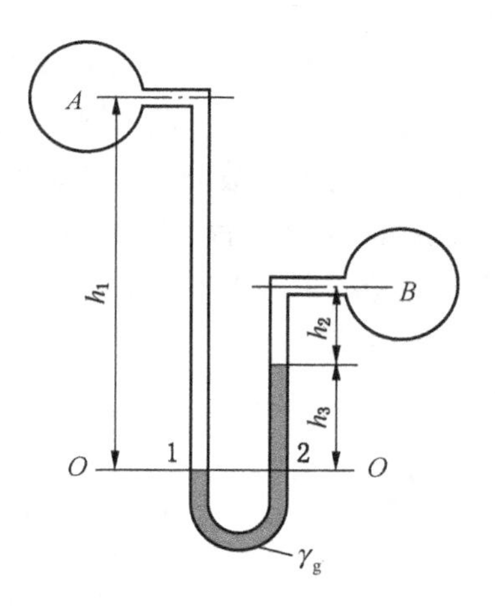

图 2-9　压差计

当 A、B 容器中为气体时，则 γh_1 和 γh_2 可忽略不计，则

$$p_A - p_B = \gamma_g h_3$$

$$\Delta p = p_1 - p_2 = \rho g(h_1 + h_2)$$

2）U 形管测压计的使用方法

（1）U 形管测压计的安装可悬挂在墙壁或安放在工作台上，安装中应注意尽可能地保

持垂直，这样可提高测量精度；再用橡胶软管将被测介质接口与U形管的一个或两个管口连接，若进行表压力或真空度的测量时，将装有工作液的U形管测压计的一个管口与被测介质的接口相连；另一端与大气相通。若进行两点压力差测量时，将装有工作液的U形管的两端管口分别与被测介质的两接口相连。

（2）工作液注入量为标尺刻度的1/2处为好。常用的U形管测压计的指示剂有水、水银、乙醇、四氯化碳、三溴甲烷等。选取时，应根据被测流体的种类及压差大小选择，提高工作液密度将增加压力的测量范围，但灵敏度要降低。

（3）读取液柱的高度，并得出被测介质的压力。

（4）使用液柱式测压计的注意事项：

①液柱式测压计应避免在过热、过冷、有冷腐蚀或振动的地方使用。

②液柱式测压计应竖直安装在测压点附近的支架上。从测压点到压力计之间可用软管连接，连接软管长度应尽量短，导压管的长度与导压管的直径和被测液体有关，接头处应严密不漏气。

③灌注工作液时应注意，工作液的密度应与标定压力计刻度标尺所用的液体密度相一致；应注意使工作液面对准标尺零点；为便于观察，可适当在工作液中加入一点颜色。

④被测介质不能与工作液混合或起化学反应。

⑤为了减小读数误差，读数时眼睛应与液面平齐，以工作液弯月面顶部切线为准读取液面高度。

3. 斜管测压计

被测系统压力差很小时或为了提高测量的精度，采用斜管测压计（亦称微压计）。

如图2-10所示，在容器一端接一倾角为θ的玻璃管，设容器断面为A，玻璃管断面为a。当容器未与被测流体连通时，容器内的液面与斜管内的液面平齐（$O—O$面）。当容器与被测流体连通后，容器内的液面下降的高度为Δh（$O'—O'$面），而玻璃管内液面上升的高度为h，上升的倾斜长度为l，故作用在容器中的绝对压力为

$$p_{绝} = p_a + \gamma(h + \Delta h)$$

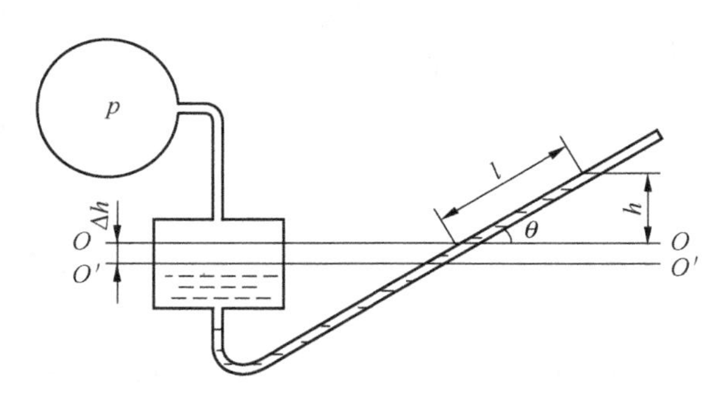

图2-10　斜管测压计

其表压力为

$$p_{表} = p_{绝} - p_{a} = \gamma(h + \Delta h) \tag{2-6}$$

由于容器内液面下降量等于倾斜管液体的上升量，所以：

$$A\Delta h = al$$

$$\Delta h = \frac{al}{A}$$

由图 2-10 知：$h=l\sin\theta$，故式（2-6）变为

$$p_{表} = \gamma\left(l\sin\theta + \frac{a}{A}l\right) = \gamma l\left(\sin\theta + \frac{a}{A}\right)$$

因$\frac{a}{A}$一般为 1/200 左右，故可忽略不计，则

$$p_{表} = \gamma l\sin\theta \tag{2-7}$$

斜管测压计常用来量测通风管道的压力，因空气重度与斜管测压计内液体重度相比要小得多，空气的重力影响可以不考虑，因此可将斜管测压计液面上的压力就看作是通风管道测量点的压力。

为了测量精确，斜管测压计必须保持底板水平。斜管测压计的倾角 θ 可以改变，一般在 10°~30°之间。测定时，θ 为定值，只需测得倾斜长度 l，就可得出压差。由于 $l=h/\sin\theta$，当 $\sin\theta=0.5$ 时，$l=2h$；当 $\sin\theta=0.2$ 时，$l=5h$。说明倾斜角度越小，l 比 h 大的倍数就越多，量测的精度就越高。同时指示剂重度越小，读数 l 也越大。因此，斜管测压计中常用重度比水更小的液体（如乙醇）作为指示剂。

【任务实施】

一、地点

多媒体教室和实训室。

二、器材

U 形管测压计、橡胶软管等。

三、内容

测定流体的表压力、真空度、压力差。

四、实施方式

采用集中讲解与分组学习的方式。以 5~8 人为活动工作组，采用组长负责方式，小组自主学习，同学相互评分，教师巡回检查指导，完成学习任务。

五、建议学时

6 学时。

【任务考评】

考评内容及评分标准见表 2-4。

表2-4 考评内容及评分标准

序号	考核内容	考核项目	配分	评分标准	得分
1	U形管测压计的结构	说明U形管测压计的基本结构	10	错一项扣2分	
2	U形管测压计的测压原理	1. 说明U形管测压计的测压原理 2. 写出被测压力的静力学方程	20	错一大项扣10分 错一小项扣2分	
3	U形管测压计的使用	1. 正确安装U形管测压计 2. 测量被测系统的表压力 3. 测量被测系统的真空度 4. 测量被测系统的压力差	60	错一大项扣15分 错一小项扣2分	
4	遵章守纪，文明操作	遵章守纪，团结合作	10	错一大项扣3分	
合计					

任务三 流体动力学

【知识目标】

(1) 明确过流断面、流量、平均流速的概念。

(2) 掌握流体的连续性方程及其应用。

(3) 掌握流体的伯努利方程及其应用。

【技能目标】

(1) 学会差压式流量计的使用方法。

(2) 能使用皮托管测量流速。

【任务描述】

运动是绝对的，静止是相对的，静止只是运动的一种特殊形式。因此，在已有静力学知识的基础上学习动力学，是由特殊到一般的过程。它们的区别：一方面，在进行力学分析时，静力学只考虑重力和压力，而动力学由于流体运动，还要考虑因流体黏性产生的阻力（即内摩擦力）；另一方面，在进行压力计算时静压只与某点的位置有关，而动压不仅与该点的位置有关，还与该点的流动速度有关。流体动力学的基本原理是通过连续性定律（流体连续性方程）、能量守恒定律（伯努利方程）建立流速、压力与位置三者之间的相互关系。本课题主要学习流体动力学基本原理及其在工程上的应用，如差压式流量计、皮托管的使用。

【任务分析】

一、流体动力学的基本概念

（一）稳定流动与不稳定流动

当流体运动时，流体质点的速度和动压力等参数不随时间发生变化的流动，称为稳定流动。如通风机和水泵在转速保持一定，阀门开度也一定时，则排风管、吸风管，吸水管中流体运动是稳定流动，简称稳定流，如图 2-11 所示。

流体质点的速度和动压力等参数随时间发生变化的流动，称为不稳定流动。水泵启动的瞬时，吸水管和压水管中的流体运动是不稳定的流动，水位变化河道中的水流也是不稳定流动，如图 2-12 所示。

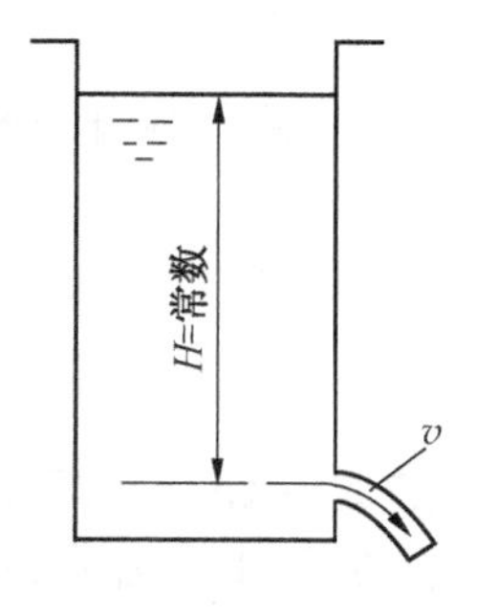

图 2-11 稳定流动

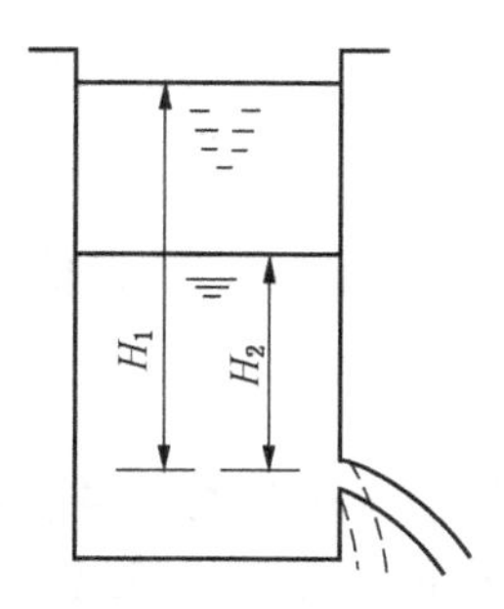

图 2-12 不稳定流动

不稳定流动是比较常见的，但如果观察的时间比较长，其运动参数变化的平均值趋于稳定，则可以按稳定流求解。

（二）缓变流与急变流

如图 2-13 所示，水流经过一个直角转弯，从图中的流线来看，*A* 区为接近平行的直线，*B* 区流线离开了边界，极其弯曲，*C* 区流线又逐渐恢复为接近平行的直线。我们把 *A* 区及 *C* 区的流体流动称为缓变流，在此区域内，流线几乎是互相平行的直线，流体各点只受重力作用；*B* 区的流体流动称为急变流，在此区域内，流线有明显弯曲，流体各点除了重力作用外，还受离心力的作用。

（三）过流断面、流量、平均流速

1. 过流断面

对于有压管流（满流），过流断面是指管道截面中空的那部分面积，也就是通过流体的横截面积；对于河道，过流断面是不规则的，且随水位变化。河道某一位置，当水位一定时，它的过流断面就是水面线以下水流与河道边界的交接线所围成的面积，可以说就是水流的截面。

2. 流量

单位时间内通过总流过流断面的流体体积称作总流的流量，简称流量，以 Q(m^3/s) 表示。气体的体积流量随温度、压力的改变而变化，所以表示气体的体积流量时，应指明其相应温度和压力。

3. 平均流速

工程上为简便计算，引入流体在管道中的平均速度，简称速度，如图 2-14 所示。

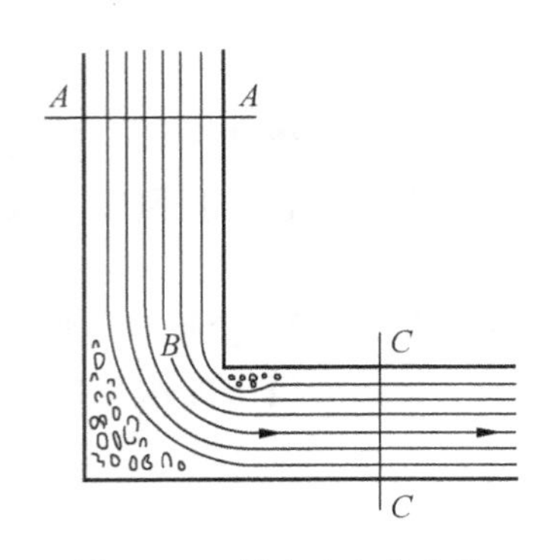

图 2-13　缓变流与急变流

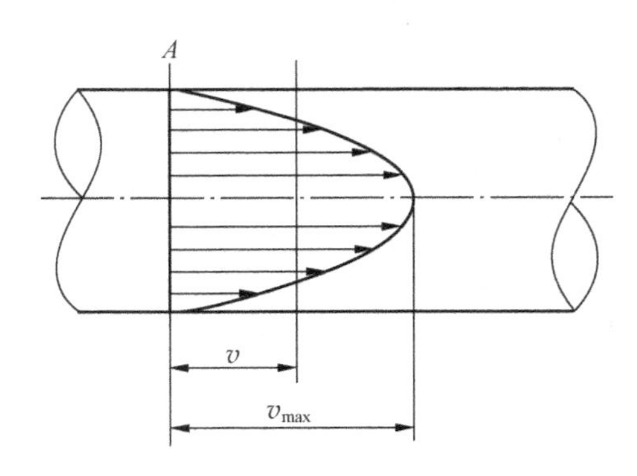

图 2-14　断面平均流速

流量与总流过流断面面积的比值称作总流的平均速度，以 v 表示。则

$$v = \frac{Q}{A} \tag{2-8}$$

平均流速 v 不是过流断面上各质点的实际流速。它是在保持实际流量的条件下对过流断面面积取平均值，是一个假想的速度。实际上在断面 A 上各点的实际流速 v 并不相等。

二、流体的连续性方程

在流体力学中，我们认为流体是连续介质，即流体在流动时必须是连续地充满着流动空间，在流体内部既无断裂又无压缩现象。用流体的连续性方程式来表示流体这一特征为

$$Q_1 = Q_2 = Q = 常数$$

若用流速来表示流量时，则得流体连续性方程式：

$$S_1 v_1 = S_2 v_2 = Q = 常数 \tag{2-9}$$

连续性方程式表明：在稳定流动时，无论平均流速和过流断面怎样变化，不同断面内的流体流量都是相同的。

三、流体的伯努利方程

伯努利方程式是能量守恒定律在流体力学中的应用。一切自然现象表明，能量既不能消灭，也不能创造，只能从一种形式转变为另一种形式。流体的流动完全遵循能量守恒。

如图 2-15 所示，有一直径不同的管段与水箱连接，水箱设有溢流装置，使水位保持不变，水流为稳定流动，在管段 A、B、C 三点各接测压管。当阀门关闭，水不流动时，各测压管中的水面与水箱水面齐平；当打开阀门，水流动时，虽然水箱水位保持不变，但是各测压管中的水面不一样了，沿水流方向，管段的断面面积由大变小，流速则由小变

大，而测压管中的水面，我们可以看到一个比一个低，它们究竟有什么关系呢？伯努利方程式能说明流体运动的规律。流体流动过程中过流断面的位置、压强、流速三者的关系，如图 2-16 所示。

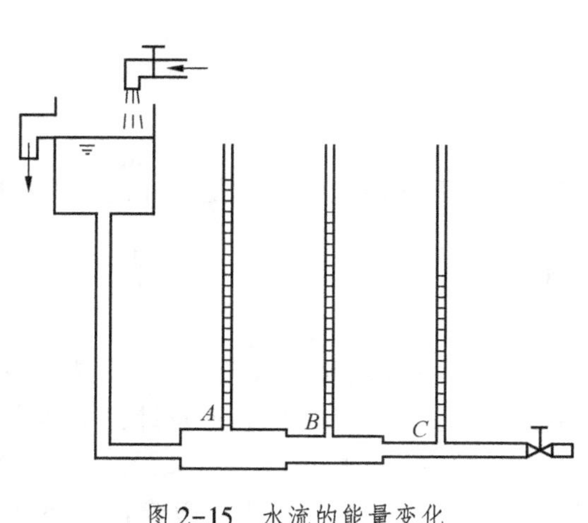

图 2-15　水流的能量变化

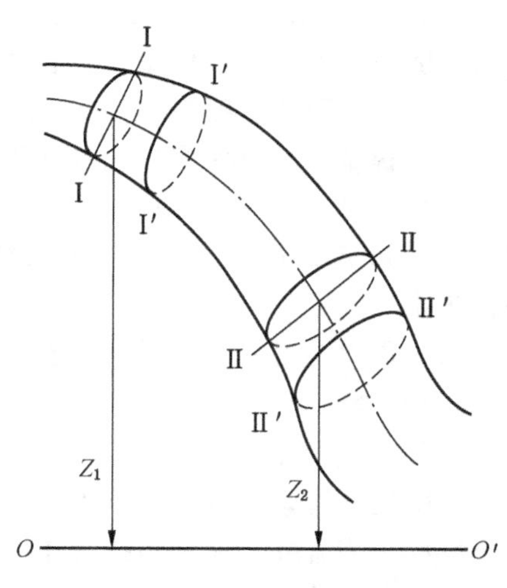

图 2-16　伯努利方程示意图

1. 实际液体总流的伯努利方程：

$$Z_1 + \frac{p_1}{\gamma} + \frac{\alpha_1 v_1^2}{2g} = Z_2 + \frac{p_2}{\gamma} + \frac{\alpha_2 v_2^2}{2g} + h_w \tag{2-10}$$

式中　Z_1、Z_2——液流断面Ⅰ-Ⅰ、Ⅱ-Ⅱ的形心至水平基准面 $O-O'$ 的距离，m；

p_1、p_2——作用在Ⅰ-Ⅰ、Ⅱ-Ⅱ上的压强，Pa；

v_1、v_2——液流断面Ⅰ-Ⅰ、Ⅱ-Ⅱ处的平均流速，m/s；

α_1、α_2——液流断面Ⅰ-Ⅰ、Ⅱ-Ⅱ处的动能修正系数；

h_w——液流自断面Ⅰ-Ⅰ到断面Ⅱ-Ⅱ间水头损失，m。

通常动能修正系数 $\alpha > 1$。对形状或大小不同的过流断面，修正系数 α 的值是不同的，过流断面越大，流速的分布越不均匀。α 值越大，其变化一般在 1.0~1.2 之间，有时为计算方便可取 $\alpha = 1.0$。

2. 实际气体总流的伯努利方程

由于气体重度很小，第一项重力作用所做的功可以忽略不计，同时在一般通风管道中，过流断面上空气流速分布比较均匀，动能修正系数常用 $\alpha = 1$，可以不加修正，由此可得：

$$\frac{p_1}{\gamma} + \frac{v_1^2}{2g} = \frac{p_2}{\gamma} + \frac{v_2^2}{2g} + h_w$$

整理可得实际气体总流的能量方程：

$$p_1 + \frac{v_1^2 \gamma}{2g} = p_2 + \frac{v_2^2 \gamma}{2g} + h_w \gamma \tag{2-11}$$

四、伯努利方程的应用

伯努利方程在工程技术上应用广泛。例如，根据其原理可以制成流量计（文丘里流量计），用来测量流体的流量；可以制成流速计（皮托管流速计），用来测量流体的流速；利用伯努利方程确定水泵安装高度等。

伯努利方程的适用条件：

（1）流体流动必须是重力作用下的稳定流动。

（2）流体是不可压缩的。

（3）过流断面Ⅰ－Ⅰ及Ⅱ－Ⅱ必须在缓变流中，但两断面之间可以是缓变流，也可以是急变流。

（4）两个过流断面之间，沿程的流量不得改变。

（一）流量计

差压式流量计是目前工业生产中检测气体、蒸汽、液体流量最常用的一种检测仪表。它是利用测量流体流经节流装置所产生的静压差来显示流量大小的一种流量计，又称节流式流量计，节流装置最常用的有孔板、喷嘴、文丘里管等。采用标准节流装置，按统一标准、数据设计的差压式流量计，可直接投入使用。因其结构简单、工作可靠，使用寿命长，适应能力强，技术成熟，目前已成为工业上应用最为广泛的流量计。

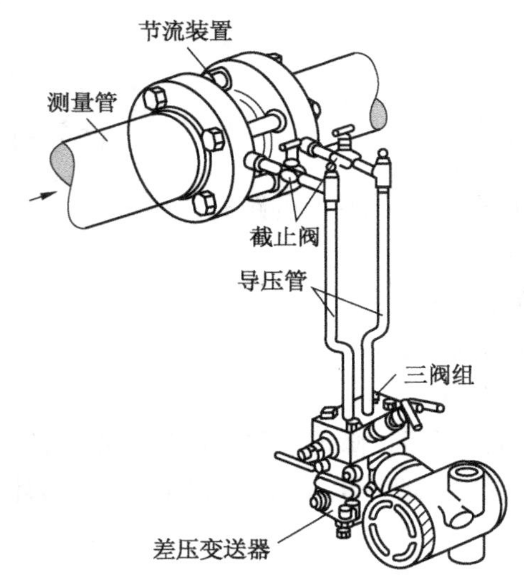

图 2-17　差压式流量计

1. 差压式流量计的组成

差压式流量计由节流装置、导压管和差压变送器（或差压计）三部分组成，如图 2-17 所示。

（1）节流装置是使流体产生收缩节流的节流元件和压力引出的取压装置的总称，用于将流体的流量转化为压力差。节流元件的形式很多，如孔板、喷嘴、文丘里管等，但以孔板的应用最为广泛。

（2）导压管是连接节流装置与差压变送器（差压计）的管线，是传输差压信号的通道。它取节流装置前后产生的差压传送给差压计，通常导压管上安装有平衡阀组及其他附属器件。

（3）差压变送器（差压计）用来测量压差信号，并把此压差转换成流量指示记录下来。

2. 节流装置的流量测量原理

节流装置是流体连续性方程（质量守恒定律）和流体伯努利方程（能量守恒定律）的应用。当流体流经管道内的节流件时，流体将在节流件处形成局部收缩，因而流速增加，静压力降低，于是在节流件前后产生了压差。流体流过管道中的阻力件时产生的压力差与流量之间有确定关系，通过测量差压值求得流量，流体流量越大，产生的压差越大，这样可依据压差来衡量流量的大小。

（二）流速计

皮托管是1732年由法国工程师皮托首创，具有压损小，价格低廉，体积小，便于携带、安装和测量等优点，适用于中、大管径管道的流量测量，以及风管、水管和矿井中任意一点的流体流速和流速分布测量。

1. 结构

皮托管是一根弯成直角的双层空心复合管，带有多个取压孔，能同时测量流体总压和静压。皮托管外形如图2–18所示。

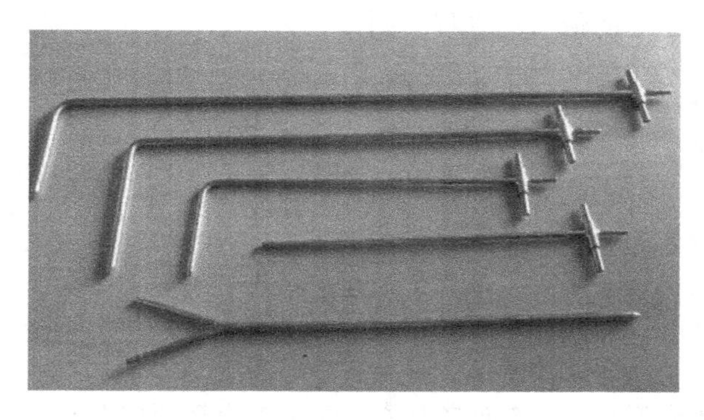

图2–18　皮托管外形

图2–19是一般皮托管的结构图，与管轴平行安置的直角边是测头，其顶端有一个总压孔，在其侧壁有若干个静压孔。总压孔与静压孔不相通，分别用导压管引出，从静压孔至总压孔称为鼻端。直角的另一边称为支杆，引出总压孔和静压孔的接头以便与差压计相连。其上有定向杆，指示鼻端方向。测量总压力的管子叫皮托管；测量静压力的管子叫静压管。实际上常用的形状都是皮托管和静压管的组合，国际标准推荐的有GETIAT型（锥形头）、AMCA型（球形头）和MPL型（椭圆形头）三种。

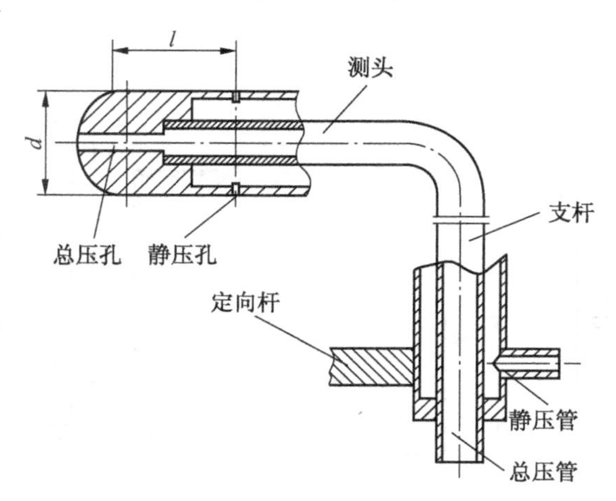

图2–19　皮托管结构示意图

2. 皮托管工作原理

在皮托管头部迎流方向开有一个小孔称为总压孔，在该处形成“驻点”，在距头部一定距离处开有若干垂直于流体流向的静压孔，各静压孔所测静压在均压室均压后输出，由于流体的总压和静压之差与被测流体的流速有确定的数值关系，因此可以用皮托管测得流体流速从而计算出被测流量的大小。

使用时将管口迎着液流方向放在液体内，另一端放在液体外面，由于液体在管内上升，可借以测得流速。

如图2-20所示，在皮托管的前方取一个1-1垂直面，设该处的流速为v_1，同时由于弯管的阻挡，在皮托管端的中心点的流速为零。以通过皮托管口中心的水平面$O-O$为基准，列出断面1-1和2-2的伯努利方程，则

$$\frac{p_1}{\gamma}+\frac{v_1^2}{2g}=\frac{p_2}{\gamma}+\frac{v_2^2}{2g}$$

因$\frac{p_1}{\gamma}=h_1$，$\frac{p_2}{\gamma}=h_2$，$v_2=0$，则

$$h_2-h_1=h=\frac{v_1^2}{2g}$$

所以

$$v_1=\sqrt{2gh} \tag{2-12}$$

由上式可知，只要知道管内液面之差值，就可求出液流内某点的速度。由于实际液体有黏性，且放入皮托管后对该处液流流动情况有所改变，故求得的流速应加以修正。

$$v=v_1=\phi\sqrt{2gh}$$

若皮托管较小，且做成流线形，则$\phi=1$。

(三) 确定水泵安装高度

如图2-21所示，求离心式水泵的吸水高度H_x。

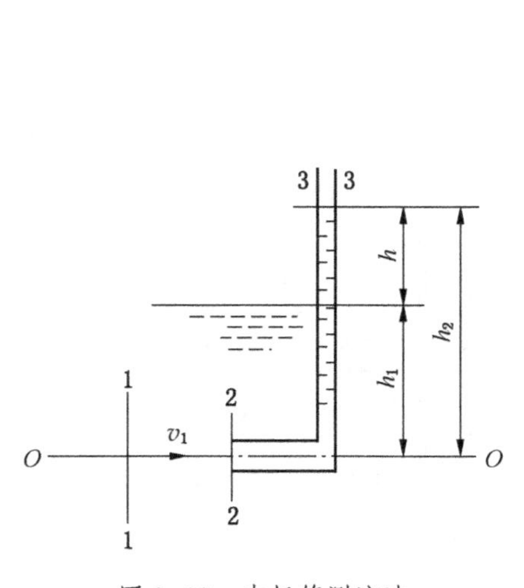

图2-20 皮托管测流速

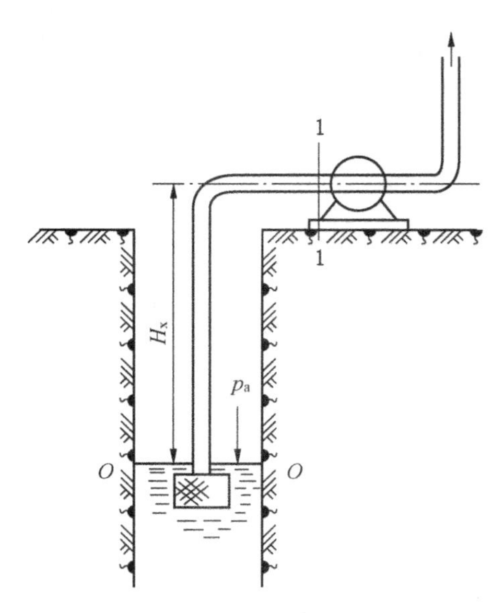

图2-21 离心式水泵吸水高度

解　对吸水井中自由水面 $O—O$ 和吸水管与水泵相接处的断面 1—1 列出伯努利方程：

$$\frac{p_a}{\gamma}+\frac{\alpha_0 v_0^2}{2g}=H_x+\frac{p}{\gamma}+\frac{\alpha_1 v_1^2}{2g}+h_w$$

$$H_x=\frac{p_a}{\gamma}-\frac{p_1}{\gamma}+\frac{\alpha_0 v_0^2}{2g}-\frac{\alpha_1 v_1^2}{2g}-h_w$$

因为水在吸水井的流速不大，故 $v_0=0$；$\frac{p_a-p_1}{\gamma}$是断面 1—1 的真空高度$\frac{p_z}{\gamma}$，所以

$$H_x=\frac{p_z}{\gamma}-\frac{\alpha_1 v_1^2}{2g}-h_w \tag{2-13}$$

公式（2-13）就是计算离心式水泵的吸水高度的公式。

五、流体的流动和水头损失

流体流动存在着层流、紊流两种状态。流体在管路中流动时，有两种能量损失，即沿程水头损失、局部水头损失。流体在管路中总的水头损失是沿程水头损失和局部水头损失之和。

（一）流体运动的两种状态

流体流动时存在着层流和紊流两种不同的状态，如图 2-22 所示。

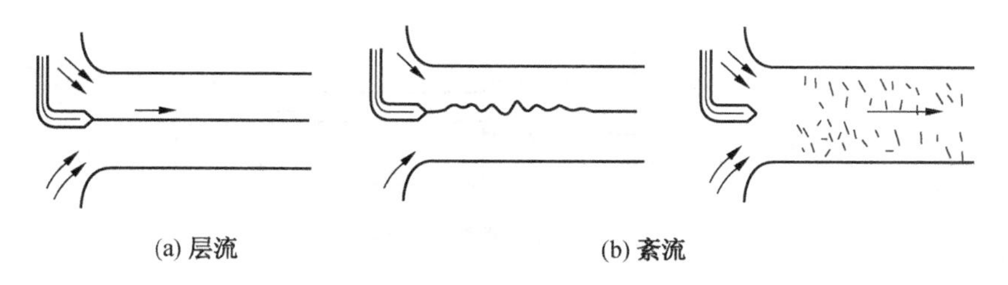

(a) 层流　　(b) 紊流

图 2-22　层流和紊流

层流运动：流体运动时，各质点作分层运动，流体质点在流层之间不发生混杂，呈现规则的层状运动。

紊流运动：流体运动时，形成紊乱的形态，流体质点不保持在某一个固定层内运动，而有交混和碰撞，产生动能交换，形成无规则的混乱状态。

由于运动状态不同，所以产生阻力的原因也不同。例如在层流中运动阻力是由液体黏性引起的；在紊流运动中不仅有黏性阻力，而且还因流体质点间的动量交换，产生附加阻力损失。由于两种运动产生的阻力不同，所以能量损失规律也不相同。

（二）流体在管路中的水头损失

所谓水头损失，是指单位重量的流体从一个位置流动到另一个位置时，由于克服各种阻力所消耗的能量。因此水头损失是由流动阻力引起的。

液流在管路中流动时，将遇到两种阻力，即沿程阻力和局部阻力。

沿程阻力是由于运动流体层间的摩擦和流体与固体壁面之间的摩擦而产生的一种阻力。单位重量的流体为克服沿程阻力而消耗的能量，称为沿程能量损失，简称沿程损失或

沿程水头损失，用符号 h_f 表示。沿程损失只发生在过流断面无变化的直线段上，而且流程愈长，损失愈大。

局部阻力是由于流场的变化而产生的。当流体流经扩散管、收缩管、阀门、弯管等局部区域时，流速的大小、方向均发生变化。单位重量的流体为克服局部阻力而消耗的能量，称为局部能量损失，简称局部损失或局部水头损失，用符号 h_j 表示。

在流体动力学基本方程式（伯努利方程）里的 h_w 一项，实际应包括全部沿程水头损失和各种局部水头损失，即

$$h_w = h_f + h_j \tag{2-14}$$

如图 2-23 所示，在装满液体的容器底部连接着由三段不同的直径管子和阀门等组成的管路系统。这一系统能量损失计算式为

$$h_w = \sum h_f + \sum h_j$$

式中 $\sum h_f$ ——管路系统中沿程阻力损失之和；

$\sum h_j$ ——管路系统中局部阻力损失之和。

图 2-23 中，$h_w = h_{f1} + h_{f2} + h_{f3} + h_{j1} + h_{j2} + h_{j3}$。

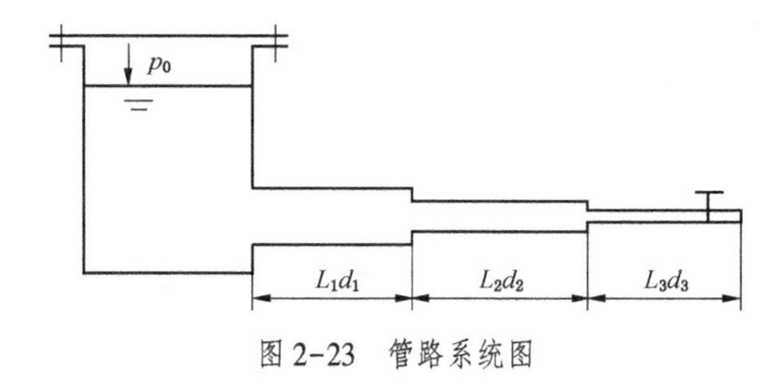

图 2-23 管路系统图

1. 沿程水头损失的计算

沿程水头损失与流体流过的路程长度 l 成正比，与速度水头 $\frac{v^2}{2g}$ 成正比，与管路直径 d 成反比。圆管中流体的沿程水头损失为

$$h_f = \lambda \frac{l}{d} \cdot \frac{v^2}{2g} \tag{2-15}$$

式中 l——管路长度，m；

d——管路直径，m；

v——流体在管路中的平均流速，m/s；

λ——沿程阻力系数，与流体的流动状态有关。

2. 局部水头损失的计算

局部水头损失用速度水头的倍数来表示，它的计算公式为

$$h_j = \xi \frac{v^2}{2g} \tag{2-16}$$

式中 ξ——局部阻力系数，表 2-5 列出了几种常用的局部阻力系数 ξ 值。

表 2-5　几种常用的局部阻力系数值

名称	简图	局部阻力系数										
弯头		d/R		0.4	0.5	0.6	0.8	1.0	1.2	1.4	1.6	1.8	2.0
		$\xi_{90°}$		0.137	0.145	0.158	0.206	0.294	0.440	0.661	0.977	1.408	1.978
		若 $\varphi \neq 90°$，$\xi_{\varphi}=\xi_{90°}\dfrac{\varphi}{90°}$										
三通		$\xi=0.1$ $\xi=1.3$										
闸板阀		h/d		1/8	2/8	3/8	4/8	5/8	6/8	7/8	全开	
		ξ		97.8	18	5.52	2.06	0.81	0.26	0.07	0	
逆止阀		α		15°	20°	25°	30°	40°	50°	60°	70°	
		ξ		90	62	42	30	14	6.6	3.2	1.7	
滤水器		有底阀	d/mm	40	50	75	100	150	200	250	300	
			ξ	12	10	8.5	7.0	6.0	5.2	4.4	3.7	
		没有底阀		$\xi=2\sim3$								

【任务实施一】

一、地点

多媒体教室和实训室。

二、器材

差压式流量计若干。

三、内容

流体流量的测量。

一般差压仪表均可作为差压式流量计中的差压计使用。目前工业生产中大多数采用差压变送器，它可将压差转换为标准信号。

一体式差压流量计，将节流装置、引压管、三阀组、差压变送器直接组装成一体，省去了引压管线，现场安装简单方便，可有效减小安装失误带来的误差。有的仪表将温度、压力变送器整合到一起，可以测量孔板前的流体压力、温度，实现温度压力补偿；可以显示瞬时流量、累积流量，直接指示流体的质量流量。一体式差压流量计如图 2-24 所示。

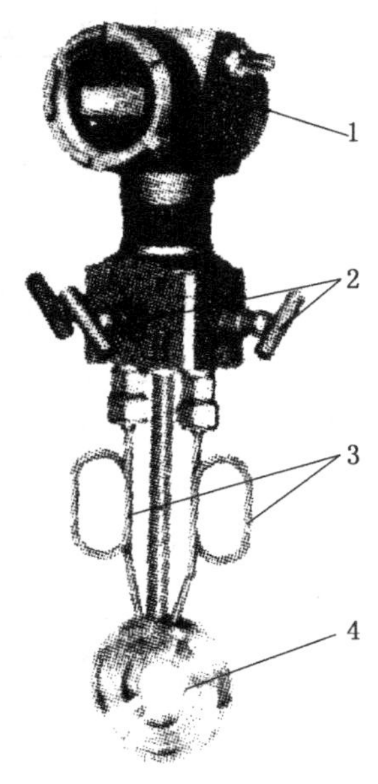

1—差压变送器；2—三阀组；3—引压管；4—节流装置

图 2-24　一体式差压流量计实物图

四、实施方式

采用集中讲解与分组学习的方式。以 5~8 人为活动工作组，采用组长负责方式，小组自主学习，同学相互评分，教师巡回检查指导，完成学习任务。

五、建议学时

4 学时。

【任务考评】

考评内容及评分标准见表 2-6。

表 2-6　考评内容及评分标准

序号	考核内容	考核项目	配分	评分标准	得分
1	差压式流量计的结构	说明差压式流量计的基本结构	15	错一项扣 3 分	
2	差压式流量计的测量原理	说明差压式流量计的测量原理	15	错一项扣 3 分	
3	差压式流量计的使用	正确安装差压式流量计，测量被测系统的流量	60	错一大项扣 15 分 错一小项扣 2 分	

表 2-6（续）

序号	考核内容	考核项目	配分	评分标准	得分
4	遵章守纪，文明操作	遵章守纪，团结合作	10	错一大项扣 3 分	
合计					

【任务实施二】

一、地点

多媒体教室和实训室。

二、器材

皮托管若干。

三、内容

流体流速的测量。

皮托管使用的注意事项：

（1）皮托管使用前测试畅通性。应检查总压孔和静压孔及它们的连接是否有堵塞，皮托管内部总压和静压腔室之间是否有泄漏。另外还要检查皮托管是否有变形和鼻部损伤等。测量头应垂直于支杆，与压力计连接的导压管应尽量短，并要求绝对密封。压力的阻尼要对称和线性，皮托管应清洁。

（2）用皮托管量测水流流速时，必须首先将皮托管及橡皮管内的空气完全排出，然后将皮托管的下端放入水流中，并使总压管的进口正对测点处的流速方向。此时压差计的玻璃管中水面即出现高差 Δh。如果所测点的流速较小，Δh 的值也较小。为了提高量测精度，可将压差计的玻璃管倾斜放置。

（3）正确选择测量点断面，确保测点在气流流动平稳的直管段。为此，测量断面距离来流方向的弯头、变径异形管等局部构件要大于 4 倍管道直径。距离下游方向的局部弯头、变径结构应大于 2 倍管道直径。

（4）测量时应当将全压孔对准气流方向，以指向杆指示。测量点插入孔应避免漏风，可防止该断面上气流干扰。用皮托管只能测得管道断面上某一点的流速，由于断面流量分布不均匀，因此该断面上应多测几点，以求取平均值。

（5）标准皮托管检定周期为五年。

四、实施方式

采用集中讲解与分组学习的方式。以 5~8 人为活动工作组，采用组长负责方式，实现小组自主学习，同学相互评分，教师巡回检查指导，完成学习任务。

五、建议学时

4 学时。

【任务考评】

考评内容及评分标准见表2-7。

表2-7　考评内容及评分标准

序号	考核内容	考核项目	配分	评分标准	得分
1	皮托管的结构	说明皮托管的基本结构	15	错一项扣3分	
2	皮托管的测压原理	说明皮托管的测压原理	15	错一项扣3分	
3	皮托管的使用	正确安装皮托管 测量被测系统的流速	60	错一大项扣15分 错一小项扣2分	
4	遵章守纪，文明操作	遵章守纪，团结合作	10	错一大项扣3分	
合计					

【综合训练题】

一、填空题

1. 凡是没有（　　），易于（　　）的物质就叫流体。

2. 流体在单位体积内所具有的（　　），叫作流体的密度。流体在单位体积内所具有的（　　）叫作流体的重度。

3. 在仅受重力作用的（　　）液体中，对于同一深度 h 的液面静压力（　　），这个面就是等压面。

4. 在温度不变的情况下，流体体积随压强增加而（　　）的性质，叫作流体的压缩性。在压强不变的情况下，流体体积随着温度升高而（　　）的性质，叫作流体的膨胀性。

5. 为减小毛细现象的影响，测压管的玻璃管直径一般不小于（　　）。

6. 单位时间内通过总流过流断面的（　　）称作总流的流量，简称流量。

7. 差压式流量计由（　　）、（　　）和（　　）三部分组成。

8. 黏性的大小用（　　）表示，在液压系统中所用的油液，主要是根据（　　）来选择的。

9. 常用的U形管测压计的指示剂有（　　）、（　　）、（　　）、（　　）、（　　）等。

10. 对于国际单位，1 mmH_2O =（　　）N/m^2，对于工程单位，1 mmH_2O =（　　）kgf/m^2。

11. 液流在管路中流动时，将遇到两种阻力，即（　　）和（　　）。

二、判断题

（　　）1. 液体和气体都是流体。流体（特别是液体）能承受较大的压应力，却几乎不能承受拉应力。

（　　）2. 流体的静压力，是指流体单位体积上所受的作用力。

（　　）3. 作用在封闭容器内处于平衡状态下的液体表面单位面积上的压力 P，将以同样的大小传递至液体内所有各点。

（　　）4. 在流体力学中，我们认为流体是连续介质。

（　　）5. 水头损失是由流动阻力引起的。

（　　）6. 单位重量的流体为克服局部阻力而消耗的能量，称为沿程能量损失。

（　　）7. 液柱式测压计应避免在过热、过冷、有冷腐蚀或无振动的地方使用。

（　　）8. 易流动性是液体和气体区别于固体的基本宏观表现，而不可压缩性（严格地讲应为少压缩性）则是液体区别于气体的基本宏观表现。

（　　）9. 在均质的只受重力作用的静止液体中，各水平面都是等压面。

（　　）10. 以完全真空为基准算起的压力叫作相对压力。

（　　）11. 在稳定流动时，无论平均流速和过流断面怎样变化，不同断面内的流体流量都是相同的。

三、选择题

1. 在静止的流体中，某点静压力 p 的大小，（　　）作用在自由面上的外压力 p_0 和由流体自重形成的余压力 γh 之和。

A. 等于　　B. 大于

C. 小于　　D. 不等于

2. 为了测量精确，斜管测压计必须保持底板（　　）。

A. 垂直　　B. 水平　　C. 倾斜

3. 液柱式测压计为了减小读数误差，读数时应注意保持视线与透明管相互（　　），并在工作液的弯月面顶点处从标尺上读数值。

A. 垂直　　B. 水平　　C. 倾斜

4. 选取 U 形管测压计的指示剂时，提高工作液密度，压力的测量范围将（　　）。

A. 不变　　B. 增加　　C. 减少

5. 真空度实质上是指绝对压力（　　）大气压力的数值。

A. 等于　　B. 高于

C. 低于　　D. 不等于

四、简答题

1. 圆管中充满流动的流体，是靠管壁的流速大，还是靠管中心的流速大？为什么？

2. 液柱式测压计在使用时应注意哪些事项？

五、计算题

1. 已知锅炉工程气压 $p_0=1.013\times10^6$ Pa，水的密度 $\rho=887$ kg/m^3。试用国际单位制计算水面下深 2.5 m 处的工作压力为多少？

2. 已知水泵排水量 $Q=0.03$ m^3/s，吸水管直径 $d_x=150$ mm，水泵吸水口的真空高度 $h_z=6.8$ m，吸水管中的水头损失 $h_w=1$ m，求离心式水泵的吸水高度。

3. 如图 2-25 所示，水从容器侧壁的孔口沿着变断面的水平管流出。假设容器中的水位固定不变，并忽略水头损失。当已知 $H=2$ m，$d_1=7.5$ cm，$d_2=25$ cm，$d_3=10$ cm，$v_3=6.27$ m/s 时，试求流量及断面 1 和 2 处的平均流速 v_1、v_2 及水动压力 p_1、p_2。

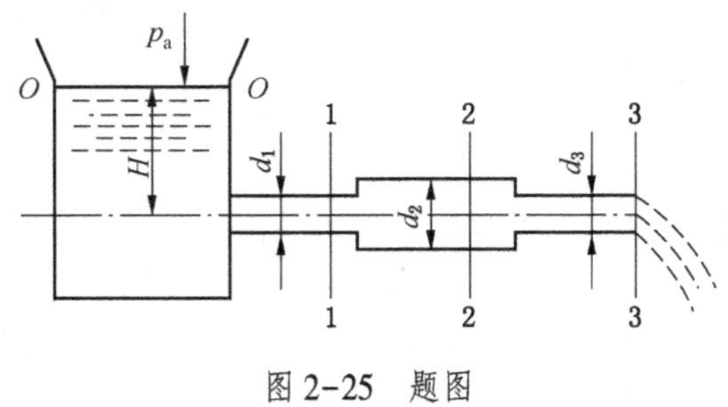

图 2-25　题图

4. 如图 2-26 所示，已知 U 形压差计读数 $\Delta h = 600$ mm 水柱，空气重度 $\gamma = 12.3$ N/m^3，试求通风管道中的气流速度。

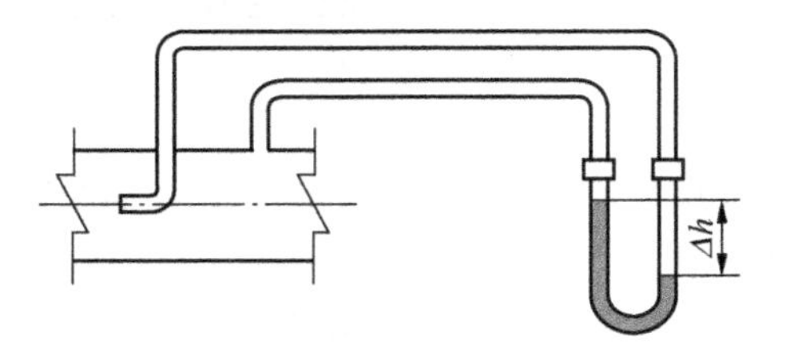

图 2-26　题图

项目三　矿山排水设备的运行与维护

煤矿在建设和生产中，不断有各种来源的水涌入矿井。矿井水源主要有大气降水、地表渗透水、含水层水、断层水、工作中灭尘的水等，对于水力采煤和水砂填充的矿井，还有水力采煤和水砂填充后产生的废水。

矿井排水设备的作用就是将这些矿水及时排到地面，为井下生产创造良好的工作环境，保证矿井人员的安全和井下机械、电气设备的良好运转。

排水设备是煤矿大型固定设备之一。根据统计，每开采 1 t 煤，一般要排出 2~7 t 的矿水，有些甚至要排出多达 30~40 t 的矿水。排水设备的电动机功率，小的几千瓦或几十千瓦，大的几百千瓦甚至上千千瓦。如果排水设备不能正常运转，将直接影响井下生产的进行，甚至造成淹没矿井的重大事故。因此《煤矿安全规程》对排水设备的布置、操作、运行、维护等都作了严格的规定。由此可见，保证矿山排水设备运转的可靠性（安全性）与经济性（高效率、低能耗），具有十分重要的意义。

情境一　矿山排水设备的操作

任务一　认识排水系统及设备

【知识目标】

（1）熟悉矿井主排水系统。

（2）掌握排水设备在煤矿生产中的作用。

（3）清楚排水设备组成部分及各部分的作用。

【技能目标】

（1）能读懂主排水系统图。

（2）能描述出排水设备各部分的位置及作用。

【任务描述】

图 3-1 所示为矿井排水系统示意图。涌入矿井的水顺着巷道一侧的水沟自流集中到水仓 1，而后经分水沟 2 流入水泵房 5 一侧的吸水井 3 中，水泵 4 运转后，水经管路 6 排至地面，即矿水—水沟—水仓—吸水井—水泵—管子道管路—副井管路—地面水池。

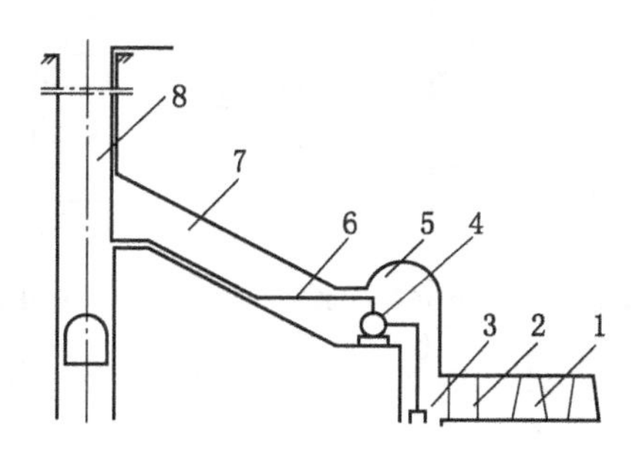

1—水仓；2—分水沟；3—吸水井；4—水泵；5—水泵房；6—管路；7—管子道；8—井筒

图 3-1　矿井排水系统示意图

上述中，水仓是指专门用来储存矿水的巷道；水泵房是指专为安装水泵、电机等设备而设置的硐室。

【任务分析】

一、矿水

涌入矿井的水统称为矿水，矿水分为自然涌水和开采工程涌水。其中，自然涌水是指自然存在的地面水和地下水，地面水包括江、河、湖以及季节性雨水和融雪等，地下水包括含水层水、断层水和老空水；开采工程涌水是指与采掘方法或工艺有关的涌水，例如，水力采矿和水砂充填后产生的废水等。

单位时间内涌入矿井水仓的矿水总量称为矿井涌水量。由于涌水量受地质构造、地理特征、气候条件、地面积水和开采方法等多种因素的影响，因此各矿涌水量差别很大。即使同一个矿井，在不同季节，其涌水量也不相同。通常在雨季和融雪期会出现涌水高峰，此期间的涌水量称为最大涌水量；其他时期的涌水量变化不大，称为正常涌水量。

二、矿井排水系统

（一）排水系统的类型

矿井排水系统的分类是根据矿井深度、开拓方式、各水平涌水量的大小以及管理条件等来确定的，主要分集中排水系统和分段排水系统两种类型。

1. 集中排水系统

集中排水系统可分为以下两种情况：

（1）立井单水平开采时，矿水可通过井下水沟集中到井底车场内的水仓中，再由排水设备排至地面，如图 3-2a 所示。

（2）立井多水平开采时，若上水平涌水量不大，可将上水平的水引入下水平的水仓中，然后再排出地面，如图 3-2b 所示。

集中排水系统的优点是排水系统简单、开拓量小、费用低；缺点是能量损失及电耗较大。

斜井的集中排水系统与立井相同，但在地质条件允许时，可通过钻孔直接将水排至地面，但要求钻孔的垂直深度不超过 300 m，如图 3-3 所示。

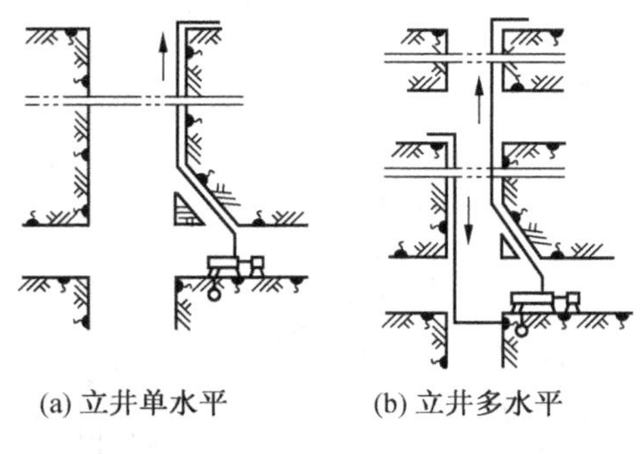

图 3-2　集中排水系统

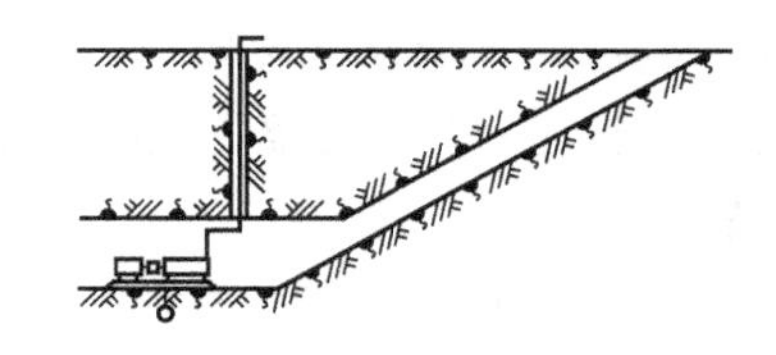

图 3-3　斜井钻孔排水系统

2. 分段排水系统

分段排水系统可分为以下两种情况：

（1）单水平开采时，若井筒很深，可把下段的水排至上段的水仓中，然后排至地面。

(2) 多水平开采时，可在各自水平分别设置主排水设备，把水分别排至地面；也可将下水平的水用辅助排水设备排至上水平，再由上水平的主排水设备将水排至地面，如图 3-4 所示。

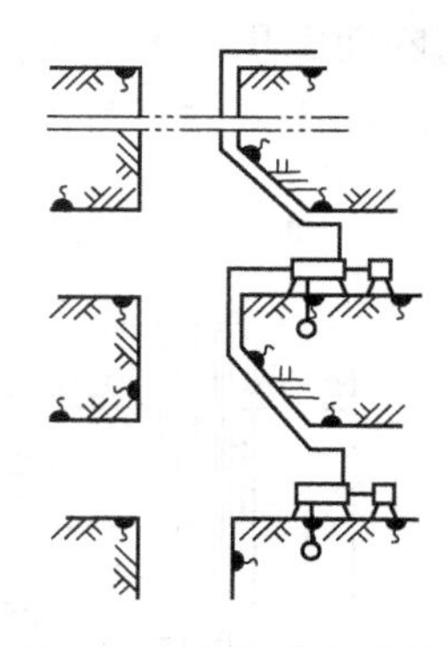

图 3-4　分段排水系统

(二) 排水设施

1. 水仓

水仓主要有两个作用：①储存、集中矿水，排水设备可以将水从水仓排至地面；②沉淀矿水，由于矿水中夹带有大量的悬浮状固体颗粒物质，因此，为减轻排水设备磨损和防止排水系统堵塞，矿水要在水仓中进行沉淀。水在水仓中流动的速度必须小于 0.005 m/s，而且流动时间要大于 6 h，因此，水仓巷道长不得小于 100 m。

水仓可以布置在水泵房的一侧或两侧。水仓至少有一个主水仓和一个副水仓，以便清理水仓沉淀物时，能保证排水设备正常工作。每年雨季到来前，必须彻底清理 1 次主泵房的水仓，以保证能够容纳涌水高峰期的全部矿水。为了便于清理水仓的淤泥，水仓和分水井管路上必须装设闸阀，当它关闭时，可以清理水仓。为了便于运输，水仓底板一般敷设轨道。

为了得到可靠的吸水高度，水仓底板应比水泵房地面低 5~6 m。在水砂充填和水力采煤的矿井中，还必须在水仓进口处设置专门的沉淀池，以使矿水先进行沉淀再流入水仓。

2. 水泵房

大多数主水泵房布置在副井井底车场附近，如图 3-5 所示，其原因如下：

(1) 运输巷道的坡度都向井底车场倾斜，便于矿水沿排水沟流向水仓。

(2) 排水设备运输方便。

(3) 由于靠近井筒，缩短了管路长度，因此，不仅节约了管材，减少了管路水头损失，而且还增加了排水工作的可靠性。

(4) 在井底车场附近，通风条件好，改善了泵与电机的工作环境。

(5) 水泵房以中央变电所为邻，供电线路短，减少了供电损耗，这对耗电量多、运转时间长的排水设备而言，具有非常重要的经济意义。

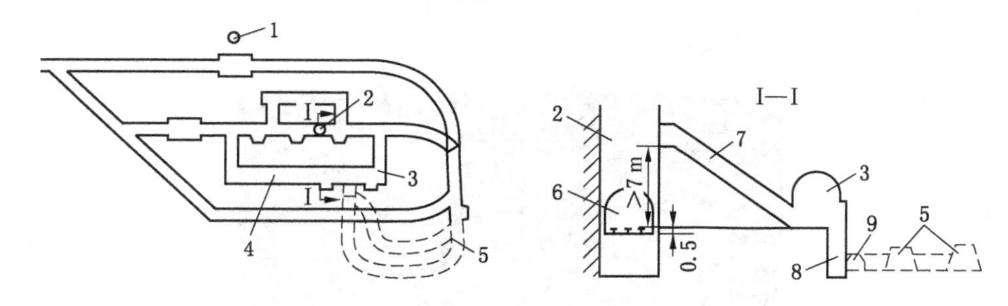

1—主井；2—副井；3—水泵房；4—中央变电所；5—水仓；6—井底车场；7—管子道；8—吸水井；9—分水沟

图 3-5　水泵房位置图

水泵房的地面标高应比井底车场轨面高 0.5 m，而且应向吸水侧留有 1% 的坡度。

水泵房内排水设备的布置方式主要取决于泵和管路的多少，通常情况下，为减小水泵房断面面积，水泵应在水泵房内顺着水泵房长度方向轴向排列。

图 3-6 为三台水泵和两趟管路的泵房布置图，吸水井在泵房的一侧。

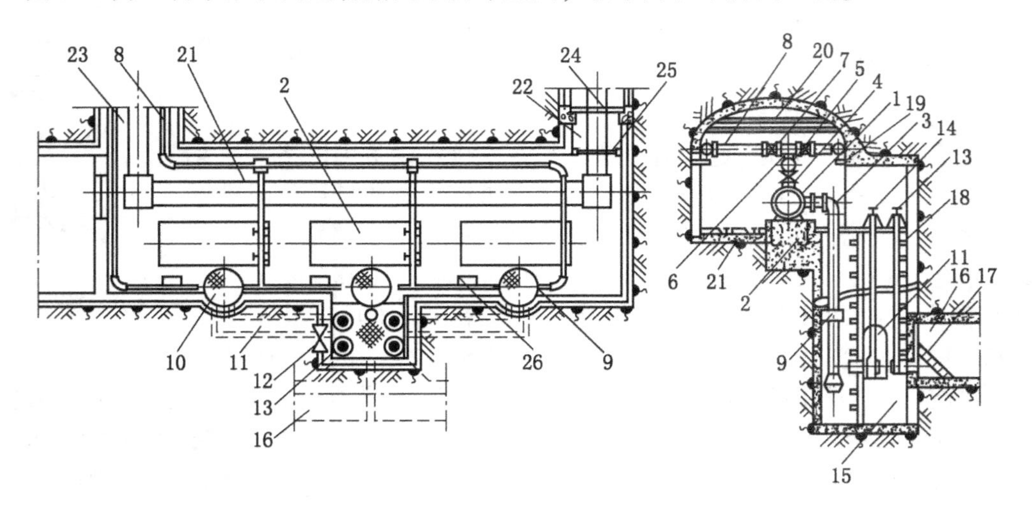

1—水泵；2—泵基础；3—吸水管；4、7—闸阀；5—逆止阀；6—三通；8—排水管；9—吸水井；10—吸水井盖；11—分水沟；12—分水闸阀；13—水仓闸阀；14—水井分水阀；15—分水井；16—水仓；17—箅子；18—上、下梯；19—管子支架；20—起重梁；21—轨道；22—人行运输道；23—管子道；24—防水门；25—大门；26—开关柜

图 3-6　三台水泵和两趟管路的泵房布置图

水仓来的水—箅子 17—水仓闸阀 13—分水井 15。

水仓闸门共有两个，分别和主、副水仓相通，轮换使用，可在配水井上部操作。

分水井的水—分水闸阀 12—吸水井和两侧的分水沟 11—两侧的吸水井中。

关闭分水闸阀 12 可以清理水沟和吸水井。吸水井及分水井内均有供安装、检修和清理水井时上下用的梯子 18。

全部水泵共用两趟排水管路，一趟工作，一趟备用。

图 3-7 为主水泵房布置实景图。

图 3-7　主水泵房布置实景图

3. 管子道

如图 3-8 所示，管子道是一条倾斜 25°~30°的斜巷。斜巷与井筒相接处有一段长度 2 m 的平台，平台较井底车场钢轨轨面高 7 m。排水管沿管子道壁架设在管墩上，并用管卡固定，经管子道敷入井筒。管子道中间铺轨，轨中间设人行台阶。当井底车场被淹没时，人员可由此安全撤出。

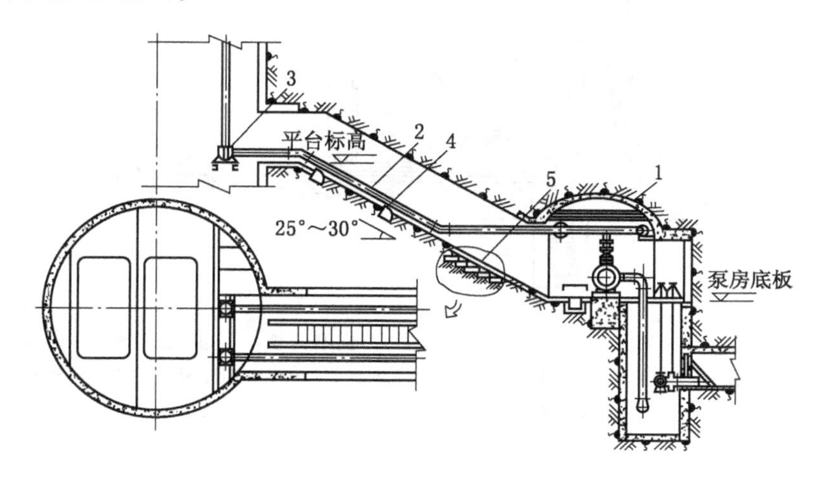

1—泵房；2—管道；3—弯管；4—管墩和管卡；5—人行台阶和运输轨道

图 3-8　管子道布置图

三、排水设备的组成及作用

矿井排水设备分为固定式和移动式两类。固定式排水设备安装在泵房内，负责把全矿或某一水平的矿水排至地面；移动式排水设备一般用于下山掘进工作面、井底水窝或淹没巷道的排水，它可以随水位的下降而移动。

固定式排水设备一般由离心式水泵、电动机、启动设备、吸水管、排水管、阀门、仪表等组成，如图 3-9 所示。

各组成部件的作用如下：

（1）启动设备是供电控制装置，给电动机提供电能。电动机是驱动装置，它驱动离心式水泵转。

（2）离心式水泵是排水设备，它将电动机输入的能量转换成水的能量，完成排水的任务。

（3）滤水器安装在吸水管末端，其作用是防止将水中的杂质吸入泵内。滤水器中装有底阀，以防止灌引水时或水泵停止运转后，泵内和吸水管中的水漏掉。

（4）调节闸阀安装在排水管上。其作用是：启动水泵时，关闭闸阀，以便降低启动电流；在水泵运行中用来辅助调节水泵的流量；停止水泵时，关闭闸阀，以防止出现水击现象，保护水泵不受水力冲击。

（5）逆止阀安装在闸阀的上方。其作用是：在水泵运行中由于突然停电而停止运转时，或在未关闭闸阀而停泵时，防止排水管路中的水对泵体及管路系统造成水力冲击。

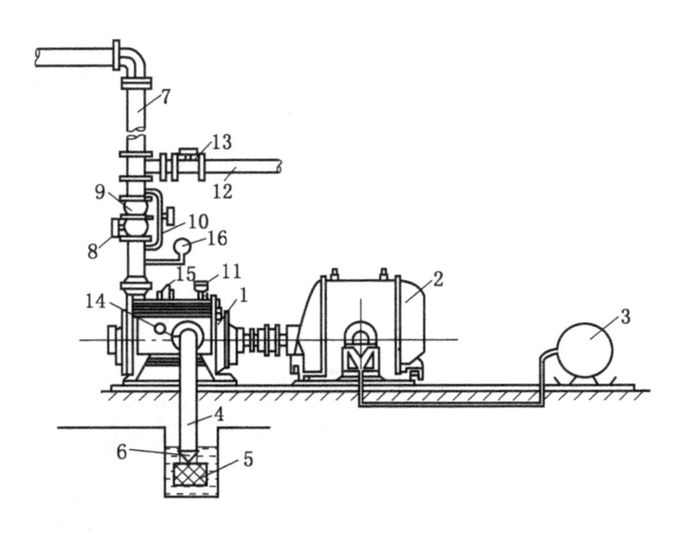

1—离心式水泵；2—电动机；3—启动设备；4—吸水管；5—滤水器；6—底阀；
7—排水管；8—调节闸阀；9—逆止阀；10—旁通管；11—灌引水漏斗；12—放水管；
13—放水闸阀；14—真空表；15—放气栓；16—压力表

图 3-9　排水设备示意图

（6）旁通管跨接在逆止阀和闸阀的两端，若排水管中有水，可通过它向泵和吸水管内灌引水。

（7）灌水漏斗用于水泵启动前向泵内灌引水，此时应打开放气栓将泵内空气放掉。

（8）放水闸阀用于在检修水泵和排水管路时，可通过放水管将排水管路中的水放回到吸水井中。

（9）压力表和真空表分别用来检测排水管中的压力和吸水管中的真空度，通过仪表指示值可知水泵工作状态是否正常。

【任务实施】

一、地点

多媒体教室。

二、内容

（1）看懂排水系统各图示，说明排水系统的类型。
（2）看水泵房的布置和实景图，说一说主要设备的名称及作用。
（3）画排水设备示意图，互议排水设备的组成名称及作用。
（4）参观或看视频，认识矿井主排水系统和排水设备。

三、实施方式

以 5~8 人为活动工作组，采用组长负责方式，实现小组自主学习，教师巡回检查指导，完成学习任务。

四、建议学时

2 学时。

【任务考评】

考评内容及评分标准见表 3-1。

表 3-1 考评内容及评分标准

序号	考核内容	考核项目	配分	评分标准	得分
1	排水系统	1. 排水系统的类型 2. 所属矿区排水系统类型	10	错一大项扣 5 分	
2	排水设施	1. 管子道的位置及作用 2. 水泵房位置及主要设备的布置	30	错一大项扣 10 分 错一小项扣 4 分	
3	排水设备	1. 排水设备的作用 2. 设备组成及作用	50	未按要求少一项扣 5 分	
4	遵章守纪，文明操作	遵章守纪，文明操作	10	错一项扣 5 分	
合计					

任务二 离心式水泵的工作过程分析

【知识目标】

（1）掌握离心式水泵结构组成。

（2）清楚离心式水泵的工作原理。

（3）熟悉离心式水泵性能参数及意义。

【技能目标】

（1）会描述离心式水泵的工作过程。

（2）认识水击现象，能有效消除或减轻水击危害现象发生。

（3）会进行水泵主要参数的计算。

【任务描述】

我国煤矿使用的水泵主要是离心式水泵。熟悉其结构和工作原理，是正确使用和维护排水设备，保证其安全经济运行的基础。

【任务分析】

一、离心式水泵的工作原理

图 3-10 为单吸单级离心式水泵的示意图，主要组成部件有叶轮 1，其上有一定数量的叶片 2，叶轮固定在泵轴 3 上，泵轴 3 通过轴承支撑在泵壳 4 上，泵壳内部为一蜗壳形扩散室，泵壳外部在水平方向开有吸水口，垂直方向开有排水口，分别与吸水管、排水管连接。

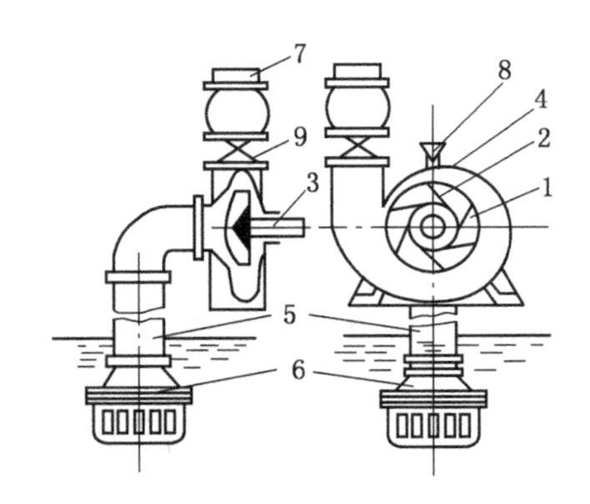

1—叶轮；2—叶片；3—轴；4—外壳；5—吸水管；6—滤水器底阀；7—排水管；8—漏斗；9—闸阀

图 3-10　单吸单级离心式水泵示意图

水泵启动前，应先用水注满泵腔和吸水管，以排除空气。当电动机启动后，叶轮即随泵轴旋转，位于叶轮中的水在离心力的作用下被甩出叶轮，经泵壳内部蜗壳形扩散室从排水口流出。此时，叶轮中心进水口处由于水被甩出而形成局部真空，吸水井中的水在大气压作用下，经滤水器、底阀、吸水管进入水泵，填补叶轮中心的真空。叶轮连续旋转，水被不断地甩出，吸入、甩出形成连续不断的水流。

二、离心式水泵的性能参数

在离心式水泵的铭牌（图 3-11）上，厂家提供了该水泵的一些性能参数，方便用户选用。它们的名称及意义如下：

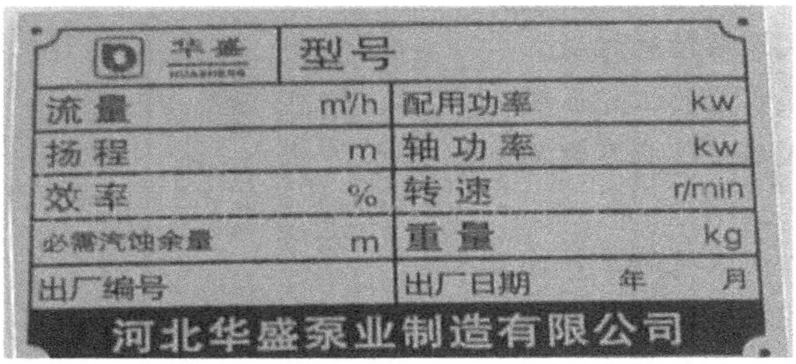

华盛	型号
流量　m³/h	配用功率　kw
扬程　m	轴功率　kw
效率　%	转速　r/min
必需汽蚀余量　m	重量　kg
出厂编号	出厂日期　年　月
河北华盛泵业制造有限公司	

图 3-11　离心式水泵铭牌

1. 流量

水泵在单位时间内所排出水的体积，称为水泵的流量，用符号 Q 表示，单位为 m^3/s 或 m^3/h。

2. 扬程

单位重量的水通过水泵后所获得的能量，称为水泵的扬程，用符号 H 表示，单位为 m。

上述两个参数是选择水泵时要考虑的主要数据。

3. 功率

水泵在单位时间内所做功的大小叫作水泵的功率，用符号 P 表示，单位为 kW。它又分为：

（1）水泵的轴功率。电动机传递给水泵轴的功率，即水泵的轴功率，也就是水泵的输入功率，用符号 P_z 表示。

（2）水泵的有效功率。水泵实际传递给水的功率，即水泵的有效功率（输出功率），用 P_x 表示。

$$P_x = \frac{\rho g Q H}{1000} \tag{3-1}$$

式中　ρ——矿水密度，一般取 1015~1025 kg/m^3；

Q——水泵的流量，m^3/s；

H——水泵的扬程，m。

4. 转速

水泵轴每分钟的圈数，叫作水泵的转速，用符号 n 表示，单位为 r/min。矿用离心式水泵都是用电动机直接拖动的，常用的额定转速有 1480 r/min 和 2950 r/min 两种。

水泵的轴功率和转速这两个参数是选择配套电动机的主要数据。

5. 效率

水泵的有效功率与轴功率之比，叫作水泵的效率，用符号 η 表示。

$$\eta = \frac{P_x}{P_z} = \frac{\rho g Q H}{1000 P_z} \tag{3-2}$$

6. 允许吸上真空度或必需汽蚀余量

在保证水泵不发生汽蚀的情况下，水泵吸水口处所允许的真空度，叫作水泵的允许吸上真空度，用符号 H_s 表示，单位为 m。它是用来限制水泵吸水（安装）高度的参数。

汽蚀余量是指泵吸入口处单位重量液体所具有的超过汽化压力的富余能量，用 NPSH 表示。必需汽蚀余量是指给定泵在给定转速、流量和输送液体的条件下达到规定性能的最小汽蚀余量，用 NPSHr 表示，单位为 m。必需汽蚀余量也是用来限制水泵吸水（安装）高度的参数。

以前我国使用允许吸上真空度，现在都采用必需汽蚀余量。

以上性能参数均由厂家提供。例如，D280−43×3 型水泵的额定工作参数为 Q=288 m^3/h，H=122.4 m，P_z=120 kW，η=0.8，n=1480 r/min，H_s=5.7 m。

【例 3−1】　已知某水泵的总扬程为 100 m，流量为 8×10^{-3} m^3/s，求该水泵的有效功率。如果泵的总效率 η=0.6，该泵的轴功率 P_z 是多少？

解　水泵的有效功率为

$$P_x = \frac{\rho g Q H}{1000} = \frac{1020 \times 9.8 \times 8 \times 10^{-3} \times 100}{1000} = 8(\text{kW})$$

水泵的轴功率为

$$P_z = \frac{P_x}{\eta} = \frac{8}{0.6} = 13.3(\text{kW})$$

【任务实施】

一、地点

多媒体教室。

二、内容

（1）看图 3-10 绘制离心式水泵的结构示意草图，并对照示意图互相叙述水泵的工作原理。

（2）看水泵铭牌，说明水泵主要参数及意义。

（3）利用互联网平台分组完成水击现象危害及预防措施的实例收集整理。

三、实施方式

以 5~8 人为活动工作组，采用组长负责方式，实现小组自主学习。教师巡回检查指导完成学习任务。

四、建议学时

2 学时。

【任务考评】

考评内容及评分标准见表 3-2。

表 3-2 考评内容及评分标准

序号	考核内容	考核项目	配分	评分标准	得分
1	离心式水泵的工作过程	1. 离心式水泵示意草图 2. 简述离心式水泵的工作原理	40	错一大项扣 20 分 错一小项扣 2 分	
2	离心式水泵的性能参数	1. 读懂铭牌上的性能参数 2. 说明各参数的意义	40	错一大项扣 10 分 错一小项扣 2 分	
3	水击现象	1. 水击危害实例 2 个 2. 预防措施	10	未按要求少一项扣 5 分	
4	遵章守纪，文明操作	遵章守纪，文明操作	10	错一项扣 5 分	
合计					

任务三 离心式水泵的操作

【知识目标】

（1）掌握离心式水泵操作内容及要求。

（2）学会排水设备的启动、运行、停止的操作方法。

【技能目标】

能独立安全进行排水设备的启动、运行、停止的操作。

【任务描述】

离心式水泵的操作是排水设备使用维护者必备的基本技能，主要包括离心式水泵的启动操作和停止操作，其操作过程和方法是关键。

【任务分析】

一、离心式水泵的启动操作

1. 启动前的检查

启动水泵前，应先清除机器附近有碍运转的物件，检查基础螺栓及所有连接部分的紧固情况；检查填料压盖的松紧程度；检查轴承情况并加足润滑油，然后用手转动联轴器，判断水泵有无卡阻现象。

2. 灌注引水

关闭排水管上的闸阀，关闭真空表和压力表的旋塞，防止因启动时真空、压力增大而损坏仪表。打开泵壳上的放气螺塞，向泵腔和吸水管内灌注引水并排尽腔内空气，直至放气螺塞处冒水为止（为使泵腔内空气排尽，灌水时应用手转动联轴器），然后关闭放气螺塞，开始启动水泵。

向泵内注水是水泵启动前的必要环节。如水泵在未灌注引水或灌注引水不够的情况下启动，即使水泵达到了额定转速，也会因泵腔内存有空气而无法产生将水吸入泵内的真空度而吸不上水。严重时，在无水情况下，填料箱中的填料与泵轴长时间摩擦，有可能发生热胶合事故。

关闭闸阀启动水泵的原因：离心式水泵在零流量时消耗的轴功率最小，这样可降低电动机的启动电流。但水泵也不能长时间在零流量情况下运转，否则会发热烧毁，一般空转时间不应超过 3 min。

3. 启动水泵

按下启动设备上的启动按钮，电动机通电带动水泵旋转，当水泵达到额定转速后，打开真空表和压力表的旋塞，观察示值是否正常，若示值正常即可逐渐将闸阀打开，使水泵进入正常运转。然后再将启动设备上的开关转到运行位置上。

在打开闸阀过程中，压力表的示值随着闸阀开度的增大而减小，电流表的示值也逐渐减小，真空表的示值却是增大，最后都稳定在相应的示值上。

在启动过程中，应密切注意仪表的指示、泵的声响和振动、轴承的温度等。如有明显的异常情况，应立即停止启动，查明原因排除故障后才能再次启动。

二、离心式水泵的停止操作

1. 关闭闸阀

停泵时，应先逐渐关闭排水管上的闸阀，使水泵进入空转状态；而后关闭真空表及压力表的旋塞；再按停电按钮。

2. 停电

按停电按钮，停止电动机，再切断电源刀闸。

3. 放水

停机后，如水泵在短期内不工作，为避免锈蚀和冻裂，应将水泵内的水放空。若水泵长期停用，则应对水泵施以油封；同时应定期使电动机空运转，以防受潮。空转时，应将联轴器分开，让电动机单独运转。

【任务实施】

一、场地与设备

矿山流体机械实训车间，正常运行排水设备1套，各类型水泵10台以上。

二、训练任务

（1）认识排水设备。

（2）熟悉离心式水泵的工作原理。

（3）正确操作排水设备。

三、训练过程

（1）集中观看教师操作演示说明或利用多媒体设备进行操作演示说明（20 min）。

（2）分组熟记启动和停止的操作过程和方法（25 min）。

（3）分组训练

①看设备，说出排水设备各部分名称及作用（15 min）。

②对照解体离心式水泵，简述其工作原理（20 min）。

③分组进行水泵铭牌参数识读，并说明其意义（10 min）。

④离心式水泵操作训练（90 min）。

四、实施方式

集中学习—分组训练—教师巡回检查指导—组长负责考评。

五、建议学时

4学时。

【任务考评】

考评内容及评分标准见表3-3。

表3-3 考评内容及评分标准

序号	考核内容	考核项目	配分	评分标准	得分
1	排水设备的作用及组成	1. 排水设备的作用 2. 排水设备的组成	10	错一大项扣10分 错一小项扣2分	
2	水泵的工作原理	1. 水泵的组成 2. 水泵的工作原理	10	错一大项扣10分 错一小项扣2分	

表 3-3（续）

序号	考核内容	考核项目	配分	评分标准	得分
3	水泵的性能参数	1. 认识铭牌上的性能参数 2. 说明性能参数的意义	10	错一项扣 2 分	
4	离心式水泵的操作	1. 启动：①启动前的检查；②灌注引水；③启动水泵 2. 停止：①关闭闸阀；②停电；③放水	60	按步骤操作，错一项扣 5 分	
5	遵章守纪，文明操作	遵章守纪，文明操作，清理现场	10	错一项扣 5 分	
合计					

【综合训练题 1】

一、填空题

1. 煤矿开采中，（　　）是指专门用来储存矿水的巷道；（　　）是专为安装水泵、电机等设备而设置的硐室。

2. 矿井排水系统主要包括（　　）排水系统和（　　）排水系统两种类型。

※3. 矿井主排水设备一般由电动机及启动设备、（　　）、（　　）、（　　）和仪表等组成。

4. 离心式水泵按叶轮数目分（　　）水泵和（　　）水泵两类。

5. 矿井排水设备的作用就是将井下开采中涌出的（　　）及时排到地面，为井下生产创造良好的工作环境，保证矿井（　　）的安全和井下（　　）的良好运转。

※6. 离心式水泵的主要性能参数有（　　）、（　　）、（　　）、（　　）、（　　）和（　　）等。

※7. 煤矿井下大多数主水泵房布置在（　　）井底车场附近。

※8. 当井底车场被淹没时，人员由（　　）安全撤出。

9. 水泵在单位时间内所排出水的体积，称为水泵的（　　），用符号（　　）表示，单位为（　　）。

10. 单位重量的水通过水泵后所获得的能量，称为水泵的（　　），用符号（　　）表示，单位为（　　）。

11. 水泵必需汽蚀余量是指在规定条件下泵达到规定性能的（　　），用（　　）表示，单位为 m。

12. 水泵在启动过程中，应密切注意（　　）的指示，（　　）的声响和振动，（　　）的温度等。

13. 在压力管道中，由于液体流速的急剧改变，从而造成瞬时压力显著、反复、迅速变化的现象，称为（　　）现象。

※14. 离心式水泵启动前必须向泵内（　　），并在（　　）闸板阀的情况下进行启动，停止水泵时应先关闭（　　），而后停止（　　）。

※15. 水泵停机后，如在短期内不工作，应将水泵内的水（　　）。

二、判断题

（　　）1. 单位时间内涌入矿井水仓的矿水总量称为矿井正常涌水量。

（　　）2. 逆止阀安装在闸阀的上方。

（　　）3. 向泵内灌注引水是水泵启动前的必要环节。

（　　）4. 管子道中间铺轨，轨中间设人行台阶。

（　　）5. 水仓可以布置在水泵房的一侧或两侧。

（　　）6. 每年雨季到来前，必须彻底清理 2 次主泵房的水仓。

（　　）7. 离心式水泵启动应先关闭闸阀后启动电动机。

（　　）8. 离心式水泵停止操作应是先停电动机后关闭闸阀。

（　　）9. 为了得到可靠的吸水高度，水仓底板应比水泵房地面高 5~6 m。

三、选择题

1. 水泵房的地面标高应比井底车场轨面（　　）0.5 m，而且应向（　　）留有 1% 的坡度。

A. 高　　B. 低　　C. 轨道侧　　D. 吸水侧

2. 压力表装在（　　）上，真空表装在（　　）上，分别用来检测（　　）中的压力和（　　）中的真空度。

A. 吸水管入口　　B. 排水管的出口　　C. 排水管　　D. 吸水管

3. 闸阀应装在逆止阀（　　）位置。

A. 上方　　B. 下方

4. 为保证水泵不发生汽蚀现象，水泵的主要性能参数现在都采用（　　）。

A. 必需汽蚀余量　　B. 允许吸上真空度。

5. 关闭闸阀启动水泵一般空转时间不应超过（　　）min。

A. 2　　B. 3　　C. 5

6. 水在水仓中流动的速度必须小于（　　）m/s，而且流动时间要大于 6 h，因此，水仓巷道长不得小于 100 m。

A. 0.005　　B. 0.05　　C. 0.01

四、简答题

※1. 离心式水泵启动前为什么必须灌注引水？

2. 简述水仓的用途。

3. 简述离心式水泵的启动操作。

4. 简述离心式水泵的停止操作。

※5. 为什么不能过久地让水泵在关闭闸阀情况下运转？

情境二　矿山排水设备的运行与调节

矿山排水设备在煤矿生产中起着非常重要的作用，必须全天候正常运转，并能随矿井涌水量的变化及时调节。《煤矿安全规程》规定：①主排水泵，必须有工作、备用和检修水泵；②主排水管，必须有工作和备用的水管。

任务一　离心式水泵的运行分析

【知识目标】

(1) 熟悉离心式水泵性能曲线及用途。

(2) 掌握比例定律，会应用。

(3) 熟悉管路特性曲线。

(4) 掌握水泵工况点的确定方法。

(5) 了解汽蚀现象和吸水高度的意义。

(6) 掌握水泵正常工作的条件。

【技能目标】

(1) 能画图说明水泵工况点的确定方法。

(2) 能保证水泵正常工作。

(3) 能有效避免水泵汽蚀现象的发生。

【任务描述】

水泵是在一定的管路下进行工作的，水泵正常工作性能的好坏，取决于水泵自身的性能和管路的性能。因此搞清离心式水泵的性能曲线和管路的性能曲线非常重要，是进行水泵正常操作的基础。

【任务分析】

一、离心式水泵的性能曲线

(一) 离心式水泵性能曲线

在生产中常用到离心式水泵的实际性能曲线，如图 3-12 所示，它由厂家提供。

离心式水泵的实际性能曲线包括扬程曲线 H（即实际压头曲线）、轴功率曲线 P、效率曲线 η、允许吸上真空度曲线 H_s 和必需汽蚀余量曲线 NPSHr。这些曲线表示了单级水泵在额定转速下，上述性能参数随流量 Q 变化的关系。如果是多级水泵，则需将对应流量下的扬程 H 和轴功率 P 值乘以级数。

从特性曲线中可以看出：当流量 $Q=0$ 时，轴功率最小，所以离心式水泵要在完全关闭闸板阀的情况下启动，启动电流最小。但零流量下水泵的效率最低为零，因此，不允许水泵长时间在零流量下运转。

当流量 $Q=0$ 时，扬程 H 最大，一般称之为零流量扬程，用符号 H_0 表示。随着流量的增加，水流与叶轮间的损失也随之增加，故扬程 H 逐渐减小。

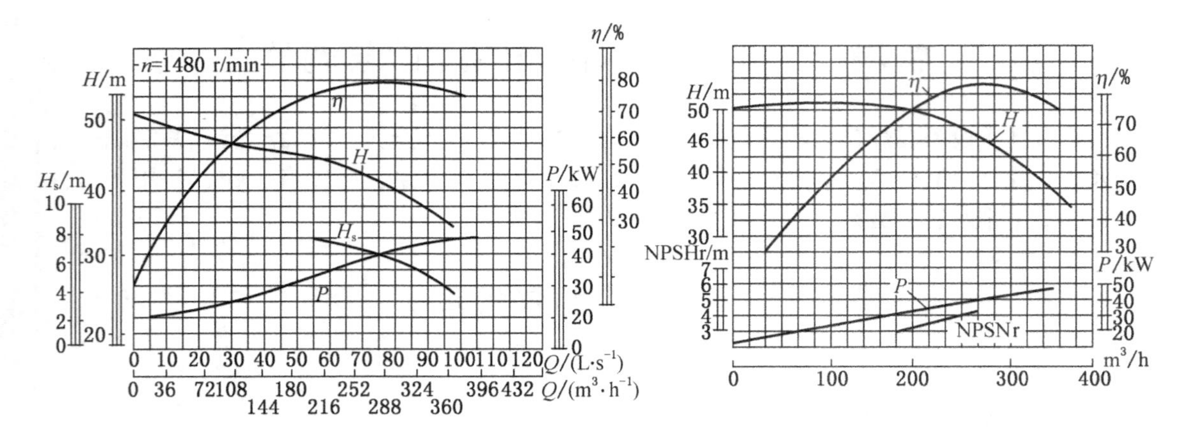

图 3-12　200D-43 型离心式水泵的性能曲线

当水泵的流量和额定流量相吻合时，冲击损失为零，效率最高，所以效率曲线有一个峰值。水泵铭牌上的性能参数就是效率最高时的参数，称为额定参数。

允许吸上真空度曲线反映了水泵抗汽蚀能力的大小。它是生产厂家通过汽蚀实验并考虑0.3 m的安全余量后得到的。一般来说，水泵的允许吸上真空度是随着流量的增加而小的。即水泵的流量越大，它所具有的抗汽蚀能力就越小。H_s 值是合理确定水泵吸水高度的重要参数（现在都用必需汽蚀余量 NPSHr 来表示）。

（二）比例定律

水泵的相似理论表明，对同一水泵，当转速改变时，在相应工况下，其流量之比等于转速之比，扬程之比等于转速之比的平方，功率之比等于转速之比的立方。这三个关系式称水泵的比例定律。

$$\frac{Q}{Q'}=\frac{n}{n'} \tag{3-3}$$

$$\frac{H}{H'}=\left(\frac{n}{n'}\right)^2 \tag{3-4}$$

$$\frac{P}{P'}=\left(\frac{n}{n'}\right)^3 \tag{3-5}$$

式中　Q、H、P——转速为 n 时的流量、扬程、功率；

Q'、H'、P'——转速为 n'时的流量、扬程、功率。

利用比例定律，可以通过改变水泵的转速来改变其性能参数，从而扩大水泵使用范围，满足生产的需要。

【例 3-2】　已知某水泵当 $n=2950$ r/min 时，其流量 $Q=45$ m³/h，扬程 $H=70$ m，轴功率 $P_z=15$ kW。若将其转速改变为 $n'=1480$ r/min，求此时该水泵的流量、扬程和功率各为多少？

解　由式（3-3）得：

$$Q'=Q\times\frac{n'}{n}=45\times\frac{1480}{2950}=22.58(\mathrm{m^3/h})$$

由式（3-4）得：

$$H' = H \times \left(\frac{n'}{n}\right)^2 = 70 \times \left(\frac{1480}{2950}\right)^2 = 17.62(\mathrm{m})$$

由式（3-5）得：

$$P' = P \times \left(\frac{n'}{n}\right)^3 = 15 \times \left(\frac{1480}{2950}\right)^3 = 1.89(\mathrm{kW})$$

改变转速后，水泵扬程曲线H'将上、下平行移动，功率曲线将改变其陡峭程度，如图3-13 所示。

二、管路特性曲线

水泵必须在特定的管路下工作，图 3-14 所示为一台水泵与一条管路构成的排水设备简图。

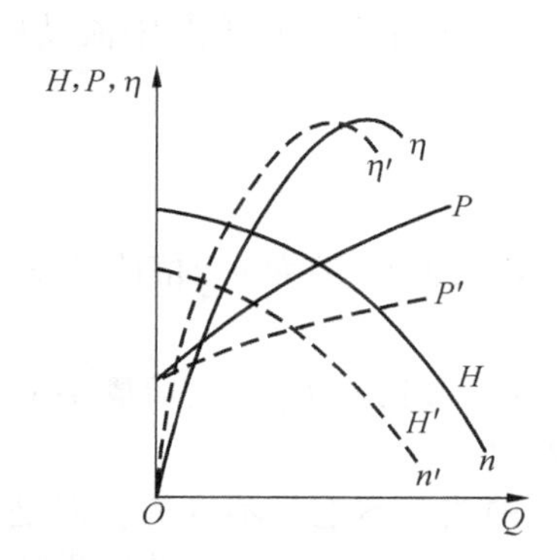

图 3-13　水泵转速改变后的特性曲线

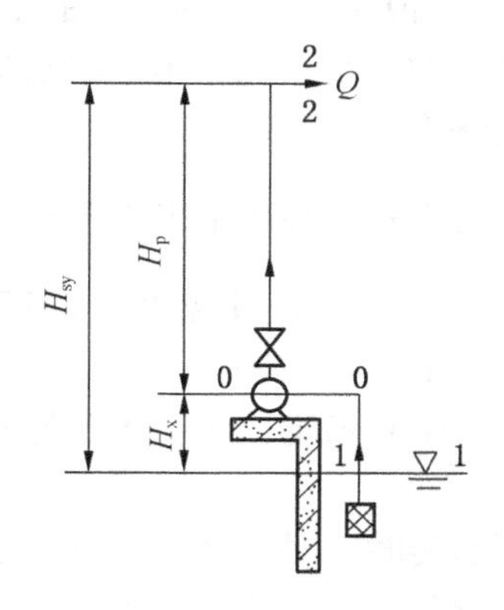

图 3-14　排水设备简图

管路特性方程为

$$H = H_{sy} + RQ^2 \tag{3-6}$$

式中　H——管路所需能量，m；

H_{sy}——测地高度（实际扬程），m；

Q——管路中的流量，m^3/s；

R——管路阻力损失系数，s^2/m^5。

将式（3-6）代入不同的流量 Q，得到对应的不同的 H，将其画在 Q-H 坐标图上，则为一条顶点在纵坐标轴上 H_{sy}处的二次抛物线，称其为管路特性曲线，如图 3-15 所示。

应该指出：对于管壁挂垢使管径缩小的旧管道，管路阻力系数应乘以 1.7，即

$$H = H_{sy} + 1.7RQ^2 \tag{3-7}$$

三、离心式水泵的工况点

水泵是和管路连接在一起工作的，水泵的流量就是管路中的流量，水泵提供的扬程就是水流经管路时的总压头消耗。所以，如果把水泵特性曲线和管路特性曲线按同一比例画

在同一坐标图上，所得的交点 M 就是水泵的工作点，称为工况点，如图 3-16 所示。M 点所对应的参数称为工况参数，如 Q_M、H_M、η_M、P_M、H_{sM}或 $NPSHr_M$。

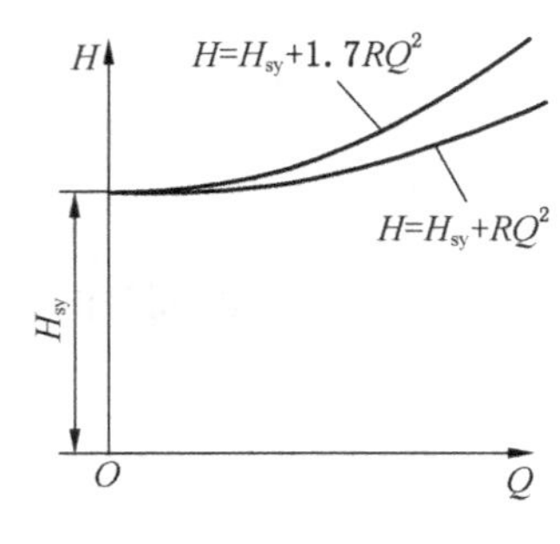

图 3-15　排水管路特性曲线

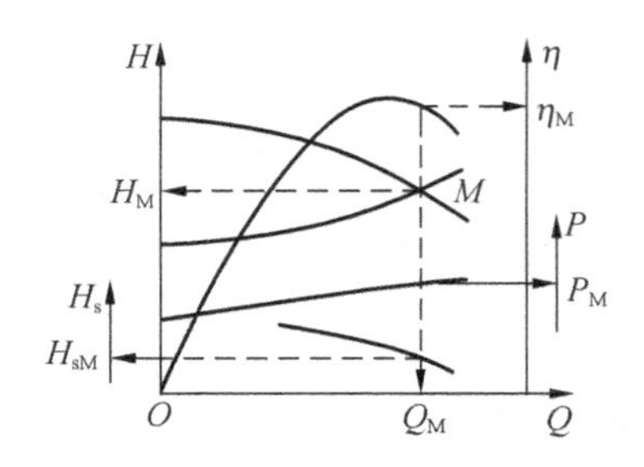

图 3-16　水泵的工况点

图 3-16 说明，当一台确定的水泵和一条确定的管路连接在一起工作时，就有一个确定的工况点 M，在工况点 M，水泵提供给水的能量正好等于水在管路中流动所需的能量，故水泵能够正常地工作。

四、离心式水泵正常工作条件

矿井生产要求排水设备安全、可靠、经济地工作。为此，水泵必须满足下列工作条件。

（一）稳定工作条件

为保证水泵稳定工作，水泵的零流量扬程 H_0 与实际扬程 H_{sy}之间应满足下列关系：

$$H_{sy} \leqslant 0.9H_0 \tag{3-8}$$

水泵运转时，对于确定的排水系统，管路特性曲线基本上是不变的。但是，电网电压的升降会导致电动机转速的改变。由比例定律知，转速的改变将使泵的扬程特性曲线发生变化，从而引起水泵工况变化，如图 3-17 所示。

（二）经济工作条件

为了保证水泵运转的经济性，必须使水泵在高效区工作，通常规定运行工况点的效率不得低于最高效率的 85%～90%，即

$$\eta_M \geqslant (0.85 \sim 0.90)\eta_{max} \tag{3-9}$$

根据式（3-9）划定的区域称为工业利用区，如图 3-18 所示斜线部分的区域。

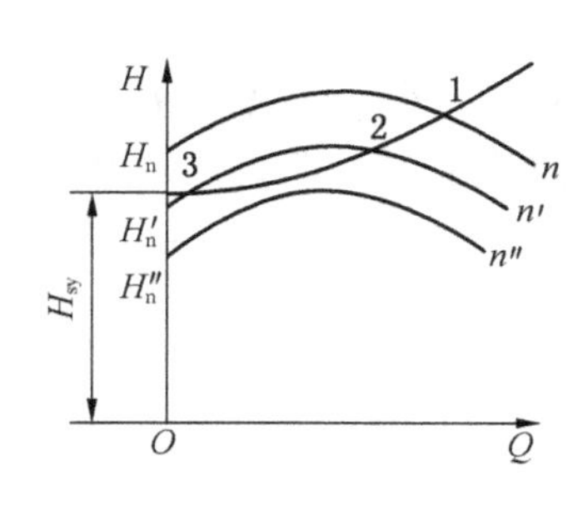

图 3-17　泵工作不稳定的情况

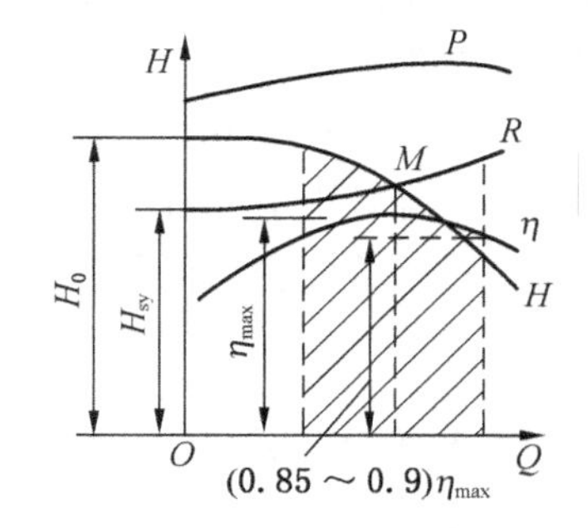

图 3-18　水泵的工业利用区

（三）不发生汽蚀的条件

为保证水泵不发生汽蚀，离心泵装置的有效汽蚀余量应大于泵的必需汽蚀余量。泵的吸水高度必须小于实际求出的合理吸水高度。

总之，为保证水泵正常工作，所确定的工况点必须同时满足稳定工作条件、经济工作条件和不发生汽蚀的条件。

五、离心式水泵的运行操作

（一）离心式水泵运行时紧急停机

离心式水泵投入运行后，应定期监测并记录各仪表的指示，监听机器运转的声音、振动，检查平衡盘压差及泵轴的轴向位移，轴承润滑及密封装置的工作情况。发现不正常的情况时，应查明原因，及时处理，避免事态的扩大。当出现以下紧急情况时，应立即停机检查。

（1）用听棒倾听水泵内（各级泵室、轴承、轴封）有明显的摩擦声和碰撞声，并伴随外部发热时。

（2）检查轴承的润滑状态，油量、油质是否合格，油流情况是否正常。一般规定轴承温度最高不得超过 70 ℃，或轴承温升不得超过 40 ℃，否则应立即停机。

（3）定期检查轴封工作情况，当密封水断流、轴封外壳发热且触摸发烫及轴封漏水严重，又不能及时处理时，应立即停机。

（二）运行操作的注意事项

（1）注意电压、电流的变化。当电流超过额定电流，电压超过额定电压的±5%时，应停止水泵，检查原因，进行处理。

（2）检查各部轴承温度是否超限（滑动轴承不得超过 65 ℃，滚动轴承不得超过 75 ℃）；检查电动机温度是否超过铭牌规定值；检查轴承润滑情况是否良好（油量是否合适，油环转动是否灵活）。

（3）检查各部螺栓及防松装置是否完整齐全，有无松动。

（4）注意各部音响及振动情况，特别注意有无汽蚀产生的噪声。

（5）检查填料密封情况，填料箱温度和平衡装置回水管的水量是否正常。

（6）按时填写运行记录。

六、影响水泵运行的因素分析

（一）汽蚀现象

目前，我国煤矿的排水设备大部分安装在吸水井水面以上的泵房地面，在这种情况下，水泵吸水口处压强必须低于大气压一定的值（即真空度）才能将水吸入，如图 3-19 所示。

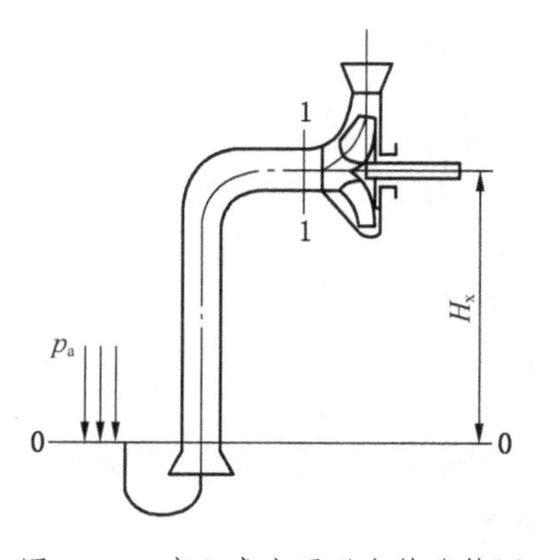

图 3-19 离心式水泵吸水管路简图

当水泵吸水口的绝对压力 p_1 降低到当时水温下的汽化压力 P_n（即饱和蒸汽压），水中的气体逸出形成气泡。由于大量气泡的作用，在泵体内引起机械剥蚀、化学腐蚀和电化学反应。在机械剥蚀、化学腐蚀和电化学的共同作用下，金属表面很快出现蜂窝状的麻点，并逐渐形成空洞而损坏，这种现象称之为汽蚀。

发生汽蚀时，水泵内会发出噪声和振动，同时因水流中有大量气泡，破坏了水流的连续性，阻塞流道，增大流动阻力，使水泵的流量、扬程、功率、效率明显下降。随着汽蚀程度的加剧，气泡大量产生，最后造成断流。因此，决不允许水泵在汽蚀情况下运行。

（二）保持水泵正常吸水

影响水泵正常吸水的因素很多，有泵本身的因素，也有管路系统的因素，因此应区别对待，采取不同的措施。

1. 保持水泵吸水性能的措施

水泵第一级叶轮的几何形状和尺寸，对吸水性能有重要影响。在使用过程中，由于入口磨损将导致吸水性能恶化，因此，应尽量澄清矿水以减少磨损。自行配置叶轮时，注意不要改变入口部分的形状和尺寸。另外，由于填料密封不严而使空气进入吸水段，也会影响吸水性能。

2. 保持良好的吸水条件

保持良好的吸水条件，主要是降低吸水阻力，以增大水泵的安全区和节省电能。其方法有以下几种：

1）采用无底阀排水

据测定，吸水管路的阻力约70%来源于底阀，因此采用无底阀排水就成了降低吸水管路阻力的一项重要措施。所谓无底阀排水，就是取消吸水管端滤水器上的底阀，在水泵启动时，利用喷射泵或其他装置排除水泵内和吸水管内的空气，使水泵自动注满引水，然后启动水泵。

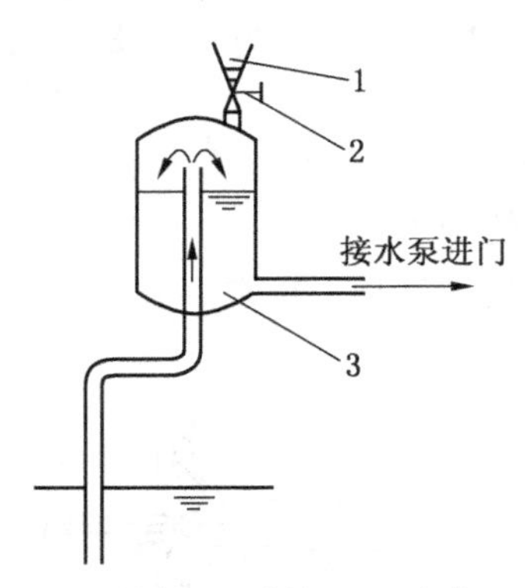

1—漏斗；2—闸阀；3—水箱

图3-20　设置专用封闭水箱注水

无底阀排水，常用的注水方法有下列几种：

（1）设置专用封闭水箱注水。设置专用封闭水箱使泵经常处于注满水的状态，水箱布置在吸水管路上，箱体高出水泵，如图3-20所示。由于水箱要占泵房面积，容积大且笨重，又要求严格密封，所以此法多用于小型水泵。

（2）利用真空泵注水。水环式真空泵是最常用的一种注水系统，如图3-21所示。真空泵转动后，即可把泵腔和吸水管内的空气抽出形成真空，泵腔与吸水面形成压差，水就进入水泵腔。此法抽气速度快，可以很快使泵注满水，而且不受压力水源的限制，常用于大型水泵的注水。

（3）使用喷射泵注水。

图3-22是采用喷射泵实现无底阀排水的示意图。图3-23是QSP型喷射泵的结构图。

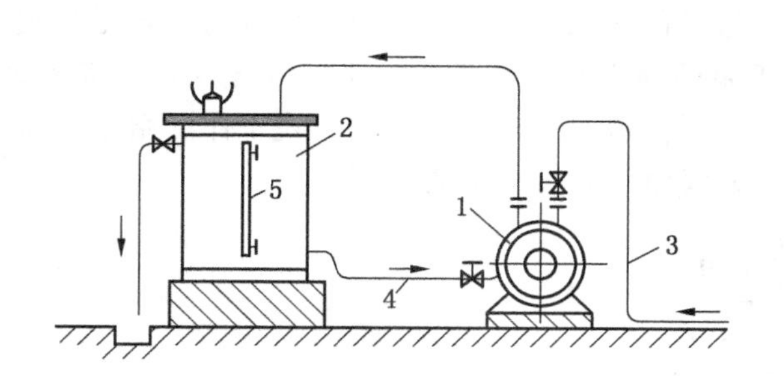

1—真空泵；2—水气分离器；3—来自水泵的抽气管；
4—循环水管；5—水位指示玻璃管

图 3-21　用真空泵注水

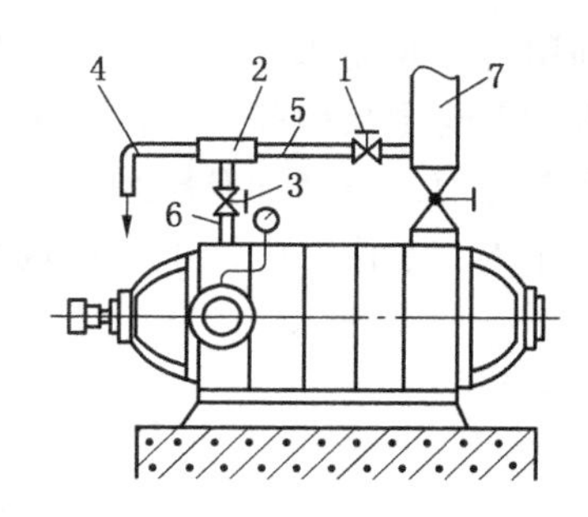

1—高压阀门；2—混合室；3—低压阀门；
4—喷嘴；5—水源管；6—吸管；7—主排水管

图 3-22　采用喷射泵实现无底阀排水

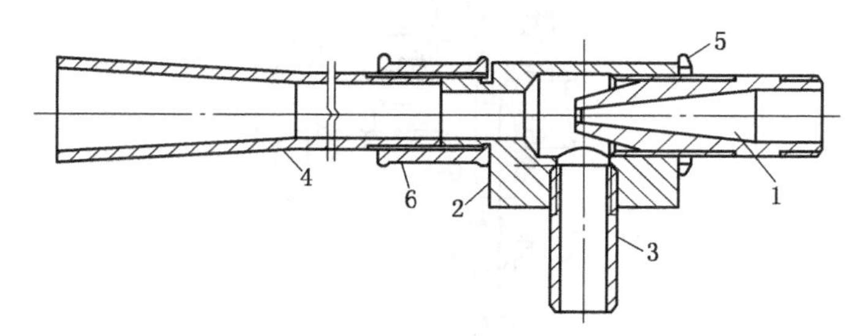

1—喷嘴；2—壳体；3—进气管；4—混合扩散管；5—圆螺母；6—管接头

图 3-23　QSP 型喷射泵

2）正确安装吸水管

安装吸水管时，必须注意以下几点：

（1）正确确定吸水高度，以避免发生汽蚀。

（2）尽量减少各种附件，同时在吸水管靠近水泵入口处安装一段不小于 3 倍直径的直管，以使水流在水泵入口处的速度均匀。需要安装异径管时，应使用长度大于或等于大小头直径差的 7 倍，且为偏心的直角异径管，如图 3-24a 所示。

（3）吸水管的任何部位都不能高于水泵的入口，以避免吸水管中存留空气。否则吸水时，这些存气将随周围水的压力降低而膨胀，使吸水困难或中断。如图 3-24b 所示。

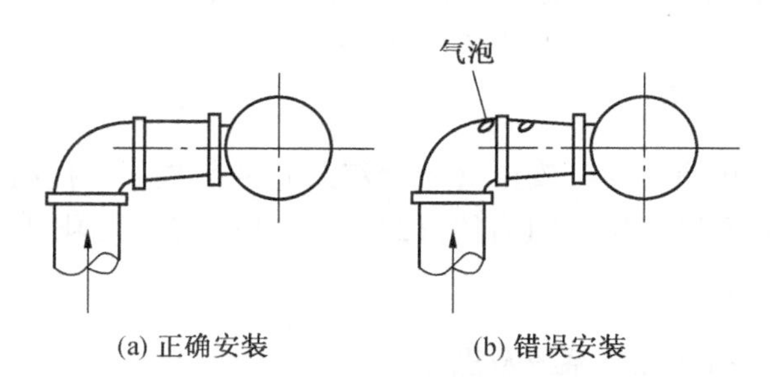

图 3-24　吸水管的安装

3）升压泵充水

利用升压泵充水，是解决水泵吸水能力过低的可靠方法。如图 3-25 所示，升压泵装在吸水管上与主泵串联工作。它的叶轮位于泵的最下端并沉没于水下，故无须事先充水。启动水泵之前，先启动升压泵，而后再启动主泵，两者一直处于串联方式工作。由于升压泵将水压入主泵内，因而不会出现因吸水管漏气而不能吸上水的问题。

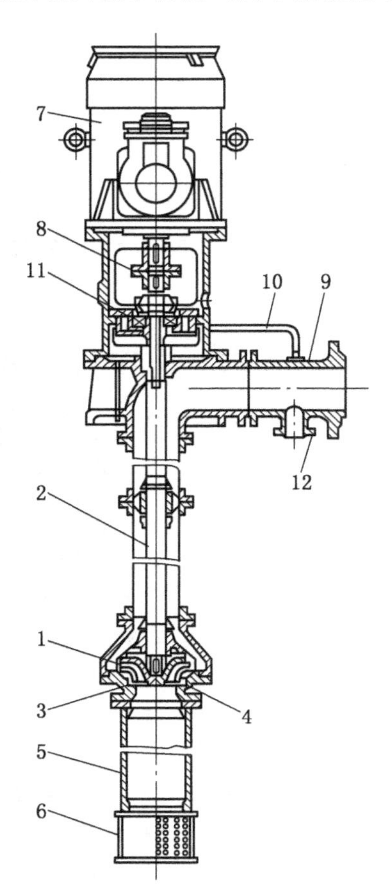

1—叶轮；2—主轴；3—疏流罩；4—进水短管；5—进水管；6—滤网；
7—电动机；8—联轴器；9—出水管；10—水管；11—支承；12—接口

图 3-25 升压泵结构图

4）采用高水位排水

所谓高水位排水，就是在保证安全（不会淹泵）的前提下，提高水仓和吸水井中的水位，减少吸水扬程，达到减小吸水阻力的目的。但这种方法，对雨季涌水量大的矿井不宜使用。

七、主排水设备的自动控制系统及操作

（一）自动控制系统操作台的认识

煤矿主排水设备自动控制系统由控制面板（控制台）、显示屏和就地箱三部分组成。

1. 操作面板

图 3-26　煤矿主排水设备自动控制操作台

煤矿主排水设备自动控制操作台如图 3-26 所示。

从上至下，第一行从左至右各按钮功能如下：

AN11——地面、井下转换；AN12——自动、手动转换；AN13——水泵选择；AN14——1 号水泵运行，备用，检修选择；AN15——2 号水泵运行，备用，检修选择；AN16——3 号水泵运行，备用，检修选择；AN17——上翻页；AN18——下翻页；AN19——故障复位。

第二行从左至右各按钮功能如下：

AN21——备用；AN22——水泵启动；AN23——水泵停止；AN24——1 号水泵禁启；AN25——2 号水泵禁启；AN26——3 号水泵禁启；AN27——放水闸阀打开；AN28——放水闸阀关闭；AN29——放水闸阀停止。

第三行从左至右各按钮功能如下：

AN31——备用；AN32——备用；AN33——水泵自动启动；AN34——水泵自动停止；AN35——电动球阀开；AN36——电动球阀关；AN37——泵出口闸阀打开；AN38——泵出口闸阀关闭；AN39——泵出口闸阀停止。

2. 显示屏

显示屏如图 3-27 所示，其功能显示排水系统运行状态。主要显示内容包括内外仓水位、排水管的流量、各阀门的开关状态（红色关，绿色开）、压力表和真空表的状态（达到规定值时，压力表和真空表为绿色）。

3. 就地箱

就地箱如图 3-28 所示，其功能是当自动控制系统不能使用或故障时，使用就地箱操作水泵的开停任务。

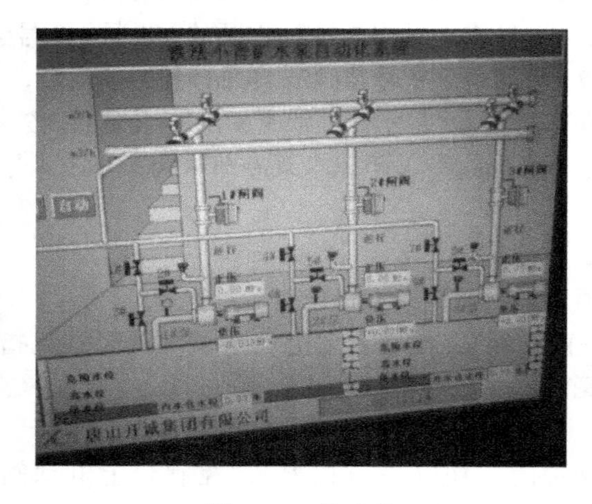

图 3-27　显示屏

图 3-28　就地箱

（二）中央主排水泵井下近控操作流程

1. 控制台自动操作方法

（1）操作控制台上“地面/井下”转换钮转至“井下”位置。

（2）操作控制台上“自动/手动”转换钮转至“自动”位置。

（3）操作控制台上“水泵选择”转换钮转至“1号或2号或3号”位置。

（4）操作控制台上“1号运行/备用/检修”转换钮转至“运行”位置。

（5）顺时针旋转操作控制台上“1号水泵禁启”钮，将其抬起。

（6）按下控制台上“自动启动”钮水泵启动运行。

（7）水泵1号、2号、3号的电动球阀自动开起，开始抽真空，显示屏上显示真空值增加，控制台上真空值指示灯亮起，延时1 min后水泵自动启动。

（8）水泵启动后，显示屏上显示正压值增加，控制台上正压指示灯亮起，延时3 s后电动闸阀自动打开，控制台上电动闸阀“关”红色指示灯灭，闸阀全部打开后“开”绿色指示灯亮。

（9）抽水结束后，按下控制台上“自动停止”钮，此时控制台上1号闸阀绿色指示灯灭，闸阀关闭到位后“绿”色指示灯亮，水泵停止运转，1号电动球阀关闭，指示灯灭，自动运行结束。

（10）按下“1号泵禁启”钮，1号水泵禁止运行。

（11）抽水过程中可以通过按动控制台上“上翻页”“下翻页”钮，调整到“温度参数”“泵运行时间”“主界面”观察水泵数据。

2. 控制台手动操作方法

1）开泵程序

（1）操作控制台上“地面/井下”转换钮转至“井下”位置。

（2）操作控制台上“自动/手动”转换钮转至“手动”位置。

（3）操作控制台上“水泵选择”转换钮至“1号或2号或3号”位置。

（4）操作控制台上“1号或2号或3号运行/备用/检修”转换钮至“运行”位置。

（5）顺时针旋转操作控制台上“1号或2号或3号水泵禁启”钮，将其抬起。

（6）按下控制台上“电动球阀开”钮，“1号或2号或3号”水泵的“1号、2号、3号球阀”或“4号、5号、6号球阀”或“7号、8号、9号球阀”打开，开始抽真空。

（7）抽真空结束后按下控制台上的电动球阀关，“1号或2号或3号”水泵的“2号、3号球阀”或“5号、6号球阀”或“8号、9号球阀”关闭，水泵冷却球阀1号或4号或7号一直开着。

（8）按下控制台上“水泵启动”按钮，水泵启动。

（9）水泵启动后，显示屏上显示正压值增加，控制台上正压指示灯亮起。

（10）按下泵“出口闸阀打开”钮（一直按着），控制台上电动闸阀“关”红色指示灯灭，闸阀全部打开后“开”绿色指示灯亮。

2）停泵程序

（1）抽水结束后，按下泵“出口闸阀关闭”钮（一直按着），控制台上电动闸阀“开”绿色指示灯灭，闸阀全部关闭后“关”红色指示灯亮。

（2）按下控制台上“水泵停止”钮，水泵停止运转，水泵冷却球阀1号或4号或7号关闭。

（3）按下“1号或2号或3号泵禁启”钮，1号或2号或3号水泵禁止运行。

（4）抽水过程中可以通过按动控制台上“上翻页”“下翻页”钮，调整到“温度参数”“泵运行时间”“主界面”观察水泵数据。

3. 1号水泵就地箱操作方法

1）开泵程序

（1）确认1号就地箱绿色方形指示灯“亮”。

（2）将1号就地箱“1/2/3号电动球阀”旋钮转换至2号位，按“电动球阀打开”按钮；再将1号就地箱“1/2/3号电动球阀”旋钮转换至3号位，按“电动球阀打开”按钮，抽真空。最后将1号就地箱“1/2/3号电动球阀”旋钮转换至1号位，按“电动球阀打开”按钮，水泵轴承冷却。

（3）水泵打完真空后，将1号就地箱“1/2/3号电动球阀”旋钮转换至3号位，按“电动球阀关闭”按钮；再将1号就地箱“1/2/3号电动球阀”旋钮转换至2号位，按“电动球阀关闭”按钮。

（4）按1号就地箱上“水泵启动”按钮，水泵启动。

（5）按1号就地箱上“闸阀打开”按钮，观察操作台上的1号泵的闸阀关闭，红色“关”指示灯灭；当绿色“开”指示灯亮时，表明阀门全部敞开，水泵正常工作。

（6）按水泵司机巡检程序，观察水泵运行状态，确认其工作是否符合要求。

2）停泵程序

（1）按1号就地箱上“闸阀门关闭”按钮，观察操作台上的“闸阀关闭”指示灯，绿色“开”灯灭；当红色“关”指示灯亮时，表明阀门全部关闭。

（2）按1号就地箱上“水泵停止”按钮，水泵停运。

（3）将1号就地箱“1/2/3号电动球阀”旋钮转换至1号位，按“电动球阀关闭”按钮，关闭水泵轴承冷却水。

（4）按水泵司机巡检程序，观察水泵状态，确认水泵是否停止工作。

（5）2号、3号泵就地箱操作方法及顺序与1号泵相同。

【任务实施】

一、地点

多媒体教室。

二、内容

（1）看图3-12，说明离心式水泵$H-Q$、$P-Q$、$\eta-Q$、H_s-Q曲线的变化规律。

（2）完成水泵特性曲线和管路特性曲线的绘制：

①在转速$n=1450$ r/min的条件下，测得某单级水泵的性能参数，见表3-4，求各测点的效率及绘制该泵的性能曲线。

表 3-4 某单级水泵的性能参数表

	1	2	3	4	5	6	7
$Q/(m \cdot s^{-1})$	0	2	4	6	8	10	12
H/m	15.2	15.6	15.5	14.9	14.0	12.6	10.4
P/kW	0.61	0.76	0.92	1.15	1.44	1.79	2.02

②若水泵的实际扬程 $H_{sy}=204$ m，当流量 $Q=280$ m^3/h 时，排水管的总损失（包括出口动压）RQ^2 为 14 m，试绘制管路特性曲线。

（3）画图说明离心式水泵的工作点的确定。

（4）写出离心式水泵正常工作的条件。

（5）说一说水泵为什么要紧急停机？什么时候必须停机？水泵运行中应注意什么问题？

（6）说一说汽蚀现象的危害及防止的措施。

（7）说一说保持水泵正常吸水的措施。

（8）说一说无底阀排水灌注引水的方法。

三、实施方式

集中讲解和分组学习相结合。

（1）教师集中讲解后布置分组学习任务。

（2）以 5~8 人为活动工作组，组长负责，小组自主学习和评价，教师巡回检查指导。

四、建议学时

10 学时。

【任务考评】

考评内容及评分标准见表 3-5。

表 3-5 考评内容及评分标准

序号	考核内容	考核项目	配分	评分标准	得分
1	离心式水泵的性能曲线	1. 说清各曲线的名称及变化规律 2. 绘制水泵特性曲线	10	错一大项扣 5 分 错一小项扣 2 分	
2	管路特性曲线	1. 写出管路特性方程 2. 绘制管路特性曲线	10	错一大项扣 5 分 错一小项扣 2 分	
3	水泵的工况点	1. 水泵工况点的定义描述 2. 水泵工况点的绘制	30	未按要求少一项扣 5 分	
4	水泵正常工作条件	1. 稳定工作条件 2. 经济工作条件 3. 不发生汽蚀的条件	10	错一大项扣 3 分	

表3-5（续）

序号	考核内容	考核项目	配分	评分标准	得分
5	水泵运行操作	1. 运行中注意问题 2. 水泵紧急停机 3. 水泵无底阀排水的措施	30	错一大项扣10分 错一小项扣2分	
6	遵章守纪，文明操作	遵章守纪，团结协作，文明训练	10	错一项扣5分	
合计					

任务二　离心式水泵工况点的调节

【知识目标】

（1）明确水泵工况点调节目的。

（2）熟悉水泵工况点调节途径和方法。

【技能目标】

能根据实际生产情况进行水泵工况点的调节。

【任务描述】

离心式水泵在工作过程中，由于外界情况（如电压、电源频率、涌水量、管路特性等）的变化，其工况点会发生变化，当不能满足水泵正常工作的三个条件时，就需要对其工况点进行调节。调节的目的有两个：一是使水泵的工况点满足正常工作条件；二是使水泵的流量和扬程满足实际工作的需要。

【任务分析】

工况点是由水泵的扬程特性曲线与管路特性曲线的交点决定的，所以要改变水泵工况点，可以采用改变管路特性或水泵扬程特性的方法来实现。

一、改变管路特性曲线调节法

（一）闸门节流法

排水管路一般都装有调节闸阀，适当关闭闸阀的开启度，可增加局部阻力，使管路的阻力损失系数增大，管路特性曲线变陡，如图3-29所示，泵的工况点就沿着扬程曲线朝流量减小的方向移动。闸门关得越小，局部阻力损失越大，流量就变得越小。这种通过改变闸阀开度来改变水泵工况点位置的方法，称为闸门节流法。

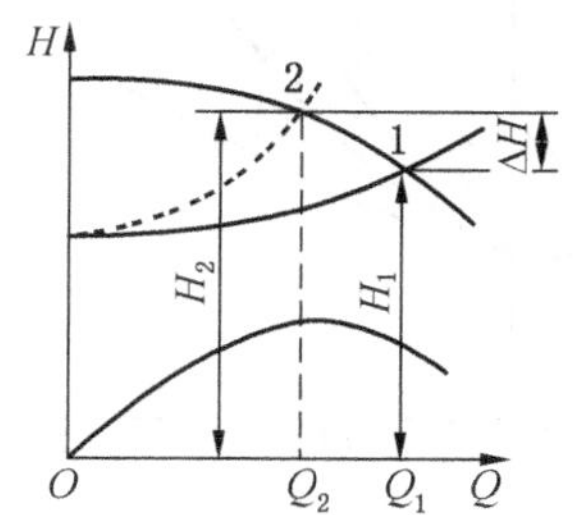

图3-29　闸门节流调节法

这种调节方法虽简便易行，但不经济，原则上矿山排水不采用。只有在某些特殊情况下，如工况点超出工业利用区最大流量以外而使电动机过载时，为了在更换电动机前既能继续排水，又能减小负载，可使用该法作为临时措施。

（二）管路并联调节法

矿山排水管路一般至少设置两条，一条工作，一条备用。在正常涌水期间，也可将备用管路投入运行，即工作管路和备用管路并联工作，这样可增大管子过水断面，降低管路阻力，从而改变水泵的工况点。图 3-30 中，曲线 3 为管路并联之后的等效特性曲线。水泵工况点从 M_1 点或 M_2 点变为 M 点，水泵流量由原来的 Q_1 或 Q_2 增大为 Q，可以看出，等效特性曲线 3 较曲线 1 或曲线 2 要平缓，在水泵的实际扬程不变的情况下，管路阻力减小，从而克服管路阻力的无用功耗减少。故管路并联调节方法是一种有效的节能措施。

采用管路并联调节时，必须注意如下两个问题：一是防止电动机过载；二是防止产生汽蚀。

二、改变水泵特性曲线调节法

（一）减少叶轮数目调节法

减少叶轮数目的调节法适用于多级泵，尤其是凿立井时排水采用较多，如图 3-31 所示。拆除叶轮时应注意，只能拆除最后或中间一级叶轮，而不能拆除吸水侧的第一级叶轮。因为第一级叶轮的吸水口直径大些，拆除后增加了吸水侧的阻力损失，将使水泵提前发生汽蚀。

减少叶轮数目的方法有两种：一是把叶轮相应的中段去掉，缩短泵轴和拉紧螺栓；二是泵壳及轴均保持原状不动，在泵轴上加 1 个与拆除叶轮轴向尺寸相同的轴套，以保持整个转子的位置固定不动。前者调整工作量大，但对效率影响较小；后者调整方便，操作简单，工作量较小，但对效率有一定的影响。

（二）切削叶轮直径调节法

如果水泵的流量和扬程大于实际需要，为减少损失，节能降耗，可适当削短叶片长度。切削叶轮应注意如下问题：

（1）切削时应只切叶片，前后盘应保留。

（2）切削量不能太大。

（三）改变叶轮转速调节法

当泵的转速变化时，其特性将按比例定律变化，如图 3-32 所示。

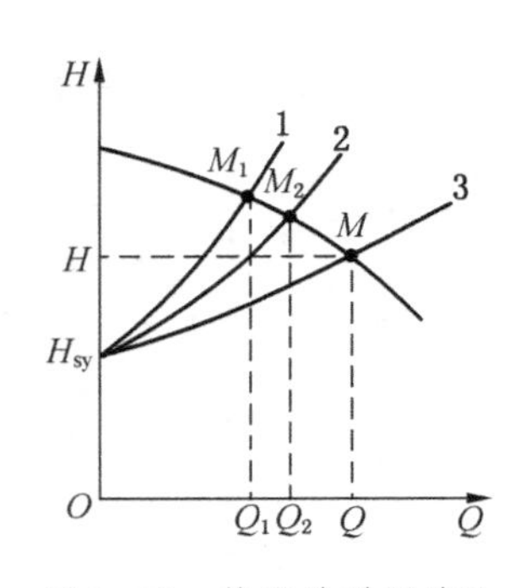

图 3-30 管路并联调节法

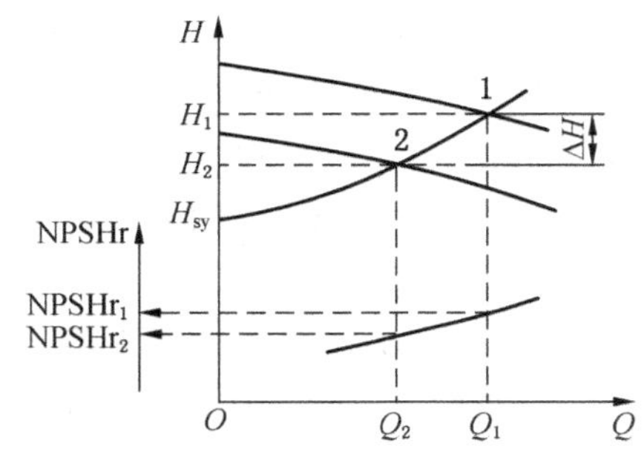

图 3-31 减少叶轮数目调节法

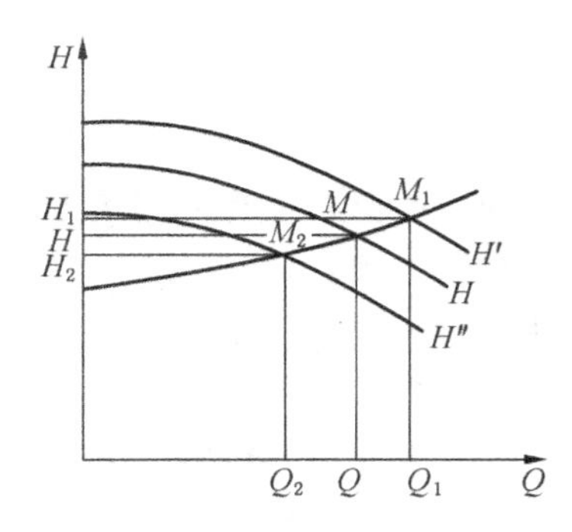

图 3-32 改变水泵转速调节法

目前改变转速的方法有以下几种：

1. 采用变频调速器调速

利用变频调速器，通过改变电源频率来改变电动机转速，从而改变泵的转速。该方法优点是能实现泵转速的无级调节。目前大型矿井已开始广泛应用。

2. 采用变速电动机调速

由于这种电动机较贵，且效率较低，故应用并不广泛。

改变转速有一定的限制。若采用提高转速的办法来增加流量、扬程，则转速的提高不宜超过 10%，以免损坏泵体、叶轮等；若采用降低转速的办法来改变泵性能，则转速的降低以不超过 20% 为宜。

【任务实施】

一、场地与设备

实训车间和多媒体教室，正常排水设备 2 套。

二、训练任务

（1）水泵工况点的调节。

（2）水泵正常吸水能力的分析。

（3）排水设备的运行。

三、训练过程

（一）水泵工况点的调节

（1）议一议为什么调节水泵的工况点。

（2）列表说明水泵工况点调节途径和方法，并议一议各工况点调节方法的优缺点。

（3）说明离心式水泵工况点调节方法的实施手段。

（4）说说如何通过闸阀节流调节水泵工况点。

（二）水泵正常吸水能力的分析

（1）写出水泵正常工作不发生汽蚀的条件，看实物说明水泵的安装高度。

（2）结合生产情况，说明无底阀排水实现灌注引水的措施。

（3）描述正确安装吸水管的过程。

（三）排水设备的运行

（1）操作排水设备运行，并说明排水设备运行时的注意事项。

（2）水泵紧急停机的操作。

（3）看图或实物简述水泵自动控制系统运行操作过程。

（四）完成综合训练题

四、实施方式

集中讲解与分组学习相结合。以 5~8 人为活动工作组，组长负责，小组自主学习和互评，教师巡回检查指导。

五、建议学时

12 学时。

六、任务考评

任务考评的内容及评分标准见表 3-6。

表 3-6 任务考评的内容及评分标准

序号	考核内容	考核项目	配分	评分标准	得分
1	离心式水泵工况点的调节	1. 闸门调节法 2. 并联管路法 3. 改变转速法 4. 减少叶轮数量法	30	错一大项扣 10 分 错一小项扣 5 分	
2	水泵正常吸水能力的分析	1. 吸水高度的确定 2. 不发生汽蚀的条件 3. 无底阀排水 4. 正确安装吸水管	15	错一项扣 10 分	
3	排水设备运行操作	1. 用听棒倾听水泵内声音 2. 检查轴承润滑状态及温升 3. 检查轴封工作情况 4. 水泵的紧急停机操作 5. 排水设备自动化控制系统操作	25	错一项扣 10 分	
4	综合训练题	1. 完成题量和时间 2. 完成质量 3. 学习态度	20	1. 题量和时间，5 分 2. 90% 以上正确，10 分 3. 独立完成，5 分	
5	遵章守纪，文明操作	遵章守纪，文明操作，清理现场	10	缺一项扣 5 分	
总计					

【综合训练题 2】

一、填空题

1. 水泵正常工作性能的好坏，取决于（　　）的性能和（　　）的性能。

2. 离心式水泵的实际性能曲线包括（　　）、（　　）、（　　）和允许吸上真空度曲线 H_s。

3. 水泵铭牌上的性能参数就是（　　）最高时的参数，称（　　）参数。

4. 公式 $H=H_{sy}+1.7RQ^2$ 中的（　　）表示管壁挂垢使管径缩小的旧管道使管网阻力系统增加的系数。

※5. 水泵的工况点，是由（　　）特性曲线和（　　）特性曲线的交点确定的。

※6. 水泵工况点的调节方法有（　　）法、（　　）法、（　　）法、削短叶轮片长度调节法和改变转速调节法。

※7. 调节水泵的工况点，其实质就是改变（　　）特性曲线，或者改变（　　）特性曲线。

8. 一般规定轴承温度最高不得超过（　　）℃，或轴承温升不得超过（　　）℃，否则应立即停机。

9. 保持水泵良好的吸水条件措施：①采用（　　）；②正确安装（　　）。

10. 减少叶轮数目的调节法适用于（　　）泵，尤其是（　　）时排水采用较多。

11. 闸门节流调节方法虽简便易行，但（　　），矿山排水原则上不采用。

二、判断题

（　　）1. H_s 是合理确定水泵吸水高度的重要参数（现在都用必需汽蚀余量 NPSHr 来表示）。

（　　）△2. 水泵第一级叶轮的几何形状和尺寸，对吸水性能有重要影响。

（　　）△3. 闸门节流调节操作简单，经济性好，是一种经常使用的调节方法。

（　　）△4. 采用减少叶轮数目的调节方法时，应从排水侧拆除叶轮。

（　　）△5. 采用管路并联调节法能有效提高管路的利用效率，应大力推广使用。

（　　）※6. 水泵发生汽蚀的根本原因是叶轮入口处的压力低于了水在当时温度下的饱和蒸汽压力。

（　　）7. 采用减少叶轮数目调节法，拆除叶轮时应注意，只能拆除中间一级，而不能拆除吸水侧的第一级叶轮和最后一级。

（　　）8. 目前大型矿井已开始广泛采用变频调速器调速调节水泵的工况点。

（　　）9. 水泵发生汽蚀时，随着汽蚀程度的加剧，气泡大量产生，最后造成断流，因此绝对不允许水泵在汽蚀的情况下运行。

三、选择题

1. 当电流超过额定电流，电压超过额定电压的（　　）时，应停止水泵，检查原因，进行处理。

A. ±3%　　B. ±5%　　C. ±10%

2. 水泵发生汽蚀时，水泵内会发出（　　）。

A. 噪声　　B. 振动　　C. 噪声和振动

3. 水泵发生汽蚀时，水泵的流量、扬程、功率、效率明显（　　）。

A. 下降　　B. 上升　　C. 下降或上升

四、简答题

※※1. 画图说明离心式水泵的工况点是如何确定的？

2. 水泵正常工作的条件是什么？

※※3. 水泵工况点调节的方法有哪些？

4. 无底阀排水，常用的注水方法有哪些？

5. 如何正确安装吸水管？

6. 目前改变转速的方法有哪几种？其应用情况如何？

7. 减少叶轮数目的方法有哪几种？

五、计算题

※1. 设水泵在 $n=2950$ r/min 时，其流量 $Q=43$ m³/s，扬程 $H=90$ m，轴功率 $P_z=$ 16 kW，若将转速改为 $n_1=1480$ r/min，该水泵的流量、扬程和轴功率各为多少？

※2. 若已知某水泵的流量为 306 m³/h，扬程为 220 m，求该水泵的有效功率。如果这台水泵的总效率为 0.64，其轴功率又为多少？

情境三　矿山排水设备的维护与故障处理

为了使排水设备能够稳定、高效地工作，就要学习并掌握离心式水泵的结构，按规定对其进行日常维护保养，以减少故障的发生。

任务一　离心式水泵的检修

【知识目标】

（1）熟悉离心式水泵的类型和结构。

（2）理解离心式水泵的轴向推力及平衡方法。

（3）掌握 D 型水泵拆装过程和方法。

（4）熟悉 D 型水泵检修的内容及要求。

【技能目标】

（1）对照实物能说明水泵组成部分及作用。

（2）能读懂水泵型号的含义。

（3）能合作完成 D 型离心式水泵拆装过程。

【任务描述】

离心式水泵的检修是矿井排水设备使用维护者重要的工作任务。为了保证检修质量，就要掌握离心式水泵的类型、结构及其性能，熟知检修的过程和方法，以及检修的质量要求等。

【任务分析】

一、离心式水泵的分类

离心式水泵的种类很多，主要分类如下：

（1）按叶轮数量分：单级水泵——泵轴上仅装有一个叶轮；多级水泵——泵轴上装有多个叶轮。

（2）按吸水口数量分：单吸水泵——叶轮上仅有一个进水口；双吸水泵——叶轮上有两个进水口。

（3）按泵壳的结构分：分段式水泵——垂直水泵轴心线的平面上有泵壳接缝；中开式泵——在过泵轴心线的水平面上有泵壳接缝。

（4）按泵轴的位置分：卧式水泵——水泵轴呈水平位置；立式水泵——水泵轴呈垂直位置。

（5）按输送介质分：清水泵、耐腐蚀泵、耐磨泵、泥浆泵等。

目前，我国煤矿主排水泵D型、MD型和TSW型单吸多级离心式水泵，而井底水窝和采区局部排水则常用B型、BA型和BZ型单级离心式水泵。

二、离心式水泵的结构分析

（一）D型、MD型离心式水泵

D型泵是单吸、多级、分段式离心泵。它可输送水温低于80 ℃的清水或物理性能类似于水的液体，其流量范围和扬程范围大。D型水泵经多年的发展已形成系列，其结构型式基本相同，只是尺寸大小不同。以前，矿井主排水泵多采用D型泵。目前矿井主排水泵多采用MD型泵。MD型泵是在D型泵的基础上改进设计的一种耐磨多级离心泵，适用于输送介质温度不高于80 ℃的清水及固体颗粒（粒度小于0.5 mm）含量不大于1.5%（体积浓度）的中性矿井水，以及类似的其他污水，特别适用于煤矿等矿山排水。

1. D型、MD型离心式水泵型号意义

水泵型号表示了水泵的结构类型、性能和尺寸大小，其编制方法尚未完全统一，故水泵型号的组成和含义在水泵样本及使用说明书上都有专门说明。我国多数泵的结构类型及特征，是用汉语拼音字母的。表3-7给出了部分离心式水泵型号中汉语拼音字母表示的意义。

表3-7　离心式水泵型号中汉语拼音字母表示的意义

拼音字母	表示的意义	拼音字母	表示的意义
D	分段式多级泵	KD	中开式多级泵
DG	分段式多级锅炉给水泵	QJ	井用潜水泵
DL	立轴多级泵	S	单级双吸式离心泵
DS	首级用双吸叶轮的分段式多级泵	M	耐磨泵
F	耐腐蚀泵	WB	微型离心泵
JC	长轴深井泵	WG	高扬程横轴污水泵

以旧系列200D43×5和新系列MD280-43×5为例说明水泵型号的意义。

200——水泵吸水口直径，mm；

D——单吸多级分段式离心式清水泵；

43——单级额定扬程，m；

5——水泵的级数；

MD——单吸多级分段式耐磨泵；

280——额定流量，m^3/h。

2. D型、MD型泵的结构

图3-33所示为D280-43×3型水泵的结构图，图3-34为MD280-43×3型水泵的结构

图，图 3-35 为多级水泵实物图和实物剖切图。它们主要由转动部分、固定部分、密封部分和轴承部分四大部分组成。

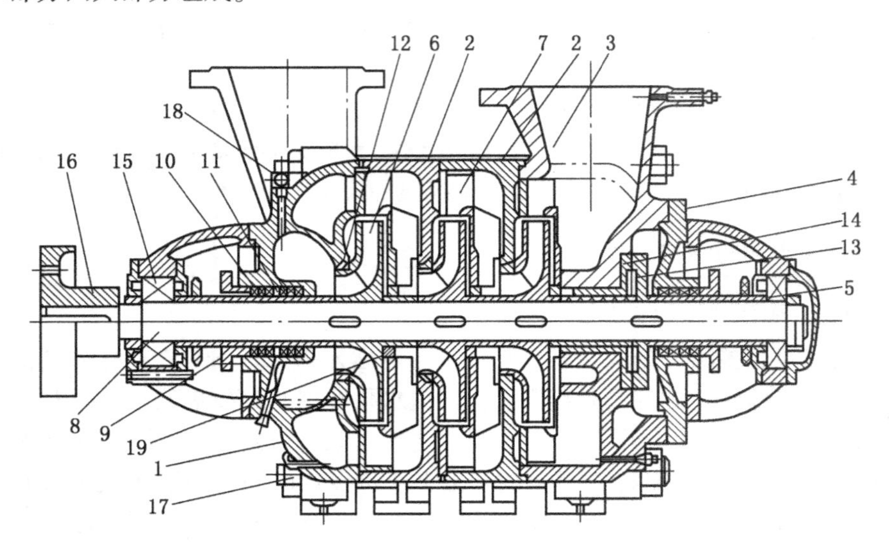

1—进水段；2—中段；3—出水段；4—尾盖；5—轴套；6—叶轮；7—导叶；8—泵轴；9—填料压盖；10—填料；11—水封环；12—大口环；13—平衡盘；14—平衡环；15—轴承座；16—联轴节；17—拉紧螺栓；18—放气栓；19—小口杯

图 3-33　D280-43×3 型水泵的结构图

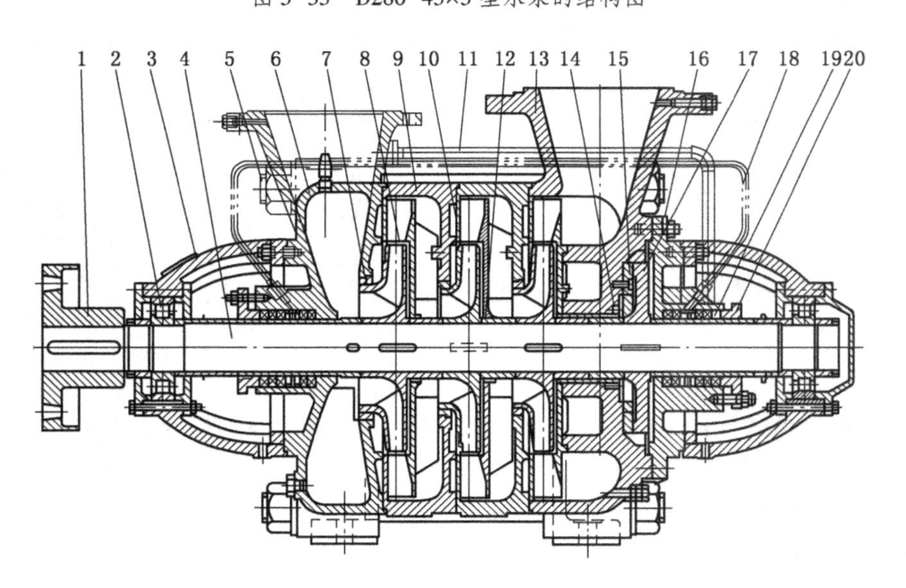

1—柱销弹性联轴器部件；2—滚动轴承；3—滚动轴承部件；4—泵轴；5—拉紧螺栓；6—进水段；7—密封环（大口环）；8—叶轮；9—中段；10—导叶；11—平衡水管部件；12—导叶套；13—出水段；14—平衡套；15—平衡环；16—填料函体（尾盖）；17—平衡盘；18—水封管部件放气栓；19—填料；20—填料压盖

图 3-34　MD280-43×3 型煤矿用耐磨离心式水泵的结构图

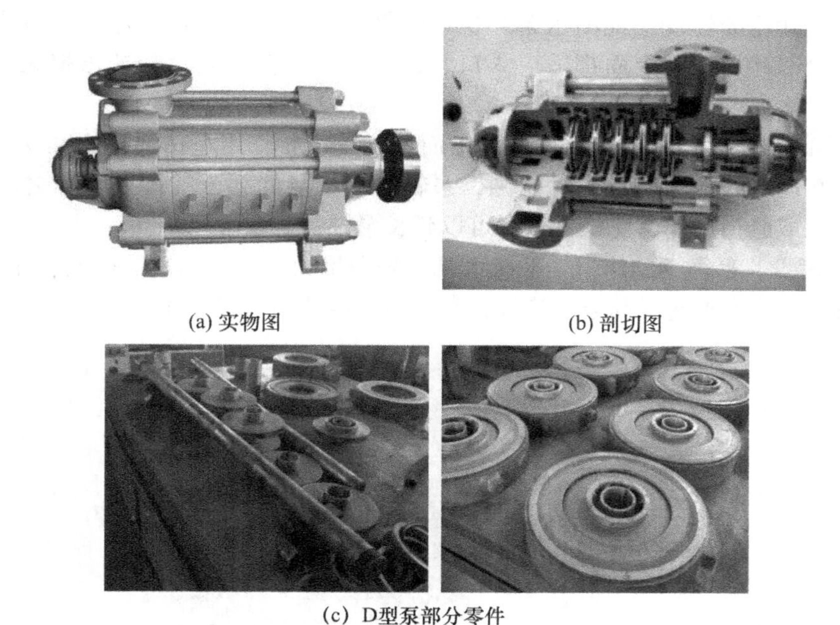

(a) 实物图　　(b) 剖切图

(c) D型泵部分零件

图 3-35　D、MD 型煤矿用离心式水泵的实物图、剖切图和部分零件图

1）转动部分

转动部分是水泵的工作部件，主要由泵轴及装在泵轴上的数个叶轮和平衡盘组成。叶轮用平键与泵轴连接，叶轮之间用轴套定位。

（1）叶轮。叶轮是离心式水泵的主要部件。其作用是将电动机输入的机械能传递给水，使水的压力能和动能得到提高。叶轮的尺寸、形状和制造精度对水泵的性能影响很大。D 型、MD 型水泵的叶轮剖视图如图 3-36 所示。叶轮由前轮盘、后轮盘、叶片和轮毂组成，通常铸造成一个整体。叶片绝大多数为后弯叶片，出口安装角为 15°~40°，常选用 20°~30°。叶片的数量一般为 5~12 片。D 型水泵的叶片数为 7 片。叶片数目太多，会增加水在叶轮中的摩擦阻力；太少又容易产生涡流。

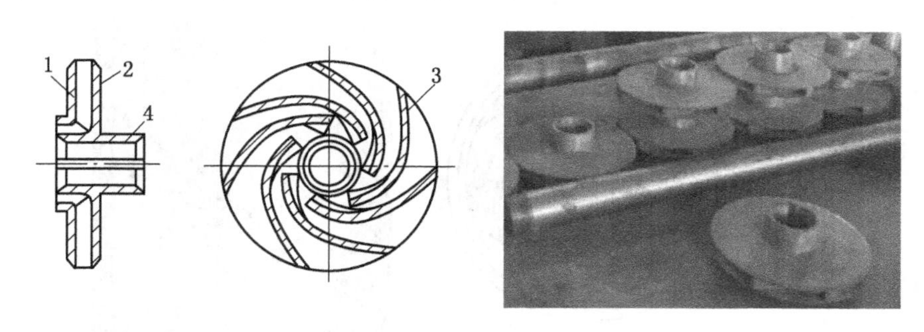

1—前轮盘；2—后轮盘；3—叶片；4—轮毂

图 3-36　D 型、MD 型水泵叶轮剖视图

D 型、MD 型水泵第一级叶轮的入口直径大于其余各级叶轮的入口直径，这样可以减

小水进入首级叶轮的速度，提高水泵的抗气蚀性能；同时，叶轮叶片的入口边缘呈扭曲状，以保证全部叶片入口断面都适应入口水流，减少水流对入口的冲击损失，提高水泵效率。

(2) 泵轴。泵轴常用45号钢锻造加工而成，其主要作用是传递扭矩和支承套装在它上面的其他转动部件。为防止泵轴锈蚀，泵轴与水接触的部分（即两叶轮之间）装有轴套。轴套锈蚀或磨损后能够更换，这样可以延长泵轴的寿命。

(3) 平衡盘。平衡盘的作用是平衡水泵的轴向推力。图3-37是D型、MD型泵平衡盘的剖视图。平衡盘通过键与泵轴连接，盘背面有拆卸用的螺丝孔。

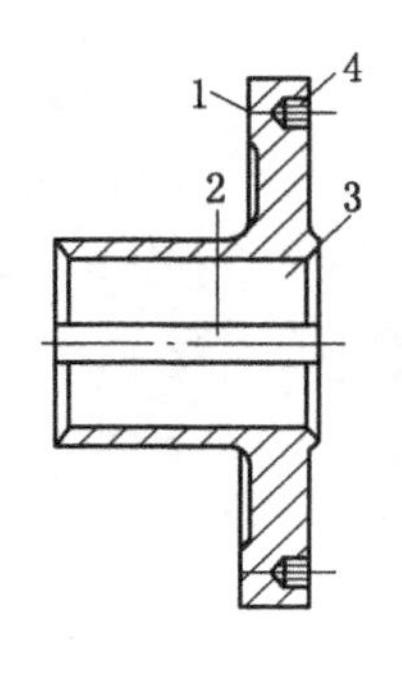

1—盘面；2—键槽；3—轴孔；4—拆卸用螺丝孔

图3-37 平衡盘的剖视图

2) 固定部分

固定部分主要包括进水段（前段）、出水段（后段）和中间段等部件，并用拉紧螺栓（穿杠）将它们连接在一起。

(1) 进水段。吸水口位于进水段，为水平方向。进水段主要是接受由吸水管来的水，使水由进水段的吸入室均匀地进入第一级叶轮的入口，降低流动损失。进水段一般由铸铁制成。

(2) 中间段。D型、MD型泵中间段由导水圈和返水圈所组成，如图3-38所示。

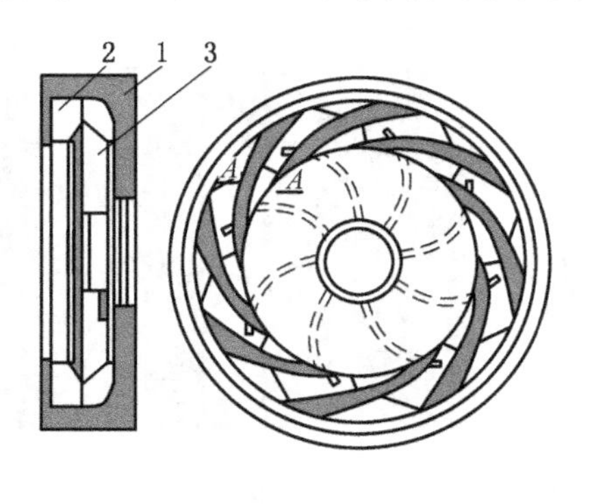

1—中段；2—导水圈叶片；3—返水圈叶片

图3-38 D型水泵中段图

导水圈由若干叶片组成，水在叶片间的流道中通过。图 3-38 中，*A-A* 截面前一段流道的作用是接受由叶轮流出的水，并以匀速送入 *A-A* 截面以后的流道；*A-A* 截面后一段流道的断面逐渐扩大，因而流速降低，使一部分动压转换为静压。

返水圈的作用是以最小的损失把水引入次级叶轮的入口。

导水圈叶片数应比叶轮叶片数多一片或少一片，使其互为质数，否则会出现叶轮叶片与导水圈叶片重叠的现象，造成流速脉动，产生冲击和振动。中段材质为铸铁。

（3）出水段。出水口位于出水段，垂直向上。D 型、MD 型泵出水段流道呈螺壳形，如图 3-39 所示。出水段的作用是以最小损失，将导水圈中流出的水汇集起来并均匀地引至出水口；同时，在此过程中，将一部分动压变为静压。它可以将从导水圈散流出来的水，先后均匀地导入总流，并缓慢减速至出口。因而这种螺壳形的出水段流道较非螺壳形的出水段流道冲击损失小，效率高。出水段一般由铸铁制成。

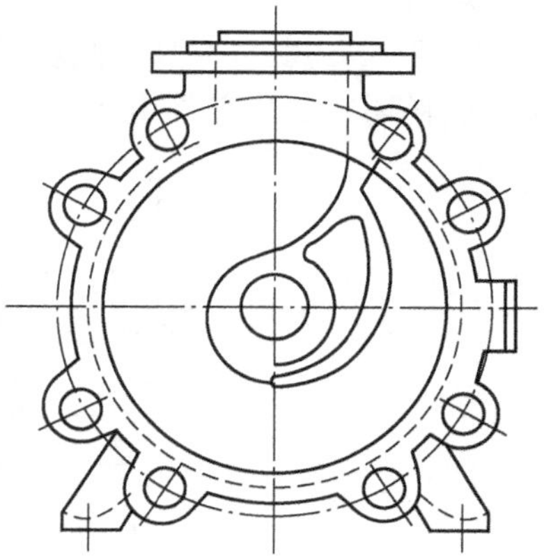

图 3-39　D 型水泵出水段示意图

离心式水泵的进水段、中间段、叶轮和出水段总称为水泵的过流部件。过流部件的形状和材质的好坏是影响水泵性能和寿命的主要因素。

3）轴承部分

水泵转子部分支承在泵轴两端的轴承上。D 型、MD 型水泵采用单列向心滚柱轴承，用 3 号通用锂基润滑脂（即黄油）润滑。为了防止水进入轴承，泵轴两侧采用了 O 形耐油橡胶密封圈和挡水圈。这种轴承允许少量的位移，有利于平衡装置改变间隙，以平衡轴向推力；同时，由于采用了滚动轴承，减少了静阻力矩和机械摩擦损失。

4）密封部分

水泵各段之间的静止结合面采用纸垫或二硫化钼来密封。转动部分与固定部分之间的间隙是靠密封环及填料来密封的。

（1）密封环，又称口环。叶轮的吸水口和水泵固定部分之间，叶轮尾端轮毂和中段导叶内孔之间有环形缝隙。高压区的水经过这些缝隙进入低压区并形成循环流，从而使叶轮实际排入次级的流量减少，并消耗部分能量。为了减少缝隙的泄漏量，应在保证转子正常转动的前提下，尽可能减小缝隙。为此，在每个叶轮前后的环形缝隙处，安装了磨损后便于更换的密封环，如图 3-40 所示。装在叶轮入口处的密封环 1 叫作大口环，装在级间缝隙处的密封环 3 叫作小口环。

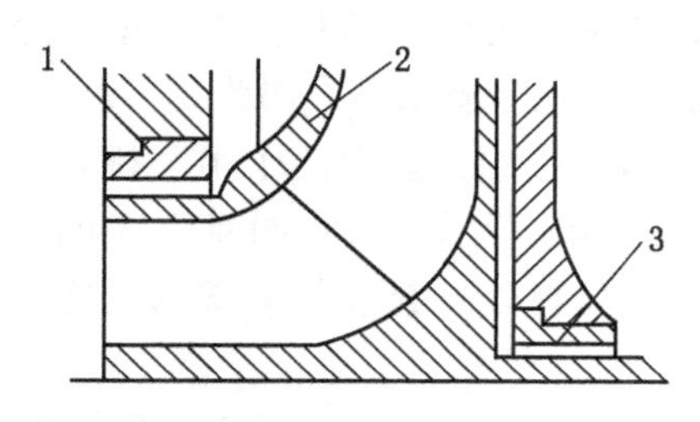

1—大口环；2—叶轮；3—小口环

图 3-40　D 型水泵的密封环

D 型、MD 型水泵的密封环为圆环形，用螺钉固定在泵壳上，它承受着转子的摩擦，故密封环是水泵的易损零件之一。当密封环被磨损到一定程度后，水在泵腔内将发生大量的窜流，使水泵的排水量和效率显著下降，应及时更换。

（2）填料装置。在水泵轴穿过泵壳的地方设有填料装置（又称填料箱或填料函），以实现泵轴的密封。

在泵轴穿过进水段处，外侧是大气压，内侧是首级叶轮入口的低压，如不进行密封，则外部大气将窜入泵内从而影响水泵的正常吸水；在泵轴穿过出水段处，外侧是大气压，内侧是高压水，如不进行密封，高压水将沿泵轴间隙向外泄漏，使水泵的流量减少。可见，吸水侧填料装置的作用是防止空气进入泵内，排水侧填料装置的作用是防止高压水向外泄漏。

D 型、MD 型水泵吸水侧填料装置如图 3-41 所示，它由填料箱、填料（盘根）、水封环（填料环）及压盖等组成。

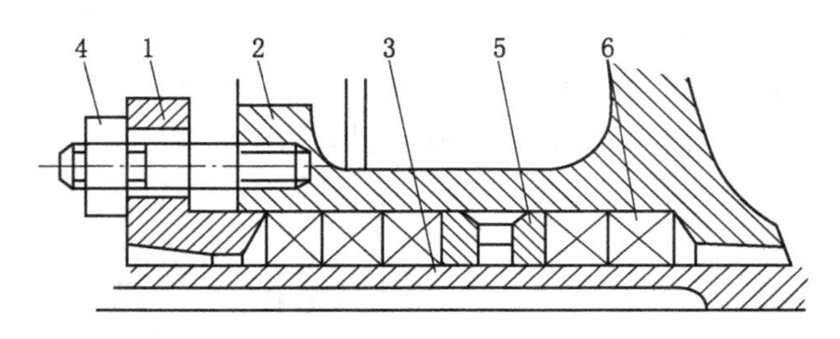

1—填料压盖；2—进水段；3—轴套；4—压盖螺栓；5—水封环（填料环）；6—填料

图 3-41　D 型水泵吸水侧填料装置

填料密封所用的填料，又称盘根，其材料视使用条件而不同，有软填料、半金属填料和金属填料等几种。

软填料就是由非金属材料制成的填料。它是用石棉、棉纱、麻等纤维经纺线后编结而成，再浸渍润滑脂、石墨或聚四氟乙烯树脂，以适应于不同的液体介质。这种填料只用于温度不高的液体。

半金属填料是由金属和非金属材料组合制成的。它是将石棉等软纤维用铜、铅、铝等金属丝加石墨、树脂编织压制成形的，这种填料一般用于中温液体。

金属填料则是将巴氏合金或铜、铝等金属丝浸渍石墨、矿物油等润滑剂压制而成，一般为螺旋形。金属填料的导热性好，可用于温度低于 150 ℃、圆周速度小于 30 m/min 的场合。

D 型、MD 型水泵一般用油浸石棉绳作填料。将填料弯成圆形后，一圈一圈地装入填料箱内。填料压盖是用来压紧填料的，它穿在两条双头螺栓上，把螺母拧进拧出，便可调节填料松紧。为防止填料发热和增大摩擦阻力，填料压盖不可拧得太紧，一般以滴水不成串为宜。

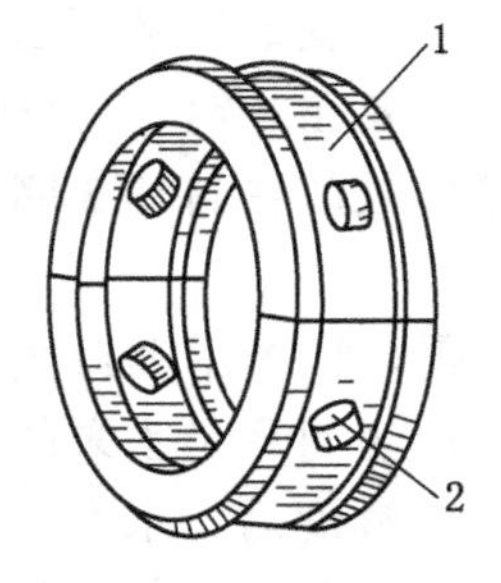

1—环圈空间；2—水孔

图 3-42　填料环

水封环装在进、出水侧填料箱的中部，它由两个半环拼合组成，其四周钻有若干小孔，如图 3-42 所示。从水封管引来的高压液体，通过环上的槽和孔渗入到填料处，起液封、润滑及冷却轴套的作用。

D 型水泵排水侧填料装置的密封要求没有吸水侧密封要求高，故不设置水封环，其他结构与吸水侧相同。

（二）单级离心式水泵

按转子支承方式，单级离心式水泵分为悬臂式和两端支承式两类。

1. 悬臂式单级水泵

1）悬架式悬臂水泵

我国设计生产的悬架式悬臂（IS 型）水泵如图 3-43 所示，主要包括泵体、叶轮、泵盖、主轴、密封环、悬架、轴承、轴套等组件，分解图如图 3-44 所示。该泵泵脚与泵体 1 铸为一体，轴承置于悬臂安装在泵体上的悬架 11 内。因此，整台泵的质量主要由泵体承受（支架 13 仅起辅助支承作用）。

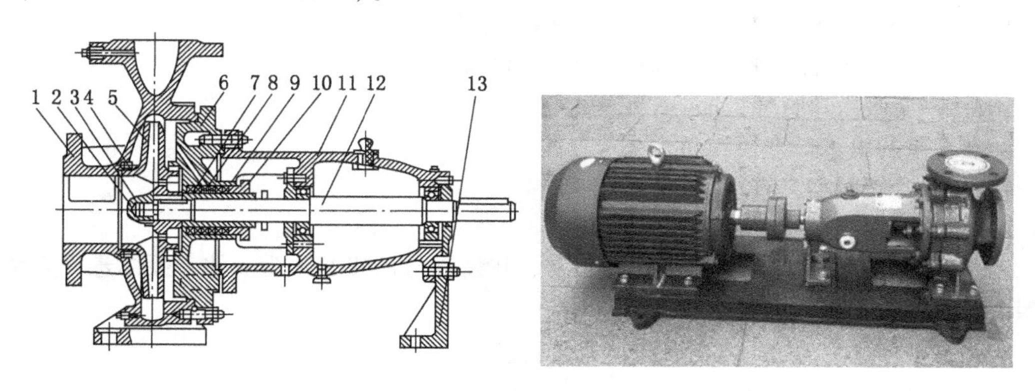

1—泵体；2—叶轮螺母；3—止动垫圈；4—密封环；5—叶轮；6—泵盖；7—轴套；
8—填料环；9—填料；10—填料压盖；11—悬架；12—泵轴；13—支架

图 3-43　悬架式悬臂水泵

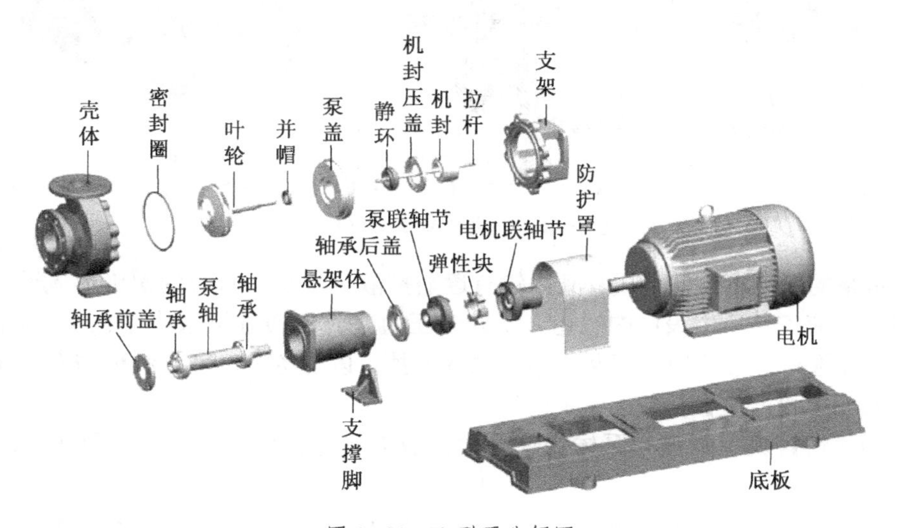

图 3-44　IS 型泵分解图

IS 型泵的泵体和泵盖 6 为后开门的结构型式，检修方便，即检修时不用拆卸泵体、管路及电动机，只需拆下加长耦合器的中间连接件，便可退出转子部件。悬架轴承部件支撑着水泵的转子部件。为了平衡泵的轴向力，在叶轮 5 前、后盖板处设有密封环，叶轮后盖板上开设有平衡孔。滚动轴承承受泵的径向力及残余轴向力。泵的密封为填料密封，由填料后盖 10、填料环 8 和填料 9 等组成，防止进气或漏水。在轴通过填料环的部位装有轴套 7 以保护轴不被磨损。轴套和轴之间装有 O 形密封圈，目的同样是防止进气和漏水。泵的传动形式为通过加长弹性耦合器与电动机相连。从原动机方向看，泵一般为顺时针方向旋转。

IS 型泵广泛适用于工矿企业、城市给水、农田排灌，输送清水或物理、化学性质类似于清水的其他液体介质，其性能范围：流量 $Q=6.3\sim400\ m^3/h$，扬程 $H=5\sim125\ m$，工作介质温度不高于 80 ℃。

以 IS100-80-125 型泵为例，说明其型号意义如下：

IS——符合 ISO 标准的单级单吸悬臂式清水泵；

100——泵吸入口直径，mm；

80——泵的出水口直径，mm；

125——叶轮的名义直径，mm。

2）托架式悬臂泵

图 3-45 所示为 B 型单级单吸式离心泵。其泵脚与托架 3 铸为一体，泵体悬臂安装在托架上，故称为托架式悬臂水泵。

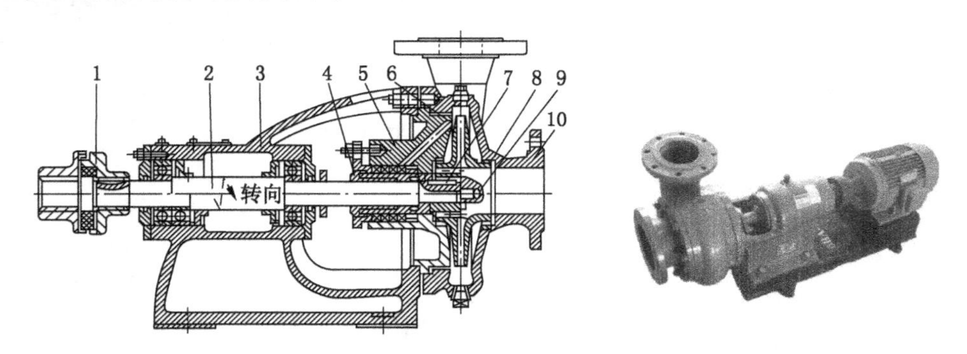

1—耦合器；2—泵轴；3—托架；4—轴套；5—泵盖；6—叶轮；7—键；8—密封环；9—叶轮螺母；10—泵体

图 3-45 托架式悬臂泵（B 型）

B 型水泵的泵体由铸铁铸成，其内铸有逐渐扩散至水泵出水口的螺旋形流道。在出水口法兰盘上，有安装压力表用的螺孔（不安装压力表时用四方螺塞堵住）。泵体下部有一放水孔，当水泵停止使用时，可将水泵内的水放掉，以防冬季冻裂。泵体与泵盖用止口结合，并用双头螺栓连接在托架上。

泵盖用铸铁铸成，泵盖与泵体的结合面间放有纸垫，以防止漏水。泵盖为填料装置密封。

填料装置由填料室、填料压盖、水封环和油浸石棉绳组成，以防止空气窜入和水的渗出。少量高压水通过泵盖内的窜水孔流入填料室中的水封环，起水封作用。泵轴用优质碳素钢制成，一端固定叶轮，一端接耦合器，支承在装于托架内的球轴承上。轴承用润滑脂润滑。从耦合器一端看，泵轴为顺时针方向旋转。

叶轮用铸铁制成，单侧进水。它的密封有单口环（只有大口环）和双口环（既有大口环，也有小口环）两种。一般口径小、扬程低的为单口环；口径大、扬程高的为双口环。双口环的叶轮后盘上靠近轴孔处钻有若干平衡孔，用以平衡轴向推力。单口环叶轮由轴承承受轴向推力。

叶轮靠叶轮螺母和外舌止退垫圈固定在轴的一端，外舌止退垫圈能防止叶轮螺母松动。托架为铸铁铸成，内有轴承室。轴承室用来安装轴承，两端用轴承压盖压紧。

B 型水泵的泵体相对于托架可以有不同的安装位置，以便根据管路的布置情况，用泵体转动相应角度的方法，使泵的排水口朝上、朝下、朝前或朝后。

B 型泵为单级单吸悬臂式离心清水泵，供输送清水及物理化学性质类似于水的液体之用，所输送液体扬程范围为 8~60 m，流量为 10~100 m^3/h，液体最高温度不超过 80 ℃，适于工矿企业、城市给水排水和农村排灌之用。

以 4B35 型泵为例，说明型号意义

4——进水口直径为 4 英寸；

B——单级单吸悬臂式离心清水泵；

35——扬程为 35 m。

3）连体泵

连体泵结构如图 3-46 所示。它的叶轮 5 直接装在电机轴 2 的一端，由泵体 4 和泵盖 3 组成的泵壳与电动机 1 的机壳直接相连。可以看出，这种泵的电动机轴虽然长，但它的整机结构紧凑，质量轻，故 WB 型微型离心泵及多种型号的潜水泵和屏蔽泵均采用连体泵的结构。

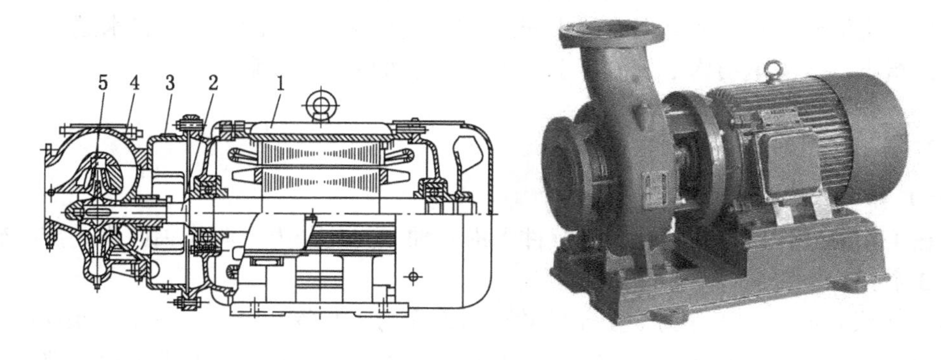

1—电动机；2—电机轴；3—泵盖；4—泵体；5—叶轮

图 3-46　双吸式悬臂连体泵

2. 两端支承式单级泵

大多数单级双吸式离心泵采用双支承结构，即支承转子的轴承位于叶轮两侧，且一般靠近轴的两端。图 3-47 所示的 S 型泵为单级双吸卧式双支承泵，它的转子为一单独的装配部件。双吸式叶轮 3 靠键 20、轴套 6 和轴套螺母 11 固定在轴 4 上。泵装配时，可用轴套螺母调整叶轮在轴上的轴向位置。泵转子用位于泵体两端的轴承体 12 内的两个轴承 15 实现双支承。当耦合器 16 处有径向力作用在泵轴上时，远离耦合器的左端轴承所受的径向载荷较小，应将轴承外圈进行轴向紧固，以使它承受转子的轴向力。

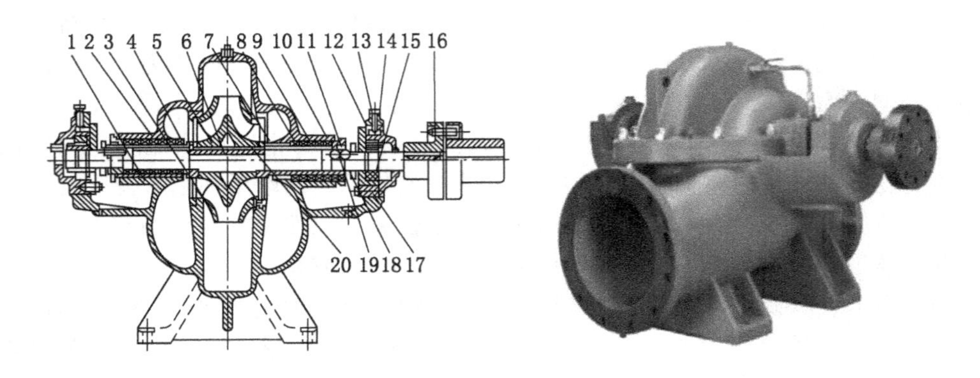

1—泵体；2—泵盖；3—叶轮；4—轴；5—密封环；6—轴套；7—填料套；8—填料；
9—填料环；10—填料压盖；11—轴套螺母；12—轴承体；13—连接螺钉；14—轴承压盖；
15—轴承；16—耦合器；17—轴承端盖；18—挡圈；19—螺栓；20—键

图 3-47　单级双吸卧式双支承泵

S 型泵是侧向吸入和压出，采用水平中开式泵壳，即泵壳沿通过轴线的水平中开线剖分。它的两个半螺旋形吸水室和螺旋形压水室都是由泵体 1 和泵盖 2 在中开面处对合而成的。泵的吸水口和排水口均与泵体铸为一体。此结构的泵检修时无须拆卸吸水管和排水管，也不要移动电动机，只要揭开泵盖即可检修泵内各零件。

在 S 型泵叶轮吸水口的两侧都要设置轴封。该轴封为填料密封。它由填料套 7、填料 8、填料环 9 和填料压盖 10 等组成。轴封所用的水封压力是通过在泵盖中开面上开出的凹槽，从压水室引到填料环的。但有的中开式双吸泵要通过专设的水封管将水送入填料环。

应该指出，双支承结构不仅能用于双吸泵，也可用于单吸泵。

三、离心式水泵轴向推力

（一）轴向推力的产生

泵在工作时，作用在叶轮及转子组件上沿泵轴方向的分力，叫作轴向力。产生轴向力原因有 3 个：

（1）单吸式叶轮在工作时，由于叶轮两侧作用力不相等，产生了一个从泵向吸入口的轴向推力 F_1，如图 3-48 所示。实际上压力的分布如图 3-48 中的虚线所示的那样，是按

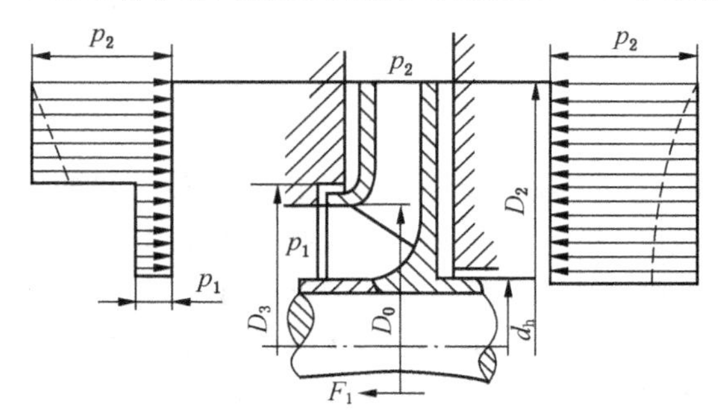

图 3-48　轴向推力的产生

抛物线分布的，越靠近轮毂越小。

（2）由于叶轮内水流的动量发生变化而产生的轴向推力 F_2，该力方向由进水口指向后轮盘。在泵正常工作时，与 F_1 相比，F_2 数值很小，可以忽略不计。

（3）由于大小口环磨损严重，泄漏量增加，使前后轮盘上的压力分布规律发生变化，从而引起轴向推力的增加。在正常状态下，增加的数值可以不予考虑，但在非正常状态下，这个数值可能很大。

由此可见，叶轮前后托盘上所受压力不平衡，是产生轴向推力的主要原因。总轴向推力的方向，是由水泵的排水侧指向吸水侧。

（二）轴向推力的危害

多级离心式水泵的轴向推力有时可达几十千牛，这个力将使整个转子向吸水侧窜动。如不加以平衡，将使高速旋转的叶轮与固定的泵壳接触，造成破坏性的磨损；另外，过量的轴向窜动，会使轴承的轴向负荷加大而发热，电动机负载也相应加大；同时使互相对正的叶轮出水口与导水圈的导叶进口发生偏移，引起冲击和涡流，降低水泵的效率，严重时将使水泵无法工作。

（三）轴向推力的平衡方法

1. 单级单吸离心式水泵轴向力平衡方法

1）平衡孔法

如图 3-49 所示，在叶轮的后轮盘上设一外凸的圆环 K，其直径与吸水口外径相同，在 K 与叶轮轮毂间必形成一小室 E。外凸圆环 K 与泵体上的固定环配合工作，将阻止外侧的高压水向 E 室泄漏。小室 E 通过 4~8 个平衡孔 A 与叶轮入口相通，则 E 室内的压力与叶轮入口压力基本相等，从而减少了叶轮轮盘前后侧的压力差，使轴向推力趋于平衡。

这种平衡方法结构简单，但平衡效果不佳，泵的效率会下降 2%~5%。因此，该方法一般只用于小型的单级泵。

2）平衡叶片法

如图 3-50 所示，在叶轮后盖板的背面对称安置几条径向叶片，如同泵叶片样使叶轮背面的水加快旋转，离心力增大，叶轮背面的压力会显著下降，从而使叶轮前后侧的压力趋于平衡。这种平衡方法会使泵的效率有所降低，其平衡程度取决于平衡叶片的尺寸和叶轮与泵体的间隙，通常在杂质泵上采用。

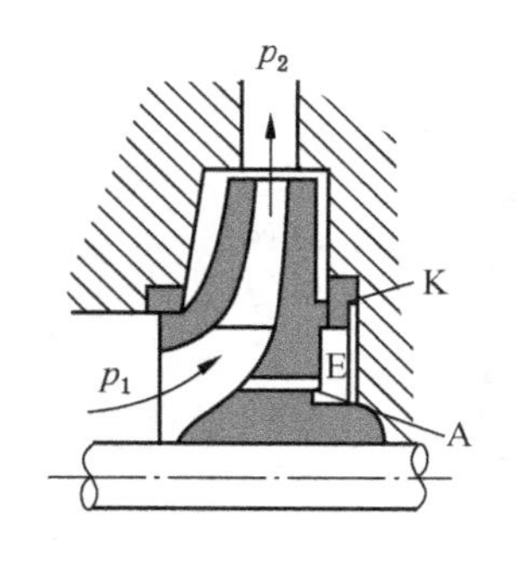

图 3-49　平衡孔

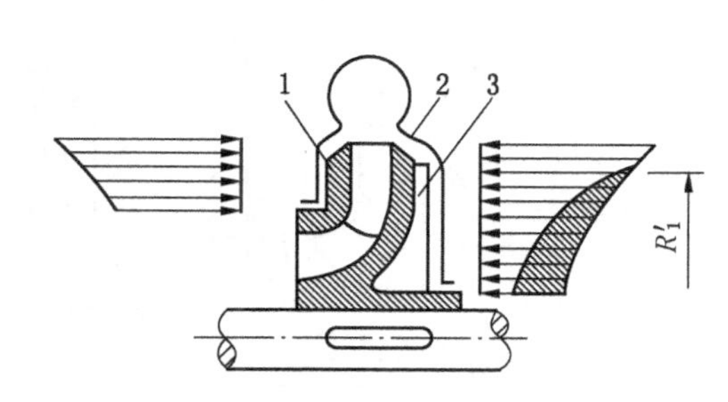

1—叶轮；2—螺壳；3—平衡叶片

图 3-50　平衡叶片

2. 单级双吸离心式水泵轴向力平衡方法

如图 3-51 所示，由于叶轮结构尺寸对称，因此叶轮两侧的压力作用面积相等，理论上可使产生的轴向力互相抵消。但由于在制造上很难做到叶轮两侧过流部分的几何形状完全相同，两侧密封环的间隙也很难完全相等，所以仍会有较小的轴向推力作用在转子上。这种结构多用在流量较大的单级离心泵上，此法为双吸叶轮法。

3. 多级离心式水泵轴向力平衡方法

1）平衡鼓法

如图 3-52 所示，平衡鼓是装在末级叶轮后面与叶轮同轴的圆柱体，其外圆表面与泵体上的平衡鼓套之间有一很小的径向间隙与平衡鼓右侧用连通管与泵吸水口相连，这样平衡鼓右侧 C 的压力接近泵吸水口压力，左侧 A 的压力接近最后一级叶轮后腔的压力，从而在平衡鼓两侧形成一个从左向右的轴向推力。采用此法，轴向推力不能完全得到平衡，因此要采用止推轴承来承受剩余的轴向推力。

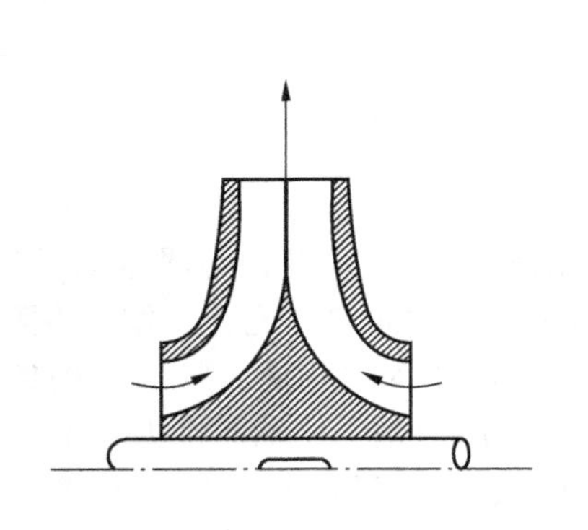

图 3-51　双侧吸入叶轮

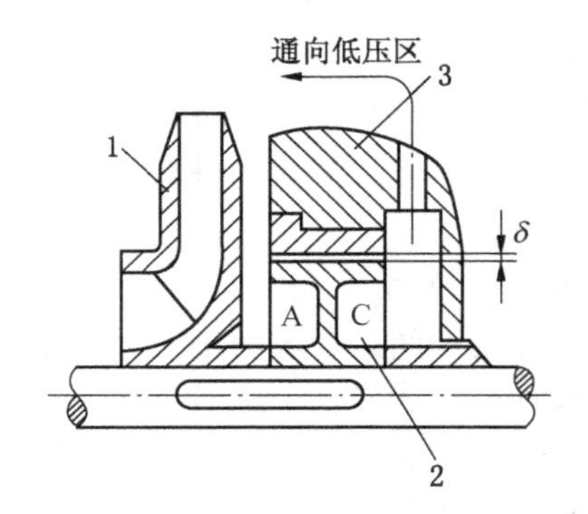

1—叶轮；2—平衡鼓；3—出水段

图 3-52　平衡鼓

2）平衡盘法

对于大型多级泵，由于轴向力较大，一般采用平衡盘装置平衡轴向力。如图 3-53 所示，在多级水泵最后一级叶轮的后面，装配一平衡盘，并用键将它固定在泵轴上，随叶轮

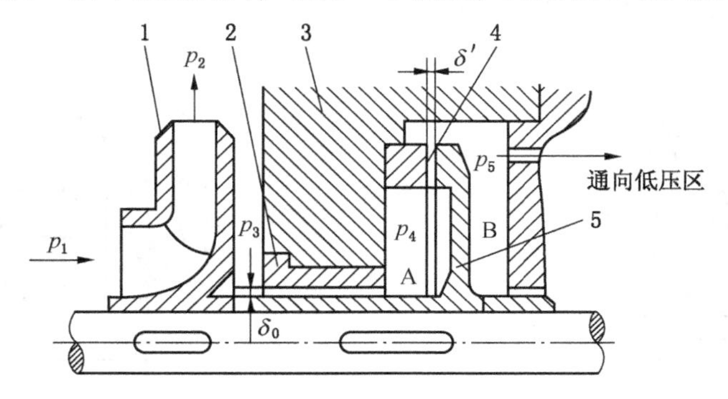

1—水泵末级叶轮；2—支承环；3—泵体；4—平衡环；5—平衡盘

图 3-53　平衡盘示意图

一起旋转。泵体 3 上固定有支承环 2 和平衡环 4。平衡盘与支承环间形成不变的径向间隙 δ_0，与平衡环间形成可变的轴向间隙 δ'。平衡盘左侧充水腔 A 为平衡腔，右侧充水腔 B 为回流腔。回流腔经回水管与水泵吸水口或大气相通。

平衡盘装置的最大优点是平衡力与轴向推力可以自动调节。也就是说，泵轴在平衡位置左右做轴向移动。由于平衡盘的这种自动平衡轴向推力的特点，因而被广泛地应用在多级水泵上。

用平衡盘平衡轴向推力的效果好。但使用中应注意以下问题：

（1）为了减少启动中因轴向力大、平衡力小造成平衡盘和平衡环间的磨损，应尽量减少水泵的启、停次数。

（2）平衡盘的材料选择和热处理加工方面都有严格要求，以保证工作面具有足够的硬度且耐磨。

（3）一般从平衡盘中流出的水量应不超过水泵流量的 1.5%～3%，否则水泵的效率将大大降低。但绝不能因此堵死与平衡盘右侧相通的回水管。

（4）为了减少从平衡盘中流出的水量，应使平衡盘和平衡环之间的轴向间隙 δ' 在 0.5～1 mm 之间。轴隙 δ_0（径向间隙）为 0.2～0.4 mm。

（5）泵轴的自由窜量不小于 1 mm，不大于 4 mm。

四、离心式水泵的检修

（一）离心式水泵的拆装

1. 泵的拆卸

1）准备事项

（1）按停泵程序停泵。将高压开关断电，拉出小车。

（2）将泵壳内的液体放掉。

（3）如果轴承部件采用润滑油润滑，则应将润滑油放掉。

（4）拆去妨碍拆卸的附属管路（如平衡盘水管、水封环水管等）和仪器仪表等。

（5）拆卸泵与电动机的联轴器。

（6）拆卸吸水段与吸水管路的连接螺栓。

（7）拆卸出水段与排水管路的连接螺栓。

（8）拆卸水泵的地脚螺栓。

（9）安装好起吊设备，将排水管路吊起。

（10）用另一台起重机将水泵从基础上吊起装车升井。

2）拆卸泵的顺序

泵的拆卸应从拆下出水侧的轴承部件开始，其顺序大体如下：

（1）拧下出水侧轴承压盖上的螺栓和出水段、填料函体（尾盖）、轴承体三个部件之间的连接螺母，卸下轴承部件。

（2）拧下轴上的圆螺母，依次卸下轴承内圈、轴承压盖和挡套后，卸下填料函体或尾盖（包括填料压盖、填料环、填料等在内）。

（3）拆卸将出水段、中段、吸水段紧固成一体的拉紧螺栓。然后依次卸下轴上的 O

形密封圈、轴套、平衡盘和键，然后卸下出水段（包括末级导叶、平衡环在内）。

（4）卸下末级叶轮、后段和中段（包括导叶在内）。

（5）按同样方法，继续卸下其各级的叶轮、中段和导叶，到卸下首级叶轮为止。

（6）拧下吸入段（进水段）和轴承体的连接螺母，拧下轴承压盖上的螺栓后，卸下轴承部件（在这之前应预先将泵联轴器卸下）。

（7）将轴从吸入段（进水段）中向后抽出，拧下轴上的固定螺母，依次将轴承内圈、O形密封圈、轴套、挡套等卸下，至此拆卸工作基本完成。

在上述拆卸过程中，还有部分零件互相连接在一起，一般情况下拧下连接螺栓或螺母后即可卸下。

2. 清洗和检查

（1）用煤油清洗全部零件，在空气中干燥或用布擦干。

（2）检查全部零件的磨损情况，不符合完好标准的零件应更换。

由于叶轮是铸造的，再加上加工误差，往往会产生偏重而不平衡。叶轮的不平衡将引起运转的振动，并使叶轮、口环、填料、轴承等零件加快磨损。所以不管是新叶轮还是旧叶轮，均必须作平衡试验，并解决存在的静不平衡问题。

（3）检查泵轴是否有灰尘或生锈，用百分表检查轴的不直度。

泵轴直线度的测量：测量时将泵轴的两端置于两个等高的V形铁上，V形铁放在平台上。在轴上选择几个测点，将百分表的测杆端部放在测点上，百分表固定在支架上，然后转动泵轴，如果泵轴平直，则百分表指针读数不变；如果泵轴弯曲，则测杆将上下移动，百分表读数将发生变化，各点读数也不同。

（4）当密封间隙超过推荐值最大值的50%时，应更换密封元件。

3. 泵的装配

1）水泵的预装配

多级水泵在总装配前，转子部件要进行预装配。预装配很重要，是保证水泵总装配质量的重要步骤。预装配就是将轴上所有零件一次装配并用螺母锁紧，然后把转子支撑在平台的V形铁上。多级泵转子预装配图如图3-54所示。

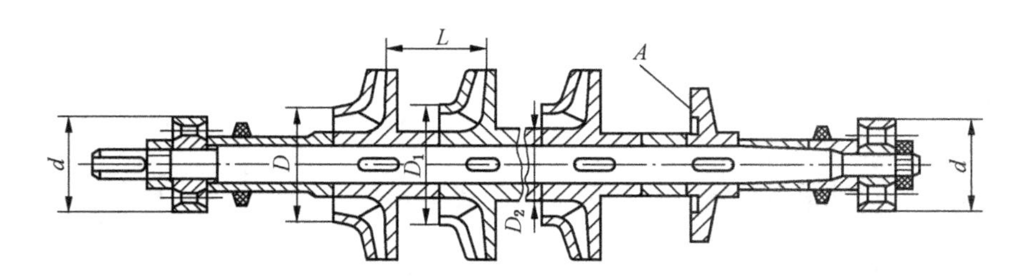

L—两叶轮的中距；*A*—平衡盘端面；*D*—叶轮入口直径；*d*—轴承外径

图3-54 多级泵转子预装配图

检查调整好后，对预装配零件进行编号，便于拆卸后将它们再次装配到相应的位置上。

（1）水轮中心距的测量与调整。检查各叶轮出水口中心的节距*L*，每个节距允许误差不超过±0.5 mm，可用钢板尺或游标卡尺检查。为了防止误差积累，各级节距总和的误差不许大于±1.0 mm，用以保证各叶轮与导叶都能对中。采取以长补短进行调节或车削轴套的方法进行调整。

（2）检查各叶轮入口处外圆、轴套、平衡套、平衡盘外圆的径向圆跳动不大于表 3-8 的规定。对于叶轮入口直径 D、D_1 及尾部直径 D_2，应按与大、小口环的配合进行调整或更换，必要时进行选配，并做好标记。大、小口环间隙规定见表 3-9。

表 3-8　零件的径向跳动允许误差

mm

公称直径部位	≤50	＞50~120	＞120~260	＞260~500	＞500~800
叶轮密封环外圆	0.06	0.06~0.08	0.07~0.09	0.08~0.10	0.10~0.13
轴套外圆	0.04	0.04~0.06	0.06~0.07		
平衡套外圆	0.05	0.06	0.07		
平衡盘外圆	0.03	0.04	0.05	0.06	

表 3-9　泵体密封环与叶轮密封环的名义径向间隙

mm

名义尺寸	30~90	＞90~120	＞120~180	＞18~250	＞250~500	＞500~800	＞800~1250	＞1250
径向间隙	0.3~0.4	0.4~0.5	0.5~0.6	0.6~0.7	0.7~0.85	0.8~1.2	1.2~1.6	1.6~2.0

（3）D 型、MD 型泵必须有良好的同心度方能使泵运转顺畅，故在装配时务必检查装配好的转子部件及各零件的径向跳动允许误差。

（4）叶轮出口中心与导叶进口中心要对准。对不准时，应在叶轮轮毂与轴肩通过加设垫片调整，将两中线控制在 0.5 mm 的范围内。

（5）泵的转子部分与定子部分的各个密封间隙值大小应均匀，稍有偏差，就会使水泵的性能受到影响，流量减小，扬程降低，效率下降，以致降低泵的使用寿命。

2）水泵的装配过程

多级水泵的装配，必须按装配程序进行。泵的装配顺序，可按拆卸顺序反向进行。装配完毕后，用手转动转子，检查泵内是否有摩擦声或转动不灵活等不正常现象。除了 MD6-25 和 MD12-25 型泵以外，其余泵型的转子应有轴向窜动量。

D 型、MD 型泵装配质量的好坏，对泵的性能及运行稳定性影响显著。在装配时务必注意以下几点：

（1）将进水段放在平台上，在泵轴上装配进水侧轴套，在轴套上暂时穿上水封环、填料压盖、挡水圈及轴承内端盖，并装上滚动轴承。

（2）将泵轴自左向右穿入进水段，将左轴承体与滚动轴承装配好，并将左轴承体与出水段用螺栓连接。将左轴承内外端盖用螺栓连接紧固。

（3）将第一级叶轮连同其大口环及轴上键一并装好。将第一级中段连同其导翼、小口环一并装好。中段靠止口定心。为了防止泄漏，可在止口上加一层纸垫强化密封；为了中段的稳定，可暂时在中段下面垫以木楔或其他垫块。依次装配其他各级叶轮和中段。

（4）最后一级导翼装在出水段上。安装出水段，穿上各拉紧螺栓，但是不能拧紧，使进水段、出水段及各中段连成一体，然后将中段下面的木楔或垫块撤除。保证进水段和出水段的地脚与平台紧密接触在同一平面上，然后均匀拧紧泵体螺栓。

（5）装好平衡环，平衡环是用螺钉固定在出水段上。

（6）先在泵轴上暂时装配假轴套（与平衡盘等长），再装上尾部轴套、滚动轴承，并将轴端锁紧螺母锁紧。

（7）检查转子的轴向窜动量：先将转子向左移到头，在轴套上作一记号（相对定子某位置），然后将转子向右移到头，再在轴套上作一记号，两记号的距离即为未装平衡盘时的轴向窜动量，如符合表3-10所规定的相应要求，则说明前一段装配是正确的。

表3-10　转子的轴向窜动量

水泵的型号	转子轴向窜动量/mm	
	未装平衡盘时	已装平衡盘时
80D30	不小于3.5	不小于1.5
10D45	不小于5	不小于2.5
150D30	6.5	3.5
200D43	7.0	4.0
200D65	8.0	5.0
250D60	9.0	6.0

（8）卸掉锁紧螺母，退出尾部轴套及假轴套，装上平衡盘、尾部轴套、右滚动轴承及锁紧螺母。

（9）检查轴向窜动量，以平衡盘与平衡环接触为基准，在轴套上作一记号，拨动转子向右到头再作一记号，两记号的距离即为已装平衡盘时的轴向窜动量，如与表3-10（或说明书）所规定的相符，则说明装配正确。如果窜动量小于规定值0.5~1 mm，也在允许范围内。如小得过多，可以减少平衡盘尾部调整垫片的厚度，小多少即减薄多少；若没有调整垫片，也可车削去平衡盘尾部的长度，小多少即车削去多少。如轴向窜动量大于规定，则可在平衡盘尾部加厚调整垫片的厚度，大多少即加厚多少。

（10）卸下右滚动轴承及锁紧螺母，装配尾盖，并在尾部轴套上穿入填料压盖、挡水圈、轴承内端盖。装上右滚动轴承，抹好润滑脂，拧紧锁紧螺母。装配右轴承体，右滚动轴承的内、外端盖用螺栓连接均匀紧固。转动转子，应能转动。

（11）将进水侧及出水侧填料装好，并将填料压盖安装上。装配填料时应注意水封环的位置，水封环必须与水封水管对正。装配半联轴器。

安装好的水泵，入井前要进行耐压试验。试验的压力应超过水泵的额定压力，不漏水方可入井安装。

（二）水泵完好标准

主水泵、一般水泵的完好标准见表3-11、表3-12。

表3-11　主水泵的完好标准

项　目	完　好　标　准	备　注
螺栓、螺母、背帽、垫圈、开口销、护罩、放气阀	齐全、完整、紧固	1. 包括从底阀到逆止阀的管路。 2. 每台水泵不少于1个放气阀
泵体与管路	无裂纹、不漏水；泵体和泵房内排水管路防腐良好；吸水管径不小于水泵吸水口径；平衡盘调整合适，轴窜量为1~4 mm（或按厂家规定）；填料滴水不成线；填料箱不过热	
逆止阀、闸板阀、底阀	齐全、完整、不漏水；闸门操作灵活	底阀以自灌满引水起5 min后能启动水泵为合格
润滑	油圈转动灵活，油质合格，不漏油；滚动轴承温度不超过75 ℃，滑动轴承温度不超过65 ℃	
轴承	轴承最大间隙不超过表3-13的规定	
联轴器	端面间隙比轴的最大窜量大2~3 mm，径向位移不大于0.2 mm，端面倾斜不大于1%，胶圈外径和孔径差不大于2 mm	螺栓有防脱装置
电气与仪表	电动机和开关柜应符合其完好标准；压力表、电压表、电流表齐全、完整、准确	仪表校验期不超过一年
运转与出力	运转正常、无异常振动；水泵每年至少测定1次；排水系统综合效率：立井不低于45%，斜井不低于40%	测定记录有效期不超过一年
整洁与资料	设备与泵房整洁，水井无杂物，工具、备件存放整齐；有运行日志和检查、检修记录	

表3-12　一般水泵的完好标准

项　目	完　好　标　准	备　注
螺栓、螺母、背帽、垫圈、开口销、护罩、放气阀	齐全、完整、紧固	
泵体与管路	无裂纹、不漏水；泵体和泵房内排水管路防腐良好；吸水管径不小于水泵吸水口径；平衡盘调整合适，轴窜量为1~4 mm（或按厂家规定）；填料滴水不成线；填料箱不过热	
逆止阀、闸阀、底阀	齐全、完整、不漏水；闸门操作灵活	排水垂高低于50 m的可以不装逆止阀
轴承	油圈转动灵活，油质合格，不漏油；滚动轴承温度不超过75 ℃，滑动轴承温度不超过65 ℃	

表 3-12（续）

项 目	完 好 标 准	备 注
联轴器	端面间隙比轴的最大窜量大 2~3 mm，径向位移不大于 0.25 mm，端面倾斜不大于 1.5%	
电气	电动机符合其完好标准；启动设备齐全、可靠；接地装置合格	
整洁	设备无油垢，周围无杂物	

表 3-13 轴承最大间隙 mm

轴颈直径	滑动轴承	滚动轴承
30~50	0.24	0.20
>50~80	0.30	0.20
>80~120	0.35	0.30
>120~180	0.45	0.30

【任务实施】

一、场地、设备及工量具

（1）场地：多媒体教室和矿山流体机械实训车间。
（2）设备：D 型或 MD 型水泵 4~6 台，其他各类型水泵 10~12 台。
（3）工具：手锤、扁錾、铜棒、手拉葫芦起重机、钢丝绳扣、撬棍、扳手、专用拉拔器等。
（4）量具：游标卡尺、钢板尺、塞尺、V 型铁、百分表等。

二、知识学习（12 学时）

（1）选择典型在用水泵，说明水泵型号的意义。
（2）看图 3-33、图 3-34、图 3-35 和 D 型泵的拆解实物，说一说各序号的名称及主要部件的作用。
（3）看拆解实物图，找出叶轮、平衡盘、大小口环、进出口填料装置、进水段、出水段等，互相议一议其结构及作用。
（4）看图 3-53 和实物，说明平衡盘平衡轴向力的原理。
（5）观看单吸多级离心式水泵的拆装过程演示视频，理解水泵检修的相关内容。
（6）请上网查找离心式水泵密封装置的种类，并了解密封装置发展的方向。

三、技能训练（18 学时）

（一）训练任务
（1）离心式水泵的检修。
（2）主排水泵的更换。
（3）平衡盘轴向窜量的调节。

（4）水泵密封装置的更换。

（二）训练过程

集中观看D型水泵拆装过程示范操作，然后分组轮流进行各任务操作训练。

1. 离心式水泵的检修（6学时）

两人操作，其他同学观看。

（1）将井下拆除的水泵，升井运到机厂准备解体检修。

（2）按预定顺序对水泵进行解体，检查水泵各零部件的磨损情况。

（3）对磨损严重的叶轮、大小口环进行更换。

（4）检查水泵轴的直线度，并对轴上零件进行预组装。测量相邻两叶轮的中心距，符合规定的要求。

（5）在检修平台上按拆卸相反的顺序进行水泵零部件的安装。

（6）组装完成后，检查水泵不安装平衡盘时的轴向窜量符合要求。

（7）安装平衡盘、轴套及轴承等，组装完毕后还要对水泵进行耐压实验。实验压力应大于水泵的额定压力。

2. 主排水泵的更换（6学时）

1）主排水泵的拆除

（1）准备好拆卸水泵的工具，将要拆除设备可靠停电。

（2）挂手拉葫芦起重机，吊住水泵上方的阀门及管路，拧开水泵出水口、吸水口及联轴器的螺栓。

（3）拆除水泵的压力表、真空表、传感器及填料室的水管等附属件。

（4）解开水泵的底脚螺栓，拉动吊阀门、管路的起重机，将水泵上方的管路微微吊起。

（5）再挂另一台起重机，将拆卸完的水泵吊离水泵底座，装车升井。

2）主排水泵的安装

（1）将检修完好的水泵运到中央水泵房。

（2）准备好安装水泵用的工具、材料。

（3）起吊管路，拆除要更换的水泵。

（4）安装新水泵：将水泵吊至水泵底座上，调正水泵，安装底脚螺栓并紧固。

（5）安放水泵出水口密封垫，起重机落下吊起的管路，对正出水口拧紧螺栓。

（6）安装水泵吸水口管路，对正吸水管，放好密封垫，拧紧法兰螺栓。

（7）调整电动机左右、高低，达到同轴度要求。

（8）安装联接对轮（联轴器）的弹性圈及柱销。恢复水泵上的附属件，检查无问题后开泵试运转。

（9）检查各仪表值是否正常；检查水泵震动情况；检查水泵各部温度是否正常。做好试运转记录。

3. 平衡盘轴向窜量的调节（3学时）

日常检修，对各水泵的平衡盘轴向窜量进行检测；平衡盘轴向窜量达到调整极限值时，应进行窜量调整。

两个人操作，其他人观看。操作过程如下：

(1) 准备调整平衡盘使用的工具、材料。

(2) 组织人员拆卸平衡盘。

(3) 确定调整量并安装平衡盘。

(4) 安装好平衡盘并开泵试运转。

4. 水泵密封装置的更换 (3学时)

两个人操作,其他人观看。操作过程如下:

(1) 检查水泵填料装置的密封情况,漏水是否严重,填料压盖是否到位,窜水环(水封环)是否在正确位置。

(2) 要更换时,先打开填料压盖,用钩子依次钩出盘根线及窜水环,并检查盘根套的磨损情况。

(3) 准备新盘根线,围盘根套一圈长短适当,长了放不进去,短了就会密封不严。

(4) 如果盘根套磨损不超限,填新盘根线,窜水环里侧加两圈盘根线,两圈盘根线的对口处要错开一个角度,达到密封良好;如果盘根线磨损超限,则需更换盘根套后再进行上述操作。

(5) 放置窜水环,窜水环要正对进水孔,安放好后,外侧加两圈盘根线,同样对口处要错开一个角度。

(6) 安装填料室压盖,调整松紧适当。检查给水实验漏水情况,有滴水但不成线。

(7) 检查无误后,送电开泵试运转,正常后方可使用。

四、实施方式

(1) 以5~8人为活动工作组,采用组长负责方式,小组自主学习,教师巡回检查指导,完成学习任务。

(2) 采用过程考核和集中考核相结合的评价过程。

五、建议学时

36学时。

【任务考评】

一、理论学习过程考评

考评内容及评分标准见表3-14。

表3-14 考评内容及评分标准

序号	考核内容	考核项目	配分	评分标准	得分
1	水泵的结构	1. 水泵的型号 2. 水泵结构组成 3. 主要部件的作用	30	错一大项扣10分 错一小项扣2分	
2	水泵的性能	1. D型水泵的性能 2. 其他类型水泵性能	10	错一大项扣5分 错一小项扣2分	

表 3-14（续）

序号	考核内容	考核项目	配分	评分标准	得分
3	水泵的检修	1. 检修的内容 2. 拆装步骤 3. 水泵完好标准 4. 观看水泵拆装过程演示的态度	50	1. 前三项目，未按要求少一项扣 5 分 2. 学习态度不端正，扣 10 分	
4	遵章守纪，文明操作	遵章守纪，文明操作、清理现场	10	错一项扣 5 分	
合计					

二、实践能力考核（6 学时）

考核的内容及评分标准见表 3-15。

表 3-15　实践能力考核内容及评分标准

序号	考核内容	考核项目	配分	评分标准	得分
1	D、MD 型水泵的检修	拆装顺序、方法及工具使用	40	错一小项扣 3 分	
2	主排水泵的更换	1. 拆除顺序、方法及工具使用 2. 安装顺序、方法及工具使用	25	错一项扣 2 分	
3	平衡盘轴向窜量的调节	调节过程、方法及工具使用	15	错一项扣 2 分	
4	水泵密封装置的更换	更换过程、方法及工具使用	10	错一项扣 2 分	
5	遵守纪律、安全文明操作	遵守纪律、安全文明操作、清理现场	10	错一项扣 5 分	
合计					

任务二　排水设备的故障分析与处理

【知识目标】

（1）清楚排水设备运行中常见的故障及简单的处理方法。

（2）熟悉排水设备经济运行经济指标及实现经济运行的措施。

【技能目标】

(1) 初步具备分析判断排水设备故障及处理的能力。

(2) 能参与完成排水设备经济运行的操作。

【任务描述】

当设备出现故障时，能够正确地分析故障的原因，找到解决处理的方法，迅速进行修复，尽量减少对生产造成的影响和损失。这就是本任务要掌握的内容。

【任务分析】

一、常用简易的故障诊断方法

常用简易的水泵状态监测方法主要有听诊法、触测法和观察法等。

1. 听诊法

设备正常运转时，伴随发生的声响总是具有一定的音律和节奏。只要熟悉和掌握这些正常的音律和节奏，通过人的听觉功能就能对比出设备是否出现了重、杂、怪、乱的异常噪声，以此来判断设备内部是否出现了松动、撞击、不平衡等隐患。例如用手锤敲打零件，听其是否发生破裂杂声，可判断有无裂纹产生。

听诊可以用螺丝刀尖（或金属棒）对准所要诊断的部位，用手握螺丝刀把，贴耳细听。这样可以滤掉一些杂音。电子听诊器是一种振动传感器。它将设备振动状况转换成电信号并进行放大，工人用耳机监听运行设备的振动声响，以实现对声音的定性测量。通过测量、对比同一测点、不同时期、相同转速、相同工况下的信号，来判断设备是否存在故障。当耳机出现清脆尖细的噪声时，说明振动频率较高，一般是尺寸相对较小的、强度相对较高的零件发生局部缺陷或微小裂纹。当耳机传出混浊低沉的噪声时，说明振动频率较低，一般是尺寸相对较大的、强度相对较低的零件发生较大的裂纹或缺陷。当耳机传出的噪声比平时增强时，说明故障正在发展，声音越大，故障越严重。当耳机传出的噪声杂乱无规律、间歇出现时，说明有零件或部件发生了松动。

2. 触测法

用人手的触觉可以监测设备的温度、振动及间隙的变化情况。

人手的神经纤维对温度比较敏感，可以比较准确地分辨出 80 ℃以内的温度。当机件温度在 0℃左右时，手感冰凉，若触摸时间较长则会产生刺骨痛感，但一般能忍受。20 ℃左右时，手感稍凉，随着接触时间延长，手感渐温。30 ℃左右时，手感微温，有舒适感。40 ℃左右时，手感较热，有微烫感觉。50 ℃左右时，手感较烫，若用掌心按的时间较长，会有汗感。60 ℃左右时，手感很烫，但一般可忍受 10 s 长的时间。70 ℃左右时，手感烫得灼痛，一般只能忍受 3 s 长的时间，并且手的触摸处会很快变红。触摸时，应试触后再细触，以估计机件的温升情况。用手晃动机件，可以感觉出 0.1～0.3 mm 的间隙大小。用手触摸机件，可以感觉振动的强弱变化和是否产生冲击。

用配有表面热电偶探头的温度计测量滚动轴承、滑动轴承、主轴箱、电动机等机件的表面温度，具有判断热异常位置迅速、数据准确、触测操作方便的特点。

3. 观察法

观察设备机件有无松动、裂纹及其他损伤等；检查润滑是否正常，有无干摩擦和跑、冒、滴、漏现象；查看油箱沉积物中金属磨粒的多少、大小及特点，判断相关零件的磨损情况；监测设备运行是否正常，有无异常现象发生；观察设备仪表，判断设备工作状况。综合分析观察的各种信息，就能对设备是否存在故障、故障部位、故障的程度及故障的原因作出判断。

通过仪器，观察从设备润滑油中收集到的磨损颗粒，实现磨损状态监测的方法称磁塞法。它的原理是将带有磁性的塞头插入润滑油中，收集磨损产生出来的铁质磨粒，借助读数显微镜或者直接用人眼观察磨粒的大小、数量和形状特点，判断机械零件表面的磨损程度。若发现小颗磨粒且数量较少，说明设备运转正常；若发现大颗磨粒，就要引起重视，需要严密注意设备运转状态；若多次连续发现大颗磨粒，便是即将出现故障的前兆，应立即停机检查，查找故障，进行排除。

二、离心式水泵常见故障分析与排除方法

水泵常见故障分析与排除方法见表 3-16。

表 3-16　水泵常见故障分析与排除方法

序号	故障现象	原　因　分　析	排　除　方　法
1	水泵不吸水，真空表指示值剧烈波动	1. 注入水泵的水不够 2. 吸水管、吸水侧填料箱或真空表连接处漏气 3. 滤水器被堵塞或没完全浸入水中 4. 电机转速过低或转向不对 5. 吸水高度过高或安装不当	1. 停泵，重新向水泵内注水 2. 拧紧填料箱压盖或更换填料，堵塞漏气点或更换真空表 3. 清理滤水器，使滤水器浸入水下 4. 检查电源电压，改变电机转向 5. 一般发生在移动式水泵上，按泵铭牌规定值进行正确安装
2	水泵不吸水，真空表指示高度真空	1. 底阀没有打开或已淤塞 2. 吸水管阻力太大，吸水高度太高	1. 检查或更换底阀 2. 清洗或更换吸水管，降低吸水高度
3	泵出口压力表指示有压力，而水泵不出水	1. 排水管阻力太大或泵扬程不够 2. 转向不对或转速不够 3. 水泵叶轮损坏或被堵塞	1. 检查或缩短排水管 2. 检查电源电压，改变电机转向，提高转速 3. 清洗或更换叶轮
4	流量不足	1. 电动机转速不足 2. 填料箱漏气 3. 密封环磨损过多，内泄漏严重 4. 水泵叶轮局部淤塞 5. 叶轮出水口与导水圈进水口没对正	1. 检查电源电压或改变转速 2. 拧紧填料箱压盖 3. 更换密封环 4. 清洗水泵叶轮 5. 调整导水圈安装位置
5	流量和扬程下降	1. 水泵堵塞 2. 密封环磨损 3. 电动机转速不足	1. 检查清理叶轮或清洗泵吸、排水管道 2. 更换密封环 3. 增加泵的转速

表 3-16（续）

序号	故障现象	原 因 分 析	排 除 方 法
6	水泵运转功率过大	1. 填料压盖压得太紧，填料室发热 2. 泵旋转部分发生摩擦 3. 平衡盘平衡回水管堵塞 4. 密封环间隙过大，使轴向推力增大 5. 水泵排水量增加 6. 泵轴弯曲	1. 拧松填料压盖或更换填料 2. 检查泵内各旋转零件并加以修正 3. 检查平衡盘及回水管 4. 检查密封环间隙或更换 5. 调节闸阀降低流量 6. 校直或更换泵轴
7	水泵内部声音反常，水泵不上水	1. 流量太大 2. 吸水管内阻力过大，吸水高度过高 3. 在吸水处有空气渗入 4. 所输送液体温度过高 5. 水井水位下降，发生汽蚀现象 6. 滤水器被埋或杂物堵死	1. 调节闸阀减小流量 2. 检查吸水管和底阀，降低吸水高度 3. 找查堵塞漏气处 4. 降低输送液体温度 5. 消除汽蚀现象 6. 及时停泵清理水井
8	水泵振动厉害	1. 泵轴与电机轴线不在同一条中心线上 2. 地脚螺栓松动或垫片移动位置 3. 排水管固定得不牢 4. 轴承间隙过大 5. 泵轴弯曲 6. 叶轮损坏	1. 对准水泵和电机的轴中心线 2. 紧固地脚螺栓或调整垫片位置 3. 重新固定排水管 4. 更换轴承 5. 修理调直或更换泵轴 6. 进行叶轮检修
9	轴承温度过高	1. 润滑脂、润滑油质量不好，油量过多（少）或使用时间过长 2. 水泵轴与电机轴不在一条中心线上 3. 地脚螺栓松动 4. 泵轴弯曲 5. 平衡盘与平衡环相互摩擦严重，泵轴向吸水侧移动	1. 检查或清洗轴承体，更换润滑脂、润滑油 2. 调整，使泵轴与电机轴中心对准 3. 紧固地脚螺栓 4. 修理调直或更换泵轴 5. 调整平衡盘尾部垫片、更换平衡盘及平衡环
10	平衡水中断，平衡室发热，电机功率增加	1. 水泵在大流量低扬程下运转 2. 平衡盘与平衡环产生研磨	1. 关小出口闸阀，使泵在规定参数范围内运转 2. 拆卸平衡盘与平衡环进行检修
11	填料箱或泵壳发热	1. 长时间关闭排水闸阀使泵壳发热 2. 平衡盘歪斜或无水使平衡室发热 3. 填料箱压盖歪斜或压得太紧 4. 填料失水	1. 打开排水闸阀或停泵冷却后再启动 2. 检查平衡盘及回水管 3. 检查调整填料箱压盖 4. 检查水封管及水封环是否堵塞

表3-16（续）

序号	故障现象	原因分析	排除方法
12	水泵不启动	1. 叶轮与导水圈的间隙太小，摩擦阻力太大 2. 填料箱压盖歪斜或压得太紧 3. 转子窜量太大，使叶轮与泵体摩擦 4. 电动机缺相 5. 启动器有故障	1. 检查叶轮与导水圈的间隙是否符合标准，不符合进行修理 2. 调整压盖松紧 3. 调整转子窜量 4. 检查电源及熔断器 5. 检查启动器
13	启动时功率过大	1. 未关闭排水闸阀 2. 平衡盘不正或无水 3. 转动部分与固定部分间阻力大 4. 电网压降太大	1. 关闭排水闸阀再启动 2. 停泵检查平衡盘间隙及回水管 3. 停泵检查转动部分与固定部分各处间隙并修理调整 4. 待电压稳定后再启动

【任务实施】

一、地点

矿山流体机械实训车间（或教室）。

二、内容

（1）阅读常用简易水泵状态监测方法的内容，并理解记忆听诊法、触测法和观察法的应用要点。

（2）结合生产情况，调研在用排水设备运行中常见故障现象，并进行分析和处理。

三、实施方式

教师指导下的自主学习。

四、建议学时

2学时。

【任务考评】

考评内容及评分标准见表3-17。

表3-17 考评内容及评分标准

序号	考核内容	考核项目	配分	评分标准	得分
1	简易故障诊断方法	1. 听诊法 2. 触测法 3. 观察法	20	错一大项扣10分 错一小项扣3分	

表 3-17（续）

序号	考核内容	考核项目	配分	评分标准	得分
2	水泵故障分析与处理	1. 常用故障现象 5 例 2. 故障分析 1 例 3. 故障处理 1 例	70	错一大项扣 20 分 错一小项扣 5 分	
3	遵章守纪，文明操作	遵章守纪，文明操作	10	错一项扣 5 分	
合计					

任务三　矿山排水设备的经济运行分析（技能提升）

【知识目标】

（1）明确排水设备经济运行的意义。

（2）清楚排水设备经济运行评价的指标。

（3）掌握排水设备经济运行的措施。

【技能目标】

（1）理解掌握排水设备的经济运行。

（2）能根据生产实际情况有效实施排水设备的经济运行。

【任务描述】

煤矿排水设备用电量在全矿总电耗中占有很大比例，一般达 30% 左右，涌水量大的矿井能达 50% 甚至 60% 以上。其中，设备、管路、水仓状况和管理等造成相当不合理的电耗。因此，排水设备的经济运行对降低煤矿电耗和节约能源有着十分重要意义。

【任务分析】

一、排水设备的经济运行的评价

排水设备的经济运行标准是吨水百米电耗不大于 0.5 kW·h，也就是说排水设备将每吨水提高 100 m 时，所消耗的电量不大于 0.5 kW·h。如果超过此数值，便认为是低效设备，不予采用。

（一）计算排水设备的年电耗量 E

排水设备的年电耗量 E（单位为 kW·h/y）计算公式为

$$E = \frac{1.05}{1000 \times 3600} \frac{\rho g Q_M H_M}{\eta_M \eta_c \eta_d \eta_w}(n_z r_z T_z + n_{max} r_{max} T_{max}) \tag{3-10}$$

式中　1.05——考虑到泵房其他用电，如照明等；

ρ——矿水的密度，单位为 kg/m³；

Q_M、H_M、η_M——水泵工况点所对应的流量（m³/h）、扬程（m）、效率；

η_d——电动机的效率，大容量电动机为 0.94～0.98，小容量电动机为 0.82～0.9；

η_c——传动效率；

η_w——电网效率；

n_z、n_{max}——正常和最大涌水期水泵的工作台数；

T_z、T_{max}——正常和最大涌水期水泵每天工作小时数；

r_z、r_{max}——每年正常和最大涌水期水泵的工作天数。

（二）计算排水设备的年排水量 M

排水设备的年排水量 M（单位为 t）计算公式为

$$M=\frac{\rho Q_M}{1000}(n_z T_z r_z+n_{max}T_{max}r_{max}) \tag{3-11}$$

（三）计算吨水百米电耗 $E_{t\cdot 100}$

$$E_{t\cdot 100}=100\frac{E}{MH_{sy}}=1.05\times\frac{H_M}{3.67\eta_M\eta_c\eta_d\eta_w H_{sy}}=\frac{1.05}{3.67\eta_M\eta_c\eta_d\eta_w\eta_g} \tag{3-12}$$

式中　η_g——管路效率，$\eta_g=\dfrac{H_{sy}}{H_M}$。

由式（3-12）可知，吨水百米电耗与水泵效率、传动效率、电动机效率、管路效率的乘积成反比，它反映了矿井排水系统各个环节的总效率，能够全面地评价排水设备运行的经济指标。

一般来说，η_w、η_c、η_d 在水泵运行期间变化很小，可以近似视为常数，故吨水百米电耗 $E_{t\cdot 100}$主要受水泵工况效率 η_M 和管路效率 η_g 的影响。因此，欲提高排水设备运行的经济性，就必须设法提高 η_M 和 η_g。

二、提高排水设备经济运行的措施

提高排水设备经济运行的措施，主要从提高水泵运行效率、降低排水管路阻力、降低吸水管路阻力和实行科学管理等几方面入手。

（一）提高水泵的运行效率

1. 合理选用水泵

选用水泵时应尽量选用新型、高效水泵；用新型水泵替换原有的老产品，以提高水泵的运行效率。

2. 合理调节水泵工况点

当水泵的扬程过大时，可根据情况分别采用“减少叶轮数目调节法”和“削短叶轮叶片长度调节法”除去富裕扬程，合理调节工况点。

3. 提高水泵的检修和装配质量

水泵检修和装配质量的好坏，直接影响水泵本身的性能。在检修和装配时要注意大小口环的间隙、平衡盘与平衡环的间隙、水泵轴的窜量等是否符合要求，轴承润滑是否良好；疏通叶轮和流通部件，防止堵塞；尽可能清除新配叶轮流道中的毛刺，保持内壁光滑。

（二）降低排水管路的阻力

1. 选择管路时应适当加大排水管径

管的内径越大阻力损失越小。因此，在选择管路时，适当加大排水管径，把工况点设计在位于额定工况点或工业利用区右侧，以减少排水管路阻力损失，提高管路效率。但应防止电机过负荷，防止发生汽蚀。

2. 定期清理管路

管路长期使用后，矿水中杂质挂在内壁上形成污垢层，使管径减小，阻力系数增加，管路效率降低。因此，为提高效率，应定期清理管路。

清理管路的方法很多，如水压棘球清理法、碎石清理法、盐酸清洗法等。下面介绍水压棘球清理法。

先用软木制成两个光球：一个光球的直径略小于被清理管路实际的剩余直径，用于探路；另一光球的直径略小于原管内径，用于检查清理效果。为防止光球破裂，可用螺栓坚固，如图 3-55a 所示。然后制作 7~9 个棘球，最小棘球直径等于小光球的直径，最大棘球直径略小于管内直径。制作棘球时，在每个木球上交叉钻孔，孔径 10 mm，孔深 5 mm，孔距 20~25 mm。将直径 2~2.5 mm 的钢丝 3~4 根放入钻孔，打上木楔，使每束钢丝毛棘的外露长度保持在 25 mm 左右，最后将毛面修理呈球形，如图 3-55b 所示。

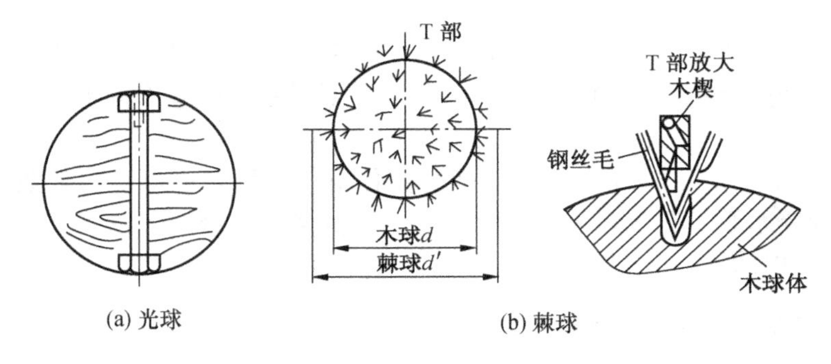

(a) 光球　　(b) 棘球

图 3-55　光球、棘球制作

清理时，在井下泵房附近拆除一段管子，作为棘球出口。在井上用临时注水泵向管内注水，并投入小光球，若井下见球，即证明管路畅通无阻。再按直径大小由小至大投放棘球。需要注意的是，前一个棘球从井下管路露出之后，才可以投处下一个棘球。棘球投完后，投入大光球检查清理效果并继续注水，清除残垢。

操作中遇到卡球时，可反向加水退球。为防止球与污水一起喷出不易发现，可在出口处设一捕捉网，拦截棘球。

3. 采用多条管路并联排水

采用多条管路并联排水，会较大幅度地减少管路阻力，提高管路效率。因此，在保证电动机不过载和水泵不发生汽蚀的情况下，将备用管路投入运行，可达到节电的目的。

4. 采用立管排水

斜井的排水管路多由斜巷敷设，如果采用钻孔垂直铺设，缩短了管路，则会降低管路阻力，提高管路效率，从而节省电能。

（三）降低吸水管路阻力

1. 采用无底阀排水

吸水侧阻力约 70% 来源于底阀，因此，无底阀排水是降低吸水管路阻力的一项重要措施。采用无底阀排水，水泵启动时，利用喷射泵或真空泵，把水泵和吸水管内的空气吸走，使水泵自动充水，然后启动水泵。

2. 正确安装吸水管

安装吸水管时，必须注意以下几点：

（1）安装高度应小于等于水泵允许的吸水高度，以避免发生汽蚀。

（2）尽量减少各种附件，同时在吸水管靠近水泵入口处安装一段长度不小于 3 倍直径的直管，以使水流在水泵入口处的速度均匀。如需安装异径管，则应用长度等或大于大小头直径差的 7 倍且为偏心的直角异径管。

（3）吸水管的任何部位都不能高于水泵的入口，以避免存气。否则，在水泵吸水时，这些存气将随周围水压的降低而膨胀，造成吸水困难或不能吸水。

（四）实行科学管理

1. 简化矿井排水系统

简化矿井排水系统的主要内容是将排水系统尽量合并，并在充分利用水头的基础上，将多段排水改为单段直接排水。

2. 及时清理吸水井

吸水井中常有泥、砂、煤等杂物流入，如不经常清理，易堵塞滤网或叶轮流道，从而增加吸水阻力，降低排水效率。因此，各矿应根据具体情况制定吸水井的清理制度，定期清理。

3. 合理确定开、停泵时间

确定开、停泵时间的原则是尽量减少日负荷曲线的波动，使大容量用电设备躲过高峰而在低谷负载时运行。各矿应根据涌水量的大小和负载变化情况，分别确定出高峰和低谷时开启水泵的台数，以及吸水井中的最高、最低水位，在用电高峰之前将水排到最低水位，用电高峰时，停泵或少开水泵并保持高水位排水。

4. 定期测定水泵性能

定期测定水泵性能，掌握水泵运行工况情况，并对其工况点进行合理调节，使水泵始终安全、稳定、经济运行。

【任务实施】

一、场地、设备及工量具

（1）场地：流体机械实训车间和多媒体教室。

（2）设备：D 型或 MD 型水泵 4~6 台，其他各类型水泵 10~12 台。

（3）工具：手锤、扁錾、铜棒、手拉葫芦起重机、钢丝绳扣、撬棍、扳手、专用拉拔器等。

（4）量具：游标卡尺、钢板尺、塞尺、V 型铁、百分表等。

二、知识学习

（1）议一议主排水设备经济运行的意义。

(2) 写出排水设备经济运行指标公式，说一说其符号的意义。
(3) 归纳排水设备经济运行的措施，并一一说明如何实施经济运行。
(4) 结合生产情况举例说明排水设备经济运行的效果。

三、综合技能训练

(一) 训练任务
(1) 主排水设备运行中的日常检查。
(2) 离心式水泵故障分析与处理。
(二) 训练过程
1. 主排水设备运行中的日常检查
(1) 按巡回检查路线对水泵进行日常检查。
(2) 检查水泵各阀门、管路、压力表、真空表、水位计。
(3) 检查水泵各部螺栓是否紧固。
(4) 检查水泵盘根线密封情况。
(5) 检查水泵平衡盘轴向窜量。
(6) 水泵试运转，检查水泵轴承、电机轴承是否有异响及温度是否正常。
(7) 观察各仪表指示是否正常，并填写好记录。
2. 离心式水泵故障分析与处理
(1) 列出离心式水泵工作时常见的故障现象。
(2) 选择典型故障现象进行分析并予以排除。
(3) 操作离心式水泵，查找故障并进行分析。

四、实施方式

以5~8人为活动工作组，采用组长负责方式，实现小组自主学习，教师巡回指导。

五、建议学时

10学时。

【任务考评】

一、理论学习过程考评

考评内容及评分标准见表3-18。

表3-18 考评内容及评分标准

序号	考核内容	考核项目	配分	评分标准	得分
1	经济运行意义	重要性 必要性	10	错一大项扣5分	
2	经济运行评价指标	1. 评价指标 2. 影响评价指标的因素	20	错一大项扣10分 错一小项扣4分	

表 3-18（续）

序号	考核内容	考核项目	配分	评分标准	得分
3	经济运行措施	1. 提高水泵的运行效率 2. 降低排水管路的阻力 3. 降低吸水管路阻力 4. 实行科学管理	60	未按要求少一项扣 10 分	
4	遵章守纪，文明操作	遵章守纪，文明操作	10	错一项扣 5 分	
合计					

二、实践能力考核

考核的内容及评分标准见表 3-19。

表 3-19　考核内容及评分标准

序号	考核内容	考核项目	配分	评分标准	得分
1	主排水设备运行中的日常检查	检查内容、过程和方法	40	错一项扣 2 分	
2	水泵常见故障分析与排除方法	对设定的故障进行分析与排除	50	错一项扣 3 分	
3	遵守纪律、安全文明操作	遵守纪律、安全文明操作、清理现场	10	错一项扣 5 分	
合计					

【综合训练题 3】

一、填空题

1. 水泵按叶轮数量分为（　　）水泵和（　　）水泵。

2. 我国煤矿主排水泵 D 型、MD 型和 TSW 型是（　　）离心式水泵。

3. 我国煤矿井底水窝和采区局部排水常用 B 型、BA 型和 BZ 型（　　）离心式水泵。

※4. D 型、MD 型泵离心式水泵一般由（　　）部分（　　）部分、（　　）部分和密封部分组成。

5. D 型、MD 型泵转动部分主要由（　　）及装在泵轴上的数个（　　）和（　　）组成。

6. 为防止泵轴锈蚀，泵轴与水接触的部分（即两叶轮之间）装有（　　）。

7. 平衡盘的作用是平衡水泵的（　　）。

8. D 型、MD 型水泵采用（　　）轴承，用 3 号通用（　　）润滑脂润滑。

※9. 离心式水泵轴向推力的平衡方法主要有（　　）法、（　　）法、（　　）法和推力轴承法。

10. 离心式水泵轴向推力产生的主要原因是叶轮前后轮盘上所受压力（　　）。

※11. 水泵各静止结合面采用（　　）密封。转动部分与固定部分之间的间隙是靠（　　）来密封的。

12. D 型水泵固定部分主要包括（　　）、（　　）、（　　）等部件，并用(　　)将它们连接在一起。

13. 出水段的作用是以最小损失，将（　　）中流出的水汇集起来并均匀地引至（　　）。

14. D 型、MD 型泵中间段由（　　）和（　　）所组成。

15. 填料又称盘根，有（　　）填料、(　　）填料和（　　）填料等几种。.

16. D 型、MD 型水泵一般用（　　）作填料。

17. 为防止填料发热和增大摩擦阻力，填料压盖不可拧得太紧，一般以（　　）为宜。

18. 单级离心式水泵分为（　　）式和（　　）式两类。

19. 用人手的触觉可以监测设备的（　　）、(　　）及（　　）的变化情况。

※20. 排水设备运行的经济性，可用（　　）和排水系统（　　）的大小进行评价。

21. 水泵运行中电压超过额定电压的（　　）时，应停止水泵，检查原因，进行处理。

22. 泵运行中轴承温度不允许超限，一般滑动轴承不超过（　　），滚动轴承不超过（　　）。

23. 常用的水泵状态监测方法主要有（　　）、(　　）和（　　）等。

二、判断题

(　　）1. D 型泵是在 MD 型泵的基础上改进设计的一种耐磨多级离心泵。

(　　）2. 水泵代号中 D 表示为分段式多级泵。

(　　）3. 水泵代号中 M 表示为单级双吸式离心泵。

(　　）4. 平衡盘的作用是将电动机输入的机械能传递给水，使水的压力能和动能得到提高。(　　)

(　　）5. 离心式水泵的叶片绝大多数为后弯叶片。

(　　）6. 导水圈叶片数应比叶轮叶片数多一片或少一片，使其互为质数。

(　　）7. 螺壳形的出水段流道，较非螺壳形的出水段流道冲击损失小，效率高。

(　　）8. 过流部件的形状和材质的好坏是影响水泵的性能和寿命的主要因素。

(　　）※9. 装在叶轮入口处的密封环叫小口环。

(　　）※10. 密封环是水泵的易损零件之一。

(　　）※11. 叶轮使水的压力能和动能得到提高。

(　　）12. MD 型泵在每个叶轮前后的环形缝隙处，安装了磨损后便于更换的密封环。

(　　）13. 密封环是水泵的易损零件之一，磨损到一定程度后应及时更换。

(　　）14. 吸水侧填料装置的作用是防止高压水向外泄漏。

(　　）15. 排水侧填料装置的作用是防止空气进入泵内。

(　　）16. D 型水泵吸、排水侧填料装置均应设置水封环。

（　　）17. 大多数单级双吸式离心泵采用双支承结构。

（　　）※18. 平衡孔法平衡轴向力可用于单吸多级水泵上。

（　　）19. 轴向推力的方向是由水泵的排水侧指向吸水侧。

（　　）※20. 平衡盘具有自动平衡轴向力的优点，广泛应用在双吸多级水泵上。

（　　）※21. 平衡盘法与推力轴承法同时使用平衡轴向力效果最佳。

（　　）22. 目前矿井主排水泵多采用 MD 型泵。

（　　）23. 从平衡盘中流出的水量不应超过水泵流量的 1.5%~3%，否则水泵的效率将大大降低，因此可以堵死平衡盘后的回水管。

（　　）※24. 安装吸水管时吸水管的任何部位都不能高于水泵的入口。

（　　）25. 采用高水位排水可以改善吸水管路特性。

（　　）26. 用手触摸机件可以感觉振动的强弱变化和是否产生冲击。

（　　）27. 采用听诊法诊断故障时，当耳机传出的噪声杂乱无规律、间歇出现时，说明故障开始发展。

（　　）※28. 无底阀排水可以大大降低吸水管路阻力，改善离心式水泵启动性能。

（　　）※29. 在保证电动机不过载和水泵不发生汽蚀的情况下，将备用管路投入运行可节省电能。（　　）

（　　）30. 排水系统效率主要受水泵工况效率和电动机效率的影响。

（　　）31. 叶片数目太多，会增加水在叶轮中的摩擦阻力；太少又容易产生涡流。

（　　）32. D 型水泵排水侧填料装置的密封效果比吸水侧要求高，故设置水封环。

三、选择题

1. 叶片的数量一般为 5~12 片，D 型水泵的叶片数为（　　）片。

A. 5　　B. 7　　C. 10

2. 叶片绝大多数为（　　）叶片。

A. 前弯　　B. 径向　　C. 后弯

3. D 型、MD 型水泵第一级叶轮的入口直径（　　）其余各级叶轮的入口直径。

A. 小于　　B. 等于　　C. 大于

4. 当机件温度（　　）左右时，手感稍凉，随着接触时间延长，手感渐温。

A. 20 ℃　　B. 30 ℃　　C. 40 ℃

5. 当机件温度（　　）左右时，手感微温，有舒适感。

A. 20 ℃　　B. 30 ℃　　C. 40 ℃

6. 当机件温度（　　）左右时，手感较热，有微烫感觉。

A. 40 ℃　　B. 50 ℃　　C. 60 ℃

7. 当机件温度（　　）左右时，手感较烫，若用掌心按的时间较长，会有汗感。

A. 40 ℃　　B. 50 ℃　　C. 60 ℃

8. 当机件温度（　　）左右时，手感很烫，但一般可忍受 10 s 长的时间。

A. 50 ℃　　B. 60 ℃　　C. 70 ℃

9. 当机件温度（　　）左右时，手感烫得灼痛，一般只能忍受 3 s 长的时间，并且手的触摸处会很快变红。

A. 50 ℃　　B. 60 ℃　　C. 70 ℃

10. 用手晃动机件可以感觉出（　　）mm的间隙大小。

A. 0.1~0.2　　B. 0.1~0.3　　C. 0.2~0.4

四、简答题

1. D、MD型水泵有哪些组成部分？各有哪些部件组成？

2. MD型水泵的型号意义是什么？

3. 离心式水泵的密封装置有哪些？

※※4. 导水圈和返水圈的作用是什么？

※※5. 吸排侧填料各起什么作用？填料的松紧适度以什么状态为宜？为什么？

※6. 轴向推力的产生原因是什么？其方向如何？

※7. 轴向推力有哪些危害？

8. 用平衡盘平衡轴向推力，在使用中应注意哪些问题？

9. 离心式水泵平衡轴向推力的方法有哪些？D、MD型水泵采用哪种平衡方法？其优点是什么？

10. 说明200D43×5和200DF43×5型号意义。

11. 说明IS100-80-125型泵型号意义。

12. 简述听诊法听诊过程。

※△13. 如何评价水泵运转的经济性？提高水泵运行经济性的主要方法有哪些？

14. 简述水泵振动的原因及处理方法。

15. 简述主排水泵轴承温度过高的原因及处理方法。

16. 简述主排水泵平衡水中断、平衡室发热和电机功率增加的原因及处理方法。

17. 分析说明主排水泵填料箱或泵壳发热的原因及处理方法。

18. 分析说明水泵流量和扬程下降的原因及处理方法。

19. 简述离心式水泵的拆、装步骤。

20. 简述离心式水泵的完好标准的内容。

项目四　矿井通风设备的运行与维护

情境一　矿井通风设备的操作

任务一　认识通风系统和通风设备

【知识目标】

（1）了解通风设备在煤矿生产中的作用。

（2）明确通风方式和通风系统的概念。

（3）清楚通风设备的组成及作用。

【技能目标】

（1）能说清楚通风方式和通风系统的概念。

（2）能描述出通风设备各部分所在的位置及作用。

（3）能看懂通风系统图。

【任务描述】

煤矿井下空气含有多种有害气体及矿尘，有害气体及矿尘危害工作人员的健康。瓦斯在一定浓度范围内遇到明火会发生爆炸，并会引起煤尘爆炸，威胁井下工作人员和矿井安全。另外，随矿井开采深度的增加，井下气温逐渐升高，也不利于井下工作。因此，《煤矿安全规程》对井下空气的含氧量和有害气体浓度有严格规定，并规定矿井必须采用机械通风。

在煤矿生产系统中通风设备的作用：向矿井各用风地点连续输送足够数量的新鲜空气，排出井下污风，保证井下空气的含氧量，稀释并排出各种有害性气体及矿尘，调节井下所需温度和湿度，创造良好的井下工作环境，保证井下工作人员的健康和矿井安全生产，并在发生灾变时能够有效、及时地控制风向及风量，防止灾害扩大。通风设备是矿井重要的四大固定设备之一，被誉为矿井“肺脏”。

矿井通风是矿井安全生产的基本保障，因此，要求通风设备必须安全、可靠地运行。《煤矿安全规程》对矿井通风做出了严格规定：

（1）采掘工作面进风流中，氧气浓度不低于20%。

（2）采掘工作面进风流中二氧化碳浓度不超过0.5%。

（3）当采掘工作面空气温度超过26 ℃，机电设备硐室的空气温度超过30 ℃时，必须缩短超温地点工作人员的工作时间，并给予高温保健待遇；当采掘工作面的空气温度超过30 ℃、机电设备硐室超过34 ℃时，必须停止作业。

这些规定都是通过通风机向井下输送新鲜气流来达到的。如果通风设备不能正常运转，将直接影响井下生产，甚至造成瓦斯爆炸、煤尘爆炸等重大安全事故。因此学习掌握通风机的操作与维护是非常必需的。

【任务分析】

一、矿井通风方式及通风系统

为了掌握矿井通风设备的操作方法，必须先了解矿井通风方式及通风系统。

（一）矿井通风方式

机械通风方式分为抽出式和压入式两种。

抽出式通风是将通风机进风口与出风井相连，把新鲜空气抽入井下，将井下污风抽出至地面，如图 4-1a 所示。采用抽出式通风，井下空气的压力低于井外大气压力，井内空气为负压，通风机发生故障停止运转后，井下空气压力会自行升高，抑制瓦斯的涌出。所以，我国煤矿常采用抽出式通风。

压入式通风是通风机出风口与进风井相连，通风机进风口与大气相通，把新鲜空气压入井下，从出风井排出污风，如图 4-1b 所示。金属矿山常采用压入式通风，煤矿井下局部通风也采用压入式通风。

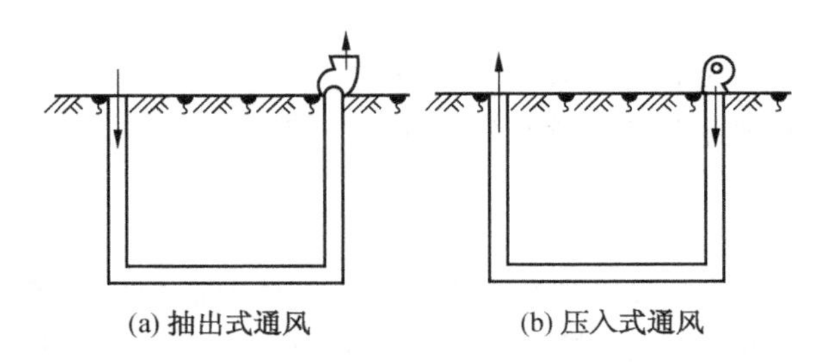
(a) 抽出式通风　(b) 压入式通风

图 4-1　矿井通风方式示意图

（二）矿井通风系统

矿井通风系统是通风设备向矿井各作业地点供给新鲜空气并排出污浊空气的通风网络和通风控制设施的总称。

图 4-2 所示为抽出式矿井通风系统示意图。通风机 4 工作时，新鲜空气由进风井 1 进入井下，经工作面 2 后的污风，再经出风井 3 和通风机 4 排至大气，达到通风的目的。

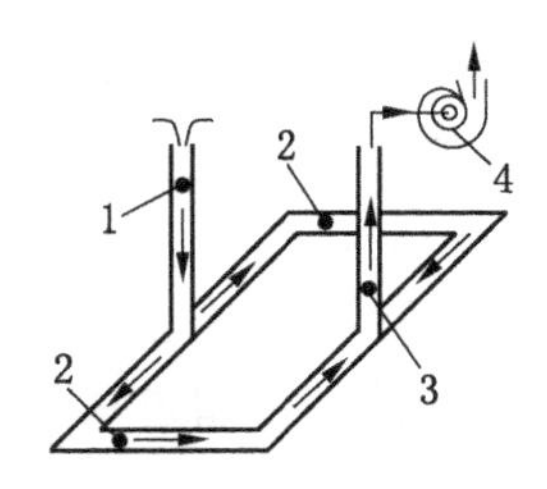

1—入风井；2—工作面；3—排风井；4—通风机

图 4-2　抽出式矿井通风系统示意图

根据进风井和出风井的布置方式，矿井通风系统的类型可以分为中央式（中央并列式和中央分列式）、对角式（两翼对角式和分区对角式）和混合式3类。

（1）中央式。出风井与进风井大致位于矿井井田走向中央。中央式又分为中央并列式和中央边界式。中央并列式如图4-3a所示，无论沿井田走向或倾斜方向，进、出风井均并列于井田中央，且布置在同一工业广场内。中央边界式如图4-3b所示，进风井仍在井田中央，出风井在井田上部边界走向中央。

（2）两翼对角式。进风井位于井田中央，出风井分别位于井田走向的两翼，如图4-3c所示。

（3）混合式。井田内有两种或两种以上通风方式组成的通风系统，如图4-3d所示。

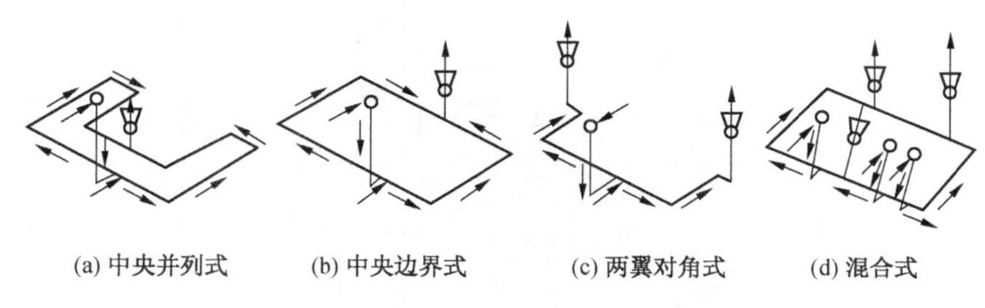

(a) 中央并列式　(b) 中央边界式　(c) 两翼对角式　(d) 混合式

图4-3　矿井通风系统示意图

二、矿井通风设备

为了掌握矿井通风设备的操作方法，必须熟悉矿井通风设备及工作环境。

煤矿用通风机，按其结构和原理分为离心式通风机和轴流式通风机两大类；按其使用范围分为主要通风机、辅助通风机和局部通风机三大类。

（一）主要通风机房设备的布置

矿井主要通风设备有2套：1套工作，1套备用，机房设备布置实景如图4-4所示。

图4-4　矿井主要通风机房设备布置

1. 离心式通风机设备布置

图4-5所示是两台离心式通风机的机房布置图。

图4-6为离心式通风机的构造示意图。

通风机传动路线：电动机14→联轴器9→轴4→工作叶轮1旋转。

风流的运行路线：新鲜风流→进风井→工作面→排风井→通风机→大气中。

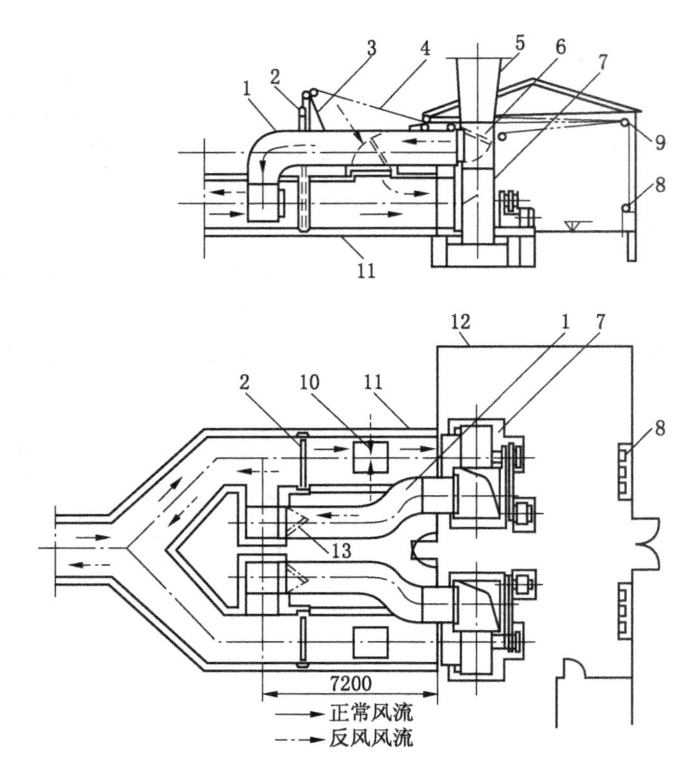

1—反风道；2—垂直闸门；3—闸门架；4—钢丝绳；5—扩散器；6—反风门；7—通风机；8—手摇绞车；9—滑轮组；10—水平风门；11—进风道；12—通风机房；13—检查门

图 4-5　两台离心式通风机的机房布置图

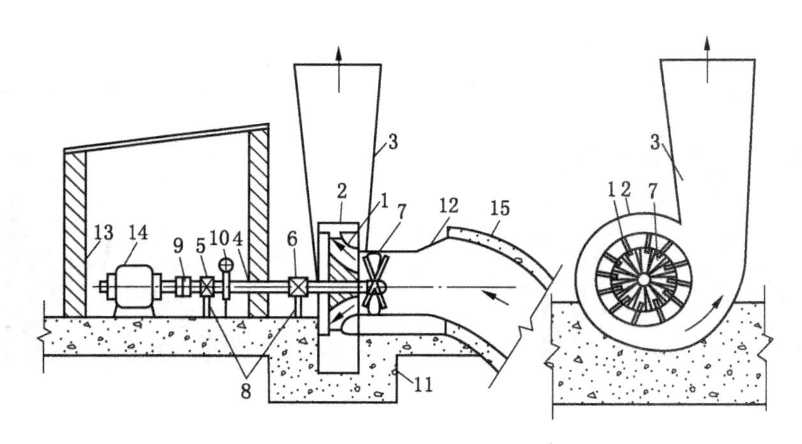

1—工作叶轮；2—螺壳形机壳；3—扩散器；4—轴；5—止推轴承；6—径向轴承；7—前导器；8—机架；9—联轴器；10—制动器；11—机座；12—吸风口；13—机房；14—电动机；15—风硐

图 4-6　离心式通风机的构造示意图

2. 轴流式通风机设备布置

图 4-7 所示为两台轴流式通风机设备布置图。

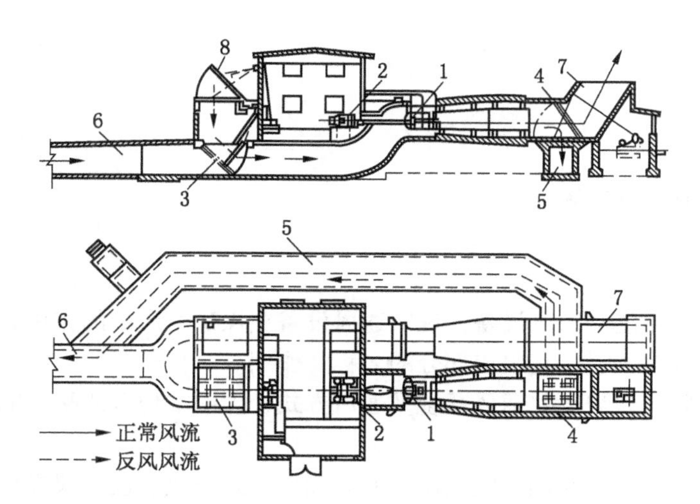

1—通风机；2—电动机；3、4—反风门；5—反风绕道；6—风硐；7—扩散器；8—水平风门

图 4-7　两台轴流式通风机设备布置图

（二）主要通风机的附属装置

矿山使用的主要通风机，除了主机之外还有一些附属装置。主机和附属装置统称为通风机装置。附属装置主要有风硐、扩散器、防爆设施、反风装置和消声器等。

1. 风硐

风硐是连接通风机和风井的一段巷道。因其通过风量较大，硐内外压差较大，故应尽量降低其风阻，并减少漏风。风硐应安装测定风流压力的测压管；施工时应使其壁面光滑；各类风门要严密，以减小漏风量。风硐如图 4-8 中 2 所示。

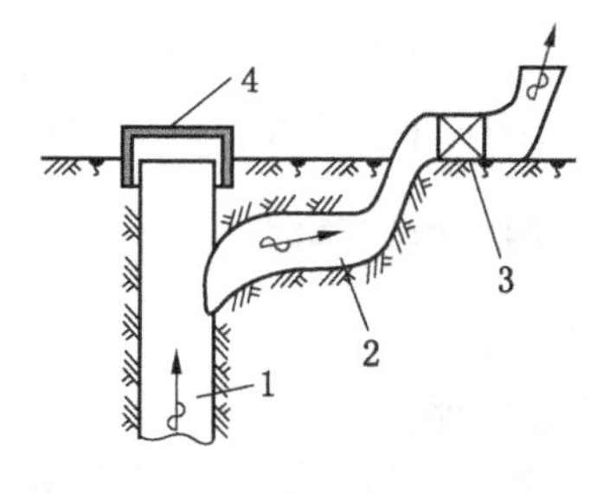

1—出风井；2—风硐；
3—通风机；4—防爆门

图 4-8　风硐、防爆门示意图

2. 扩散器（扩散塔）

扩散器（扩散塔）是指在通风机的出口处连接的具有一定长度、断面逐渐扩大的构筑物，其作用是降低出口气流的动压，以提高通风机的静压，如图 4-5 中的 5、图 4-6 中的 3、图 4-7 中的 7 所示。

3. 防爆设施

在装有主要通风机的出风井口，必须安装防爆设施，在斜井口设防爆门，在立井口设防爆井盖。其作用是当井下发生瓦斯或煤尘爆炸时，受高压气浪的冲击作用，防爆设施自动打开，以保护主要通风机免受毁坏。在正常情况下，防爆设施是气密的，以防止风流短路。防爆门如图 4-8 中的 4 所示。

4. 反风装置

矿井通风有时需要改变风流方向（反风）。例如，当采用抽出式通风时，若在进风口附近、井筒或井底车场等处发生火灾或瓦斯、煤尘爆炸时，必须立即改为压入式通风，以防灾害蔓延。用于反风的各种装置称为反风装置，如图 4-5 和图 4-6 中的反风门、反风道等。

【任务实施】

一、地点

实训车间（或生产现场）。

二、内容

（1）观察通风系统和通风设备，说明通风设备在煤矿生产中的作用。

（2）看通风设备，说明其组成部分的名称及作用。

（3）观看视频，认识矿井通风系统及通风方式，说明本地区所采用的通风方式和通风系统。

（4）结合生活实际，举例说明抽出式通风和压入式通风。议一议煤矿生产中采用抽出式通风方式的优点。

（5）看图4-2写出风流运行路线。

（6）议一议主要通风机的附属装置有哪些？各有什么作用？安装时有什么要求？

（7）《煤矿安全规程》对矿井通有哪些规定要求？请议一议为什么做这样规定？

三、实施方式

采用集中讲解和分组活动相结合的方式实施教学。5~8人为活动小组，采用组长负责，小组自主学习、自主考评。教师巡回检查指导。

四、建议学时

4学时。

【任务考评】

考评内容及评分标准见表4-1。

表4-1 考评内容及评分标准

序号	考核内容	考核项目	配分	评分标准	得分
1	通风设备作用及其要求	1. 通风设备的作用 2.《煤矿安全规程》对矿井通风的要求	20	错一大项扣5分	
2	认识通风系统	1. 通风方式 2. 通风系统	20	错一大项扣10分 错一小项扣4分	
3	认识通风设备	1. 组成部分 2. 主要部分的作用及要求	50	按要求少一项扣5分	
4	遵章守纪，文明操作	遵章守纪，文明操作	10	错一项扣5分	
合计					

任务二　通风机工作原理的分析

【知识目标】

（1）熟知通风机的类型和工作原理。

（2）明确通风机主要性能参数及意义。

【技能目标】

（1）看实物能描述出通风机的组成和工作原理。

（2）会计算通风机主要性能参数。

【任务描述】

矿井常用的通风设备是离心式通风机和轴流式通风机。它们都属于叶片式通风机，都是利用高速旋转的叶轮来进行能量的传递和转换。熟悉通风机结构和工作原理，是正确使用和维护通风设备，保证其安全经济运行的基础。

【任务分析】

一、通风机的工作原理

（一）离心式通风机的组成及工作原理

图 4-9 为离心式通风机的结构示意图。它主要由叶轮 1、螺线形机壳 4、进风口 3 及锥形扩散器 6 组成。叶轮 1 与轴 2 固定在一起，形成通风机的转子，并支承在轴承上。

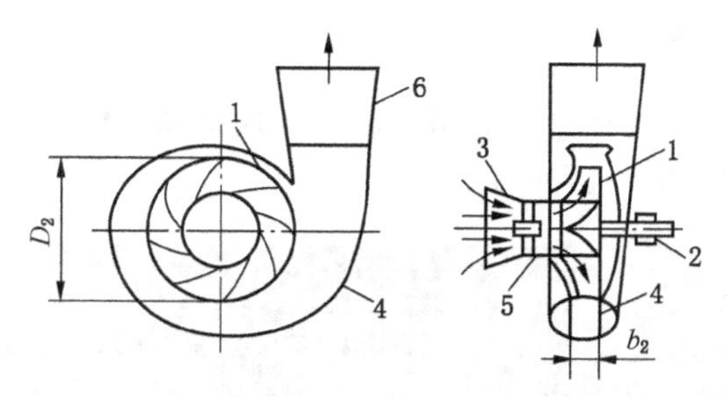

1—叶轮；2—轴；3—进风口；4—机壳；5—前导器；6—锥形扩散器

图 4-9　离心式通风机结构示意图

离心式通风机气体沿轴向进入叶轮，并沿经向流出叶轮。当叶轮 1 逆时针方向旋转时，叶轮 1 中的空气在叶片的作用下，随同叶轮一起旋转。由于叶片对空气的动力作用，使叶轮中的空气获得能量，并由叶轮中心流向外缘，最后经螺线形机壳 4 和锥形扩散器 6 排至大气中。同时，叶轮中心处形成负压，外部空气在大气压的作用下，不断地经进风口 3 进入叶轮。由于气流在这种通风机中是受到离心力的作用产生的连续风流，故称为离心式通风机。有的离心式通风机在叶轮前面安装有前导器 5，使入口的气流发生预旋，以达到调整风量和风压的目的。

离心式通风机有单吸离心式通风机和双吸离心式通风机两种类型。单吸离心式通风机的进风口布置在主轴的一侧，如 4-72-11 型、G4-73-11 型等。双吸离心式通风机的进风口布置在主轴的两侧，如 K4-73-01 型。

（二）轴流式通风机的组成及工作原理

图 4-10 所示为轴流式通风机结构示意图，主要由圆筒形外壳 4、集风器 5、流线体 6、整流器 7、扩散器 8 及叶轮等组成。集风器 5 和流线体 6 构成通风机的进风口，可使气流平滑地进入，以减少流动阻力。叶轮由轮毂 1 和叶片 2 组成，叶轮与轴 3 固定在一起成为通风机的转子，并支撑在轴承上。

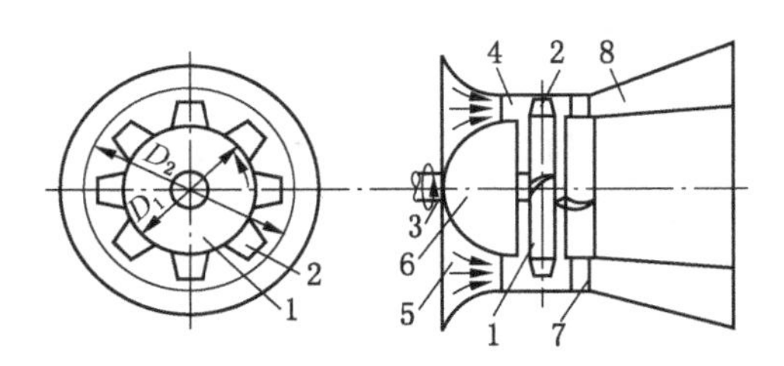

1—轮毂；2—叶片；3—轴；4—外壳；5—集风器；6—流线体；7—整流器；8—扩散器

图 4-10　轴流式通风机结构示意图

轴流式通风机气体沿轴向进入叶轮，仍沿轴向流出叶轮。轴流式通风机的叶片为机翼形扭曲叶片，并以一定的角度安装在轮毂上。当电动机带动轴和叶轮旋转时，叶片正面（排出侧）的空气在叶片的推动下能量升高，通过整流器整流，并经扩散器被排至大气；同时，叶轮背面（入口侧）形成真空（负压），外部空气在大气压力的作用下经进风口进入叶轮，形成连续风流。

二、通风机的性能参数

通风机的主要性能参数有风量、风压、功率、效率和风机转速等。风机铭牌所标参数为风机额定工况参数，如图 4-11 所示。

图 4-11　BD-Ⅱ-8№24 风机铭牌

（一）风量

单位时间内通风机输送的气体体积量，称为风量，用 Q 表示，单位为 m^3/s、m^3/min、m^3/h。

（二）风压

单位体积的空气流经通风机后所获得的总能量，称为风压，以 H 表示，单位为 Pa。

（三）功率

1. 轴功率

电动机传递给通风机轴的功率，即通风机的输入功率，用 P 表示，单位为 kW。

2. 有效功率

单位时间内空气自通风机所获得的实际能量，即通风机的输出功率，用 P_x 表示。

$$P_x = \frac{QH}{1000} \tag{4-1}$$

式中 P_x——通风机的有效功率，kW；

Q——通风机的风量，m^3/s；

H——通风机的风压，Pa。

（四）效率

由于通风机在运转中要产生流动损失、泄漏损失和机械损失，因此通风机的轴功率不可能全部变为有效功率。有效功率与轴功率之比，叫作通风机的效率，用 η 表示。

$$\eta = \frac{P_x}{P} = \frac{QH}{1000P} \tag{4-2}$$

（五）转速

通风机轴每分钟的转数，用符号 n 表示，单位为 r/min。

【任务实施】

一、地点

实训车间或多媒体教室。

二、内容

（1）看实物说一说离心式通风机的组成和工作原理。

（2）看实物说一说轴流式通风机的组成和工作原理。

（3）看风机铭牌说明风机主参数的意义。

三、实施方式

以 5~8 人为活动工作组，采用组长负责方式，小组自主学习、自主考评，教师巡回检查指导。

四、建议学时

2 学时。

【任务考评】

考评内容及评分标准见表 4-2。

表4-2 考评内容及评分标准

序号	考核内容	考核项目	配分	评分标准	得分
1	离心式通风机	1. 组成 2. 工作原理	35	错一大项扣5分	
2	轴流式通风机	1. 组成 2. 工作原理	35	错一大项扣10分 错一小项扣4分	
3	通风机主要性能参数	1. 主要参数名称 2. 主要参数意义	20	未按要求少一项扣5分	
4	遵章守纪，文明操作	遵章守纪，文明操作	10	错一项扣5分	
合计					

任务三　通风设备的操作

【知识目标】

（1）掌握通风设备操作运行内容和方法。

（2）熟知《煤矿安全规程》对通风设备的相关规定。

（3）了解通风机特殊情况下的安全操作内容和方法。

【技能目标】

（1）能完成主要通风机启动前的检查。

（2）会通风设备的启动、运转和停止操作。

（3）能实施通风设备的安全操作。

【任务描述】

通风设备的操作主要包括通风机启动前的检查、通风机启动、通风机的运行和通风机的停止等操作，因此熟悉通风机启动方式、启动前的检查、启动、运行和停止操作的内容、方法及步骤，是正确操作的基础。同时在操作中，应严格遵守《煤矿安全规程》的相关规定，保证安全文明操作。

【任务分析】

一、通风机的启动

（一）启动方式

由于离心式通风机和轴流式通风机的工作原理不同，因而其启动方式也有所不同。

对于个体特性曲线上没有不稳定段的离心式通风机，因其流量为零时功率最小，故应在闸门完全关闭的情况下进行启动。

对于个体特性曲线上有不稳定段的轴流式通风机，若不稳定引起的风压波动量不大，可选择功率最低点为启动工况，此时闸门应半开，流量约为正常流量的30%~40%；若不稳定引起的风压波动量较大，也允许在全开闸门的情况下启动，此时的启动工况应落在稳定区域内。

（二）启动前的检查

通风机在启动前要认真检查，检查内容如下：

（1）检查润滑油的名称、牌号和注油量是否符合技术文件规定；检查油质是否清洁，油圈是否完整灵活。

（2）检查通风机机壳内、联轴器或皮带轮附近是否有妨碍转动的杂物。

（3）检查通风机、轴承座、电动机的基础地脚螺栓有无松动；检查机械各部位螺钉及键有无松动。

（4）将通风机转子盘动 1~2 次，检查转子是否有卡阻或摩擦现象。

（5）检查电源及启动设备是否正常。

（三）启动

通风机启动的一般步骤如下：

（1）关闭通风机入口风门（离心式通风机）或打开通风机入口风门（轴流式通风机）。

（2）启动润滑系统油泵。

（3）启动冷却水泵或打开冷却水阀门。

（4）启动通风机。

启动通风机时要注意观察电压表、电流表、功率表和测压计等仪表，若发现异常应立即停机，以免造成重大事故。

二、通风机的试运转

通风机在安装和检修后要进行试运转。

离心式通风机试运转时，当启动运转 8~10 min 后，即使没有发现什么问题，也应停止运转，然后进行第二次启动。此时要将闸门逐渐打开，使通风机带负荷运转 30 min，然后将闸门完全打开，使其在额定负荷下运转，运转 45 min 后停机检查。然后再运转 8 h 左右，再停机检查。确认没有问题后，即可正式投入运转。

轴流式通风机试运转时，应首先把叶片角度调整到零度，进行试运转 2 h。如果一切正常，再将叶片调整到所需角度上，继续运转 2 h。如果一切良好，即可正式投入运转。

运转过程中，应注意机器的响声和振动，检查轴承的温度，观察和记录各种仪表的读数。如果发现有敲击声、工作轮与机壳内壁相摩擦、振动以及其他不正常现象时，应立即停止运转，找出故障原因，并进行修理和调整。

三、通风机的停机

通风机的停机步骤如下：

（1）停止通风机。

（2）停止润滑系统油泵。

（3）停止冷却水泵或关闭冷却水阀门。

（4）切断电源。

四、对通风设备的要求

（一）《煤矿安全规程》对主要通风机的要求

第一百五十八条规定，矿井必须采用机械通风。主要通风机的安装和使用应当符合下列要求：

（1）主要通风机必须安装在地面；装有通风机的井口必须封闭严密，其外部漏风率在无提升设备时不得超过5%，有提升设备时不得超过15%。

（2）必须保证主要通风机连续运转。

（3）必须安装2套同等能力的主要通风机装置，其中1套作备用，备用通风机必须能在10 min内开动。

（4）严禁采用局部通风机或者风机群作为主要通风机使用。

（5）装有主要通风机的出风井口应当安装防爆门，防爆门每6个月检查维修1次。

（6）至少每月检查1次主要通风机。改变主要通风机转数、叶片角度或者对旋式主要通风机运转级数时，必须经矿总工程师批准。

（7）新安装的主要通风机投入使用前，必须进行试运转和通风机性能测定，以后每5年至少进行1次性能测定。

（8）主要通风机技术改造及更换叶片后必须进行性能测试。

（9）井下严禁安设辅助通风机。

第一百五十九条规定，生产矿井主要通风机必须装有反风设施，并能在10 min内改变巷道中的风流方向；当风流方向改变后，主要通风机的供给风量不应小于正常供风量的40%。

每季度应当至少检查1次反风设施，每年应当进行1次反风演习；矿井通风系统有较大变化时，应当进行1次反风演习。

第一百六十条规定，严禁主要通风机房兼作他用。主要通风机房内必须安装水柱计（压力表）、电流表、电压表、轴承温度计等仪表，还必须有直通矿调度室的电话，并有反风操作系统图、司机岗位责任制和操作规程。主要通风机的运转应当由专职司机负责，司机应当每小时将通风机运转情况记入运转记录簿内；发现异常，立即报告。实现主要通风机集中监控、图像监视的主要通风机房可不设专职司机，但必须实行巡检制度。

（二）对通风机的其他要求

为保证矿井安全生产，通风机必须安全、可靠、经济运行。在选择通风机时，就应根据矿井的实际情况选择性能可靠、工作稳定的通风设备，以保证能向矿井输送足够的风量和风压。通风设备是矿井设备中耗电较大的设备，不仅要选择高效通风机，而且要保证运转效率不应低于最高效率的0.85~0.9倍。

为保证通风机安全、可靠地运行，除严格执行《煤矿安全规程》对通风设备的要求外，还应建立健全设备维护保养制度，建立健全日常维护与定期检修制度，明确其内容，严格按制度执行，并做好维护与检修记录。

随着通风机在线监测、监控技术逐渐成熟，煤矿企业一般应安装通风机在线监测、监控系统，随时监测、监控通风机运行状况，保证通风安全。

【任务实施】

一、场地与设备

实训车间，正常运行通风设备2套，各类型风机8台以上。

二、内容

1. 知识学习

（1）简述离心式通风机和轴流式通风机各采用的启动方式。

（2）说一说通风机启动前应进行检查的内容。

（3）说一说通风机启动和停机操作的步骤。

（4）阅读并熟记《煤矿安全规程》对主要通风机的要求。

2. 分组训练

（1）看设备说明通风设备各部分名称及作用。

（2）完成相关综合训题。

（3）通风设备的运行操作。

三、实施方式

以5~8人为活动工作组，采用组长负责方式，小组自主学习、自主考评，教师巡回检查指导。

四、建议学时

6学时。

【任务考评】

考评内容及评分标准见表4-3。

表4-3 考评内容及评分标准

序号	考核内容	考核项目	配分	评分标准	得分
1	通风机的启动	1. 启动方式 2. 启动前的检查 3. 启动的一般步骤及操作	30	错一大项扣5分	
2	通风机的试运转	1. 试运转的过程 2. 调整的要求	20	错一大项扣10分 错一小项扣4分	
3	通风机的停机	1. 步骤 2. 操作	20	未按要求少一项扣5分	

表 4-3（续）

序号	考核内容	考核项目	配分	评分标准	得分
4	《煤矿安全规程》	1. 对主要通风机的要求 2. 对通风机的其他要求	20	根据生产情况确定 5 个考点，每个考点 4 分	
5	遵章守纪，文明操作	遵章守纪，文明操作、清理现场	10	错一项扣 5 分	
合计					

【综合训练题 1】

一、填空题

※1.《煤矿安全规程》规定矿井必须采用（　　）通风。

2. 使矿井上下空气交流的方法有两种，即（　　）和（　　）。

※3. 矿井通风方式分为（　　）式通风和（　　）式通风。煤矿生产主要采用（　　）式通风。

※4. 通风机的工作参数有（　　）、（　　）、（　　）、效率和转速。

5. 矿井通风系统是通风设备向矿井各作业地点供给新鲜空气并排出污浊空气的通风（　　）和通风控制（　　）的总称。

6. 矿井通风系统的类型可以分为（　　）、（　　）和（　　）3 类。

7. 矿井通风系统中，主机和附属装置统称为（　　）。

※8. 通风机扩散器作用是降低出口气流的（　　），以提高通风机的（　　）。

※9.《煤矿安全规程》规定，在装有主要通风机的出风井口，必须安装（　　），在斜井口设（　　），在立井口设（　　）。

10. 矿井常用的通风设备是（　　）通风机和（　　）通风机。它们都属于（　　）式通风机。

※11. 离心式通风机气体沿（　　）进入叶轮，并沿（　　）流出叶轮。

※12. 轴流式通风机气体沿（　　）进入叶轮，仍沿（　　）流出叶轮。

13. 离心式通风机主要由（　　）、（　　）机壳、（　　）及锥形扩散器组成。

※14. 轴流式通风机主要由（　　）外壳、（　　）、（　　）、整流器、扩散器以及叶轮等组成。

15. 单位体积的空气流经通风机后所获得的总能量，称为（　　）。

16. 主要通风机房内必须安装（　　）、（　　）、（　　）、（　　）等仪表。

17. 主要通风机房必须有直通（　　）的电话，并有（　　）图、司机岗位责任制和操作规程。

18. 煤矿用通风机，按其结构和原理分为（　　）通风机和（　　）通风机两大类。

19. 煤矿用通风机，按其使用范围分为（　　）通风机、（　　）通风机和（　　）通风机三大类。

二、判断题

(　　) 1. 矿井对角式通风分为两翼对角式和分区对角式。

(　　) 2. 矿井中央式通风出风井与进风井大致位于矿井井田走向中央。

(　　) 3. 矿井主通风设备是3套，1套工作，1套备用，1套检修。

(　　) 4. 风硐是连接通风机和风井的一段巷道。

(　　) 5. 轴流式通风机的叶片为机翼形扭曲叶片，并以一定的角度安装在轮毂上。

(　　) 6. 风机铭牌所标参数为风机风量、风压最大时的工况参数。

(　　) 7. 离心式通风机闸门应半开或全开的情况下启动。

(　　) 8. 轴流式通风机应在闸门完全关闭的情况下进行启动。

(　　) 9. 通风机启动前将通风机转子盘动3~5次，检查转子是否有卡阻或摩擦现象。

(　　) 10. 小型矿井可以采用局部通风机或者风机群作为主要通风机使用。

三、选择题

1.《煤矿安全规程》规定，采掘工作面进风流中，氧气浓度不低于(　　)。

A. 16%　　B. 20%　　C. 25%

2.《煤矿安全规程》规定，采掘工作面进风流中二氧化碳浓度不得超过(　　)。

A. 0.5%　　B. 1.0%　　C. 1.5%

3.《煤矿安全规程》规定，采掘工作面空气温度不得超过(　　)，机电设备硐室的空气温度不能超过(　　)。

A. 20 ℃　　B. 26 ℃　　C. 30 ℃　　D. 35 ℃

4. 离心式通风机试运转时，当启动运转(　　) min后，即使没有发现什么问题，也应停止运转，然后进行第二次启动。

A. 5~8　　B. 8~10　　C. 10~12

5. 轴流式通风机试运转时，应首先把叶片角度调整到(　　)度，进行试运转(　　) h。如果一切正常，再将叶片调整到所需角度上，继续运转2 h。下面满足要求的是(　　)。

A. 0，1　　B. 0，2　　C. 10，3

6.《煤矿安全规程》对主要通风机的要求是必须安装(　　)套同等能力的主要通风机装置，其中1套作备用，备用通风机必须能在(　　) min内开动。下面满足要求的是(　　)。

A. 2，8　　B. 3，10　　C. 2，10

7. 生产矿井主要通风机必须装有反风设施，并能在(　　) min内改变巷道中的风流方向；当风流方向改变后，主要通风机的供给风量不应小于正常供风量的(　　)%。下面满足要求的是(　　)。

A. 5，40　　B. 10，60　　C. 10，40

8. (　　)应当至少检查1次反风设施，(　　)应当进行1次反风演习。下面满足要求的是(　　)。

A. 每月，每年　　B. 每季度，半年　　C. 每季度，每年

四、简答题

1. 通风机在启动前要认真地检查哪些内容?
2. 通风机启动的一般步骤是什么?
3. 通风机的停机步骤有哪些?

情境二　矿井通风设备的运行与调节

矿井通风设备在煤矿生产中起着非常重要的作用，必须全天候地正常运转，并且能随矿井巷道的延伸、井下所需风量的变化及时调节。学习并掌握通风机的性能曲线、通风网络的特性曲线，以及两者之间的关系，对通风机的正常运行和调节有非常重要的作用。

任务一　通风机的运行

【知识目标】

(1) 会识读通风机的个体性能曲线。

(2) 会识读通风机的类型曲线。

(3) 熟悉通风网络曲线。

(4) 掌握通风机工况点的确定方法。

(5) 清楚通风机正常工作的条件。

【技能目标】

(1) 能正确确定风机的工况点。

(2) 能保证通风机的正常运行。

【任务描述】

通风机是和通风网络联合工作的，通风机的运行状况决定了通风机的性能和通风网络的性能。通风机的性能通常以性能曲线的形式给出。通风机性能曲线能够直观和全面反映通风机的性能，是选择通风机和使用通风机的主要依据。因此熟悉通风机的性能曲线和通风网络的性能曲线是确定通风机的运行工况的关键。

【任务分析】

一、通风机的性能曲线

通风机性能曲线有风压特性曲线(H–Q 曲线)、功率特性曲线(P–Q 曲线)和效率特性曲线(η–Q 曲线)3 条。

轴流式通风机一般采用个体性能曲线，用静压特性曲线表示；离心式通风机一般采用类型特性曲线，用全压特性曲线表示。风机特性曲线，由风机制造厂家通过实验测定，向用户提供。

个体特性曲线：表示某台通风机在直径、转数、叶片角度一定时，其风压、功率和效率分别与风量关系的曲线。如 2K60 №28 型通风机($Z_1=14$、$Z_2=14$)性能曲线($n=985$ r/min)，BDK54-8-№23 型对旋式轴流风机的个体特性曲线($n=740$ r/min)等。

类型特性曲线：表征同类型风机不同直径、不同转速的各个风机的共同特性。如 K4-73-01 型通风机的类型曲线表征所有个体风机的共同特性。

（一）轴流式通风机的个体性能曲线

轴流式通风机的类型较多，现仅介绍目前应用比较多的几个类型轴流式通风机的特性曲线。

1. 2K 系列轴流式通风机的性能曲线

1）2K60 型轴流式通风机的性能曲线

2K60 型轴流式通风机可在不同叶片安装数目和不同叶片安装角度下运行。

图 4-12 所示为 2K60 型通风机在一级叶轮和二级叶轮叶片安装数目均为 14 片，叶片安装角度分别为 15°、20°、25°、30°、35°、40°、45°时的性能曲线。该性能曲线包括 3 个机号（№18 转速为 985 r/min、№24 转速为 750 r/min，№28 转速为 600 r/min）的静压曲线、轴功率曲线、静压效率曲线及类型曲线。

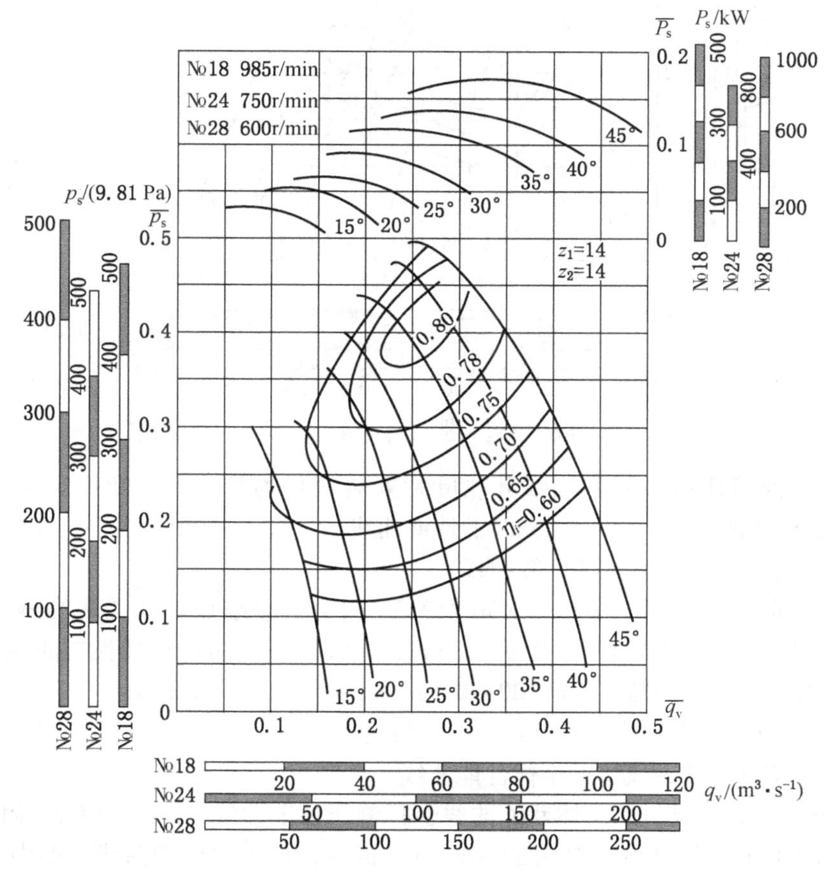

p_s—静压；$\overline{p_s}$—静压系数；q_v—风量；$\overline{q_v}$—风量系数；P—静压轴功率；$\overline{P_s}$—静压轴功率系数

图 4-12　2K60 型通风机（$Z_1=14$、$Z_2=14$）性能曲线

图 4-13 所示为 2K60 型通风机在一级叶轮叶片安装数目为 14 片和二级叶轮叶片安装

数目为7片，叶片安装角度分别为15°、20°、25°、30°、35°、40°、45°时的性能曲线。

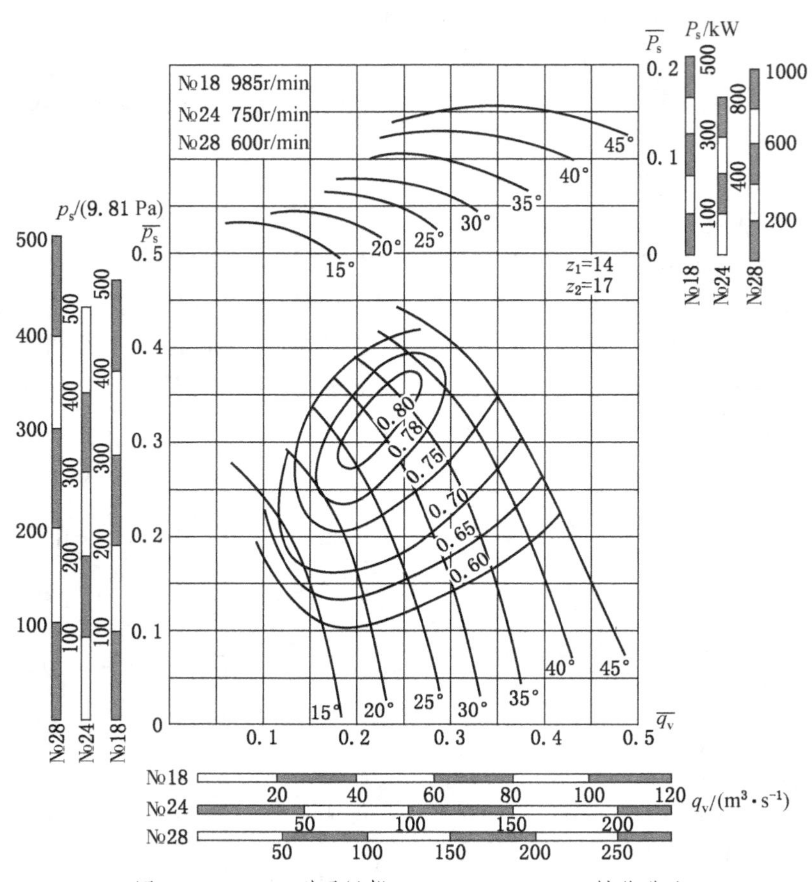

图4-13　2K60型通风机（$Z_1=14$、$Z_2=7$）性能曲线

2K60型通风机还有一级和二级叶轮叶片安装数目均为7片，叶片安装角度分别为15°、20°、25°、30°、35°、40°、45°时的性能曲线。

2）2K56型轴流式通风机的性能曲线

2K56型产品是由№18、№24、№30及№36四个机号组成。装置最高静压效率可达85.3%，高效区宽广。图4-14所示为2K56 №30在$n=750$ r/min时的性能曲线。静压装置效率大于80%的区域相当宽广，$Q=20\sim320$ m³/s，$p=800\sim5600$ Pa。

2. FBCZ、FBCDZ型轴流式通风机的个体性能曲线

1）FBCZ型轴流式通风机的个体性能曲线

FBCZ型轴流式通风机的个体性能曲线包括静压性能曲线、静压功率性能曲线和静等效率曲线。图4-15所示为FBCZ №20/160(A)通风机的个体件能曲线，图中给出了该型号风机叶片在20°、23°、26°、29°、32°五个安装角度下的性能曲线。

2）FBCDZ型轴流式通风机的个体性能曲线

FBCDZ型轴流式通风机的个体性能曲线包括静压性能曲线、静压功率性能曲线和静压等效率曲线。图4-16所示为FBCDZ №25/2×315(B)通风机的个体性能曲线，图中给出

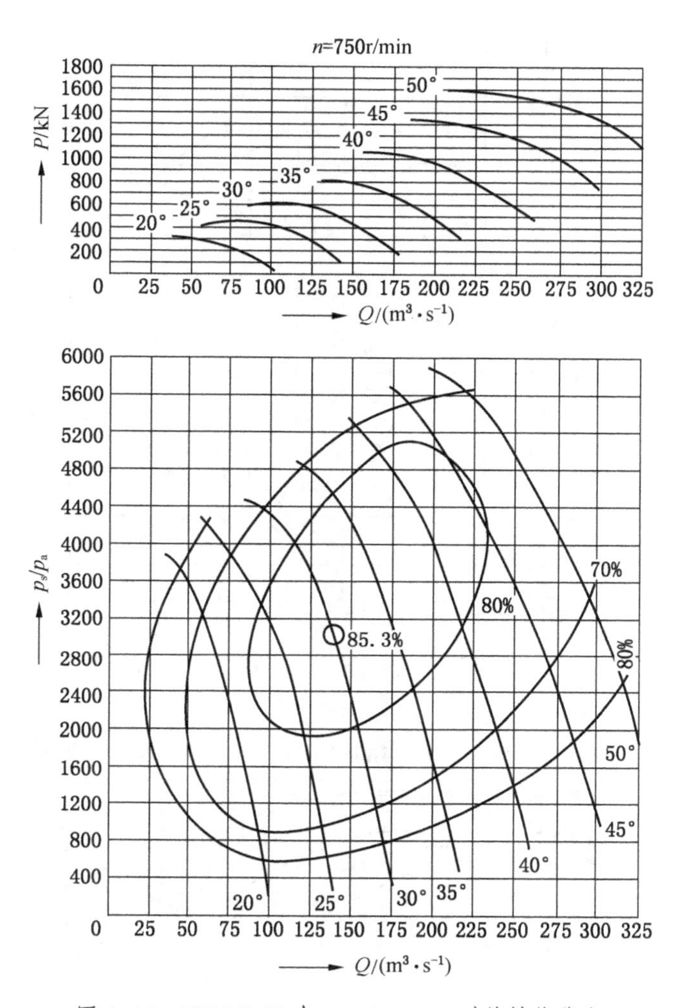

图 4-14　2K56 №30 在 n=750 r/min 时的性能曲线

了该型号风机叶片在 40°/32°、43°/45°、46°/38°、49°/41°、52°/44°、55°/47°六个安装角度下的性能曲线。

3. GAF 型轴流式通风机性能曲线

GAF 型轴流式通风机与其他轴流风机不同，它是先由用户提出矿井通风的主要性能参数，然后进行优化设计，使风机运行工况一直处于高效区内。因此它的叶轮外径、轮毂直径并不完全是整数，也无固定的轮毂比和定型机号。图 4-17 所示为 GAF 型风机典型性能曲线，图中风量和全压是以额定参数的百分数给出的。从图中可以看出，这种通风机的全压效率是比较高的。GAF 型轴流通风机的性能范围是：全压 300～8000 Pa，流量 30～1800 m^3/s，全压效率 0.6～0.9。该风机能实现反转反风，反风量超过正常风量的 60%。厂家不提供风机全部通风机性能曲线，使用单位须将风量和风压的变化范围提交厂家，由厂家选型后提供风机性能曲线。

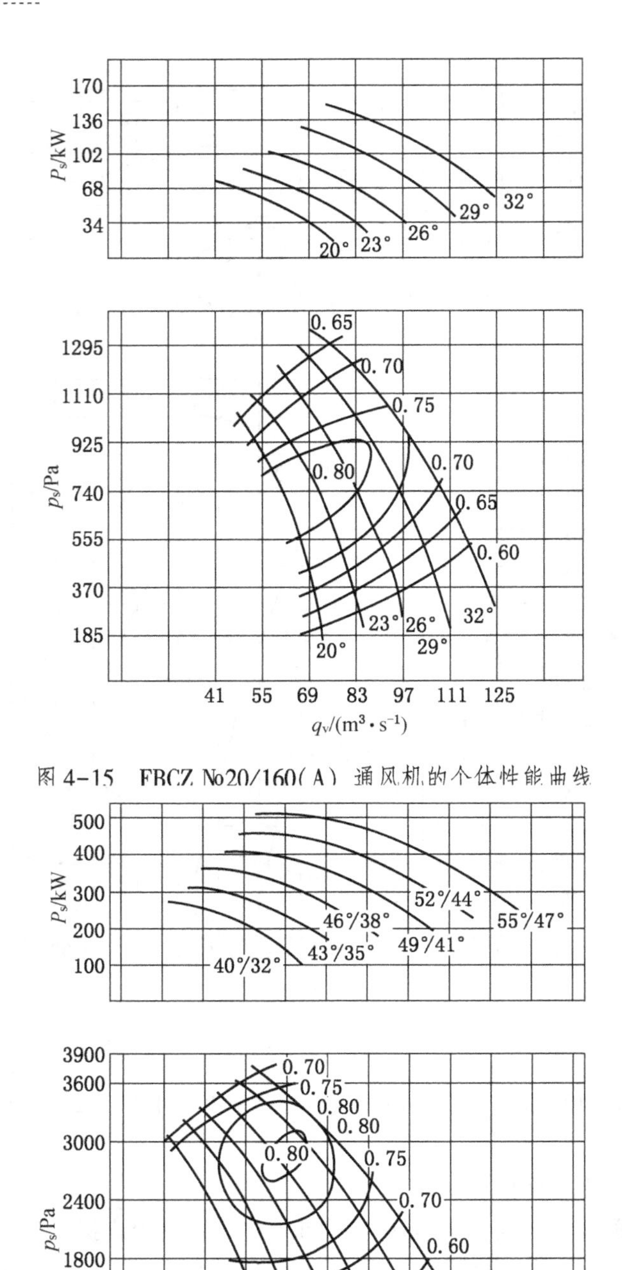

图 4-15 FBCZ №20/160(A) 通风机的个体性能曲线

图 4-16 FBCDZ №25/2×315(B) 通风机的个体性能曲线

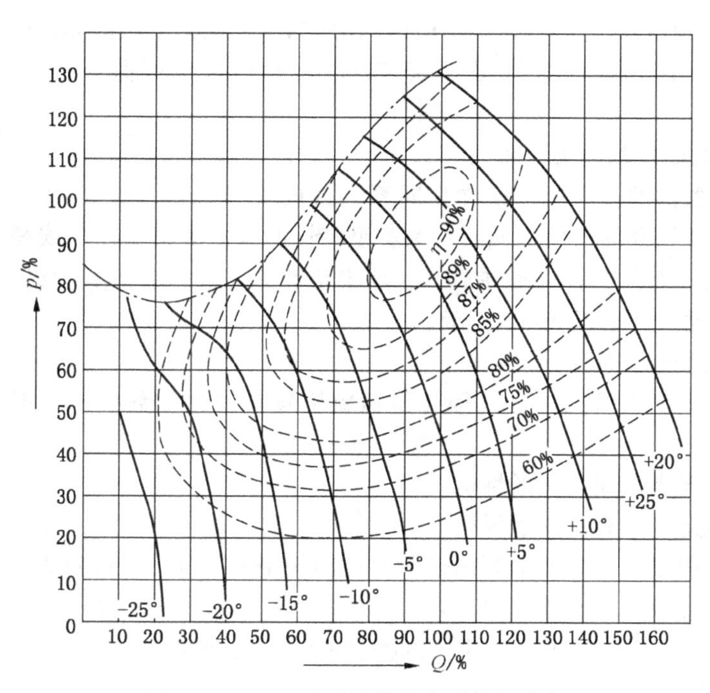

图 4-17　GAF 型通风机的典型性能曲线

4. BDK 对旋式轴流风机

图 4-18 是 BDK54-8-№23 型对旋式轴流风机（$n=740$ r/min）的个体特性曲线图。

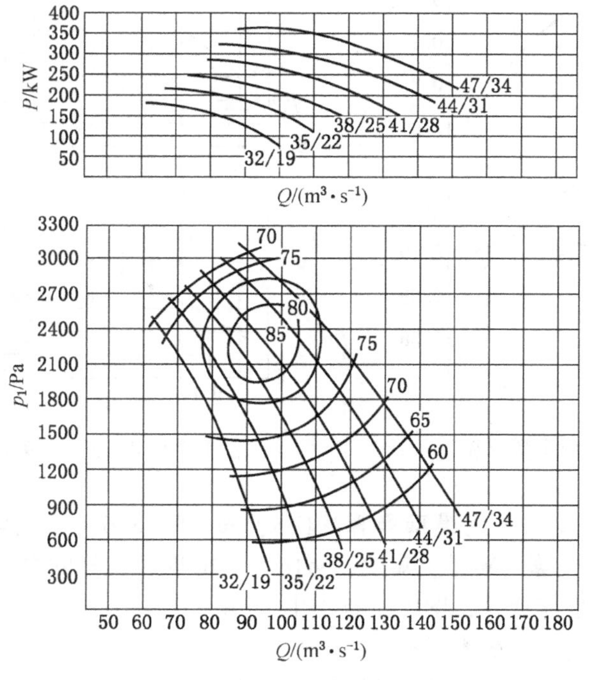

图 4-18　BDK54-8-№23 型对旋式轴流风机的个体特性曲线（$n=740$ r/min）

该系列风机包括 BDK40、BDK42、BDK50、BDK54、BDK60、BDK65，机号有№12～№42共100余种规格。静压效率最高可达85.2%，一般运行也可保持在75%以上，节能效果好。

（二）离心式通风机的类型曲线

凡满足相似条件的通风机，便称为同系列或同类型风机。同类型风机必有其共同特性。反映同类型风机共同特性的曲线称为类型特性曲线。类型特性曲线是以无量纲的流量系数 $\overline{Q}(\overline{q_v})$ 为横坐标，风压系数 $\overline{H}(\overline{p_t})$、功率系数 $\overline{P}(\overline{P_t})$、效率 η 为纵坐标绘制出来的，故又称为无因次曲线，如图4-19所示。

类型特性曲线的作用有：

（1）推算该类型通风机任意机号（包括新机号）的性能数据，而不需要再进行实验验证。

（2）比较不同类型通风机的性能。

（3）方便地选取最有利的通风机。

（4）利用该曲线可以方便地算出通风机性能规格表以外的性能数据。

1. 4-72-11型通风机的类型曲线

图4-20所示为4-72-11型通风机的类型曲线。类型曲线包括全压类型曲线、轴功率类型曲线和效率曲线。

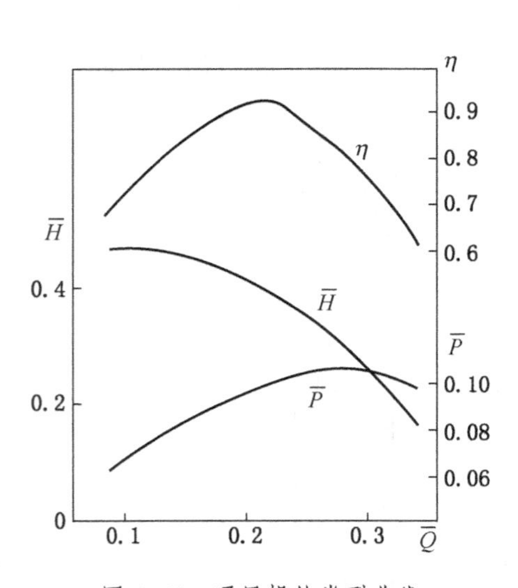

图4-19 通风机的类型曲线

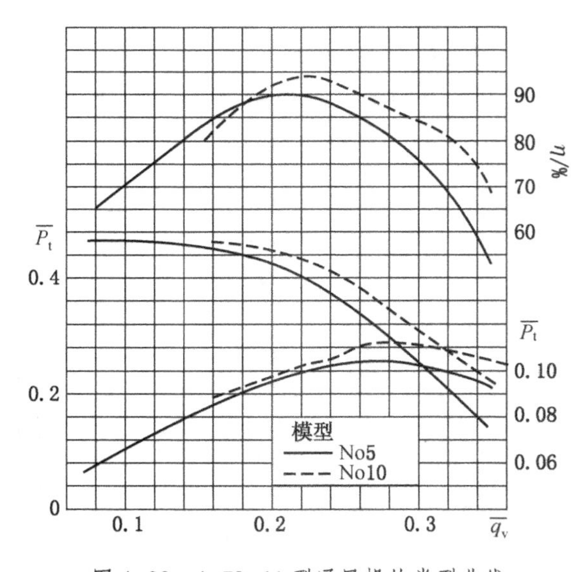

图4-20 4-72-11型通风机的类型曲线

图4-20中实线是以№5为模型换算的№5、№5.5、№6、№8四种机号的类型曲线；虚线是以№10为模型换算的№10、№12、№16、№20四种机号的类型曲线。№5以下机号的通风机按实测样机性能换算，图中没有绘出。

2. G4-73-11型通风机的类型曲线

图4-21所示为G4-73-11型通风机的类型曲线，它同样包括了全压类型曲线、轴功

率类型曲线和效率曲线。与4-72-11型通风机不同的是C4-73-11型通风机加装有前导器，图4-21中给出了前导器在不同开启角度下的类型曲线，0°时，前导器为全开。

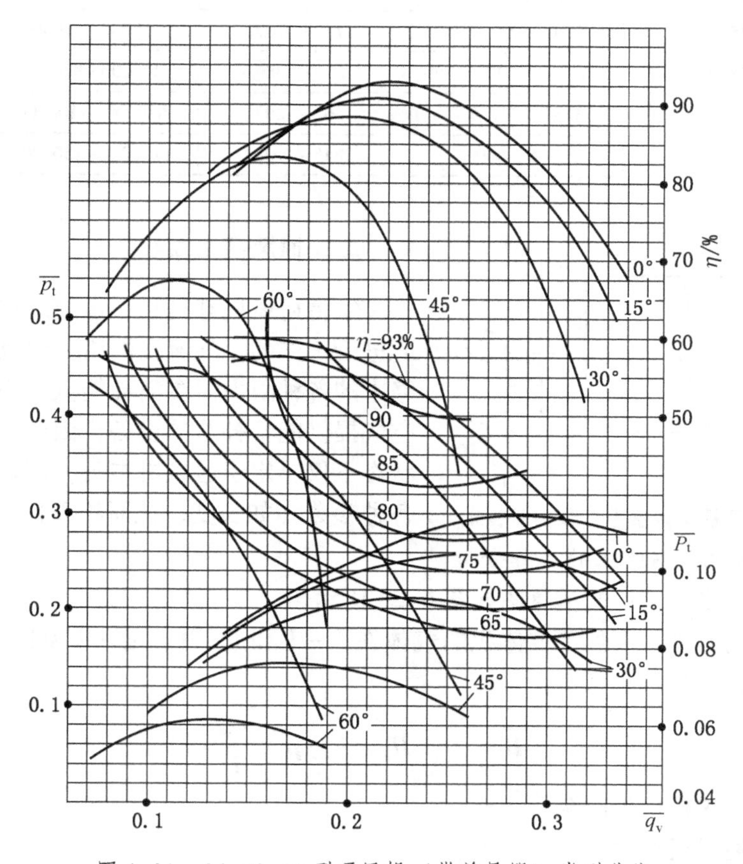

图4-21　G4-73-11型通风机（带前导器）类型曲线

3. K4-73-01型通风机的类型曲线

图4-22为K4-73-01型通风机的类型曲线。图中给出了该类型通风机№25、№28、№32、№38四个机号的风压类型曲线、轴功率类型曲线和效率曲线。其性能参数见表4-4。

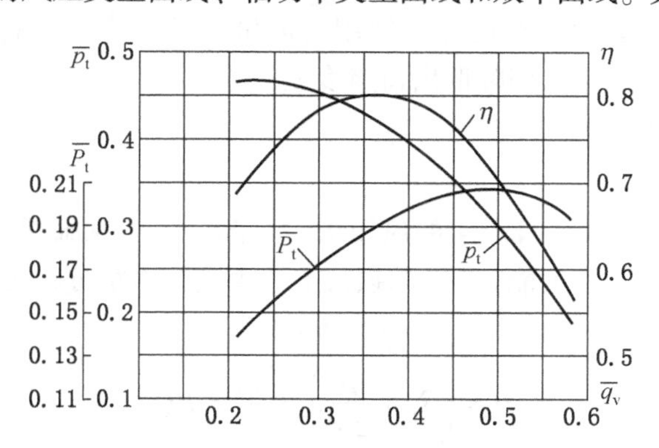

图4-22　K4-73-01型通风机类型曲线

表 4-4　K4-73-01 型通风机性能参数

机号	叶轮直径/mm	转速/($r \cdot min^{-1}$)	全压范围/($N \cdot m^{-2}$)	风量范围/($m^3 \cdot h^{-1}$)	轴功率/kW
№25	2500	500、600、750	2158~4709	418000~680000	400~1500
№28	2800	375、500、600、750	1570~5886	440000~878000	300~2000
№32	3200	375、500、600	1962~5297	680000~1100000	600~2500
№38	3800	375、500	2845~4905	1100000~1500000	1200~3000

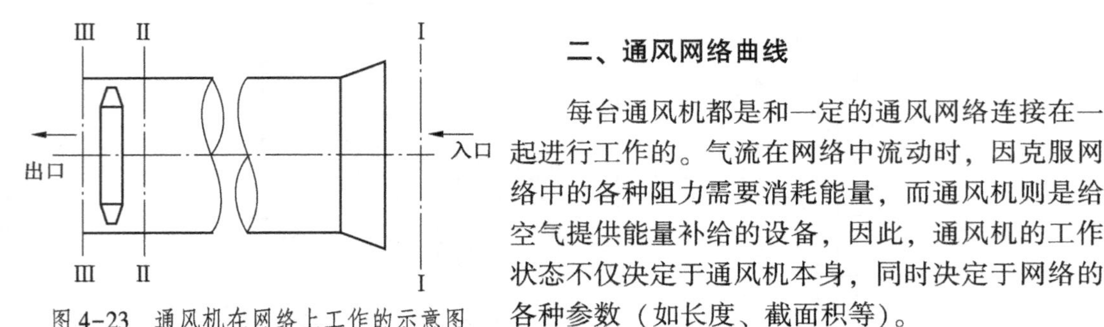

图 4-23　通风机在网络上工作的示意图

二、通风网络曲线

每台通风机都是和一定的通风网络连接在一起进行工作的。气流在网络中流动时，因克服网络中的各种阻力需要消耗能量，而通风机则是给空气提供能量补给的设备，因此，通风机的工作状态不仅决定于通风机本身，同时决定于网络的各种参数（如长度、截面积等）。

（一）通风机在网络上的工作分析

通风机在网络上工作的示意图如图 4-23 所示。

根据伯努利方程式可列单位体积的气体在Ⅰ-Ⅰ和Ⅱ-Ⅱ，Ⅱ-Ⅱ和Ⅲ-Ⅲ断面上的能量方程式，两式联合求解可得：

$$H = H_j + H_d = h + \rho \times \frac{v_3^2}{2} \tag{4-3}$$

式中　H——通风机产生的全压，Pa；

H_j——通风机产生的静压，Pa；

H_d——通风机产生的动压，Pa；

h——通风网络阻力，Pa；

v_3——风机出口风流速度，m/s。

通风机产生的全压包括静压和动压两部分，静压所占比例越大，这台通风机克服网络阻力的能力也就越大。因此，在设计和使用通风机时，应努力提高通风机产生静压的能力。同时，应尽量减少动压，即降低出口速度 v_3。

（二）网络特性曲线和等积孔

1. 网络特性曲线

由式（4-3）可知，通风机产生的风压 H，一部分用于克服网络阻力 h，另一部分则消耗在空气排入大气时的速度能 $\rho v_3^2/2$ 的损失上。由流体力学分析可知：

$$h = R_j Q^2 \tag{4-4}$$

$$H = \left(R_j + \frac{\rho}{2S_3^2}\right) \times Q^2 = RQ^2 \tag{4-5}$$

式中　R_j——网络静阻力损失常数，$Pa \cdot s^2/m^6$。

R——网络总阻力损失常数，$Pa \cdot s^2/m^6$。

式（4-4）和式（4-5）分别为通风网络的静阻力特性方程和总阻力特性方程。将它们画在以 Q 为横坐标、H 为纵横坐标的坐标系中，即得通风网络的静阻力特性曲线和总阻力特性曲线，如图 4-24 所示。

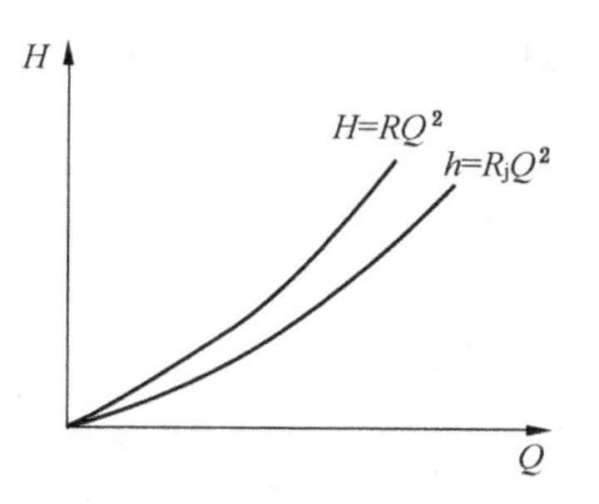

图 4-24　通风机网络特性曲线

2. 等积孔

在研究通风网络的阻力时，为了在概念上更形象化，有时采用网络等积孔来代替网络风阻。

所谓等积孔就是设想在薄壁上开一面积为 A_c 的理想孔口，流过该孔口的流量等于网络的风量，孔口两侧的压差等于网络的阻力。

由流体力学知网络的等积孔面积为

$$A_c = \frac{1.19Q}{\sqrt{h}} \tag{4-6}$$

$$h = \frac{1.42Q^2}{A_c^2} \tag{4-7}$$

当网络风量一定时，等积孔面积越大，网络阻力越小，则通风越容易；反之，等积孔面积越小，网络阻力越大，则通风越困难。可见，利用等积孔来判断和比较矿井通风网络阻力的大小及通风的难易程度简便易行，也是矿井常用方法。

三、通风机的工况点和工业利用区

（一）通风机的工况点

如前所述，每台通风机都是和一定的网络连接在一起进行工作的。此时通风机所产生的风量，就是网络中流过的风量，通风机所产生的风压，就是网络所需要的风压。所以，将通风机的特性曲线与网络特性曲线，按同一比例尺画在同一坐标图上所得的交点，即为通风机的工况点。工况点 M 所对应的各项参数，称为工况参数，分别以 Q_M、H_M、P_M、η_M、n_M 表示。

1. 离心式通风机的工况点

通常，在离心式通风机的产品说明书中只给出了全压特性曲线，因此在确定工况点时，应按式（4-5）画出网络的总阻力特性曲线，与风机的全压特性曲线相交得到的工况点称为全压工况点，以 M 表示；从通风机的全压特性曲线中扣除动压，可获得通风机的静压特性曲线，然后按式（4-4）画出网络的静阻力特性曲线，与风机的静压特性曲线相交得到的工况点称为静压工况点，以 M_j 表示。离心式通风机工况点如图 4-25 所示，全压工况点和静压工况点流量相等，M 的位置略高于 M_j。

【例 4-1】　某矿采用 4-72-11 №20 通风机通风，其初期、末期工况点 A 和 B，如图 4-26所示。由图可得：

初期工况点 A 参数：风量系数 0.238，风压系数 0.415，功率系数 0.105，效率 0.945。

末期工况点 B 参数：风量系数 0.205，风压系数 0.440，功率系数 0.10，效率 0.945。

2. 轴流式通风机的工况点

对于轴流式通风机，厂家提供的曲线是静压特性曲线，因此网络特性亦应采用静阻力特性曲线，直接获得静压工况点 M_j。

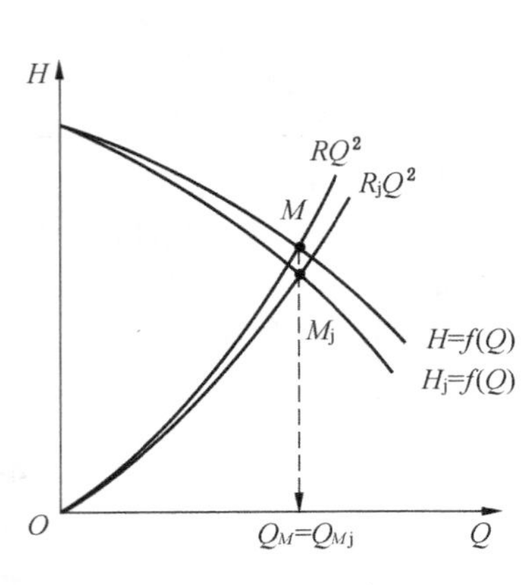

图 4-25 离心式通风机工况点

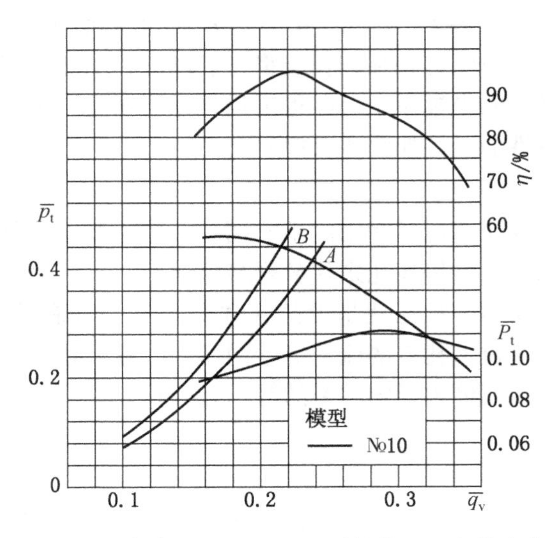

图 4-26 某矿 4-72-11 №20 通风机工况点的确定

【例 4-2】 某矿井采用 FBCDZ №22/2×160(B) 通风机，把初期和末期通风网络静阻力特性方程表示的曲线绘制在 FBCDZ №22/2×160(B) 风机的性能曲线上，如图 4-27 所示，初期、末期的工况点分别为 B 和 A。

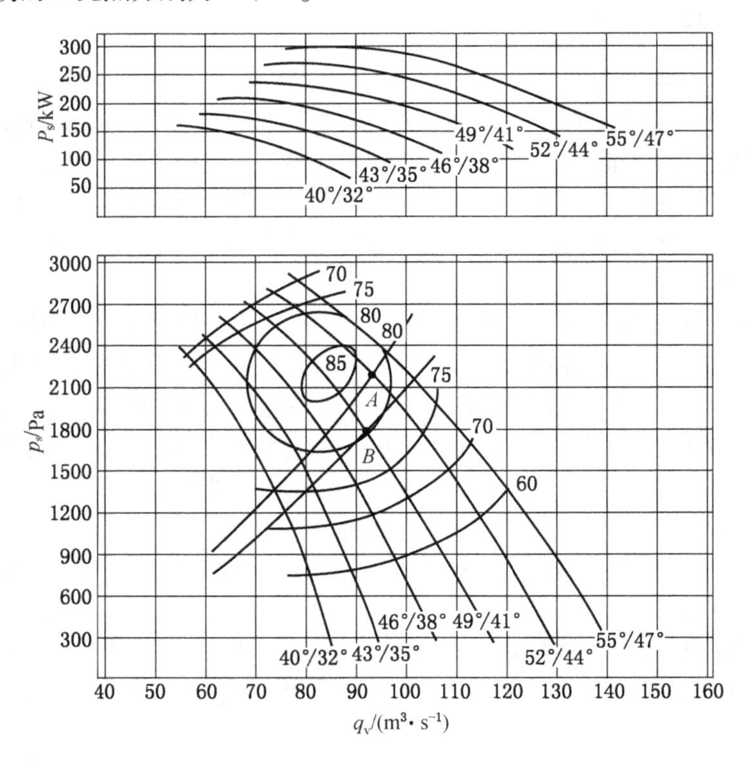

图 4-27 某矿井 FBCDZ-8-№22B 风机工况点图

初期工况点 B 参数：风量 91 m^3/s，静压 1800 Pa，轴功率 210 kW，效率 81%，叶片安装角 49°/41°。

末期工况点 A 参数：风量 92 m^3/s，静压 2166 Pa，轴功率 250 kW，效率 83%，叶片安装角 52°/44°。

（二）工业利用区

划定工业利用区的目的，是为了保证通风机工作的经济性。通风机不仅功率大，且长时间运转，因此耗电多。为保证工作的经济性，对效率必须有一定要求。一般规定工况点静效率应大于或等于通风机最大静效率的 0.8 倍，并且最小不得低于 0.6，即经济工作条件为

$$\eta_{Mj} \geqslant 0.8\eta_{jmax} \quad 且 \quad \eta_{Mj} \geqslant 0.6 \tag{4-8}$$

根据式（4-8）在通风机的特性曲线上找到满足经济工作条件的范围，此范围就称为通风机的工业利用区。

离心式通风机的工业利用区如图 4-28 中的阴影部分。

轴流式通风机的工业利用区如图 4-29 中的阴影部分。$ABCD$ 线为静效率等于 0.6 时的等效率曲线（由效率相等的点所构成的曲线）。

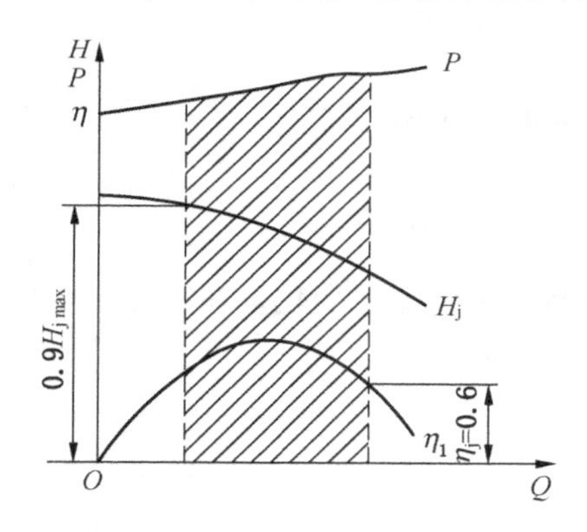

图 4-28　离心式通风机的工业利用区

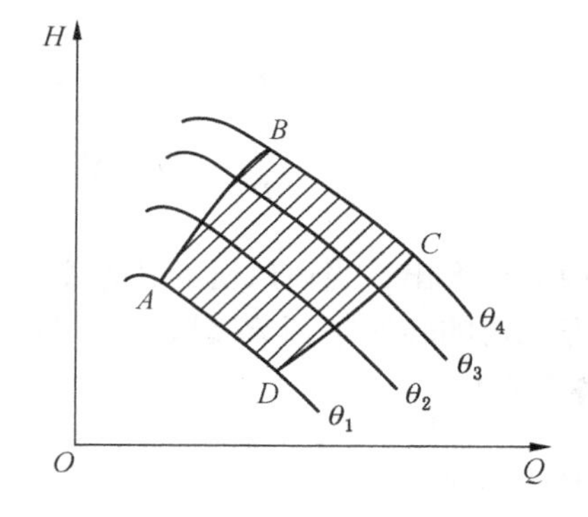

图 4-29　轴流式通风机的工业利用区

四、通风机的运行

通风机在正常运行中，主要靠监视通风机的电流表、电压表、功率表、测压计等仪表的指示，来监视通风机的负荷及运行状况。另外，要经常检查通风机的振动、轴承温度、润滑及冷却系统的运行状况，并按规定做好记录。

在正常运行中，每隔 10~20 min 检查一次电动机和通风机的轴承温度，电动机和励磁机的温度，以及 U 形压差计、电流表、功率因数表的读数。如遇下列情况应立即停机。

（1）发现通风机有强烈振动和噪音。

（2）滑动轴承温度超过 70 ℃，滚动轴承温度超过 80 ℃，或轴承冒烟。

（3）冷却水中断。

（4）电动机冒烟。

五、相似定律

彼此相似的通风机（或水泵）工作在相似工况时，其参数间的关系称为相似定律。

对于同一台通风机（或水泵）或两台对应尺寸相等的相似风机（或水泵），其效率相等，所排送流体密度也相等，则：

$$\frac{Q}{Q'}=\frac{n}{n'} \tag{4-9}$$

$$\frac{H}{H'}=\left(\frac{n}{n'}\right)^2 \tag{4-10}$$

$$\frac{P}{P'}=\left(\frac{n}{n'}\right)^3 \tag{4-11}$$

【例 4-3】 已知某离心式通风机，在转速 $n=900$ r/min 时，流量 $Q=6400$ m^3/h，全压 $H=40$ mmH_2O，功率 $P=0.766$ kW。当转速增加为 $n'=1600$ r/min 时，求该通风机的流量 Q'、风压 H'、功率 P'是多少？

解 由比例定律得：

$$Q'=\frac{Qn'}{n}=6400\times\frac{1600}{900}=11378(m^3/h)$$

$$H'=H\left(\frac{n'}{n}\right)^2=40\times\left(\frac{1600}{900}\right)^2=126(mmH_2O)$$

$$P'=P\left(\frac{n'}{n}\right)^3=0.766\times\left(\frac{1600}{900}\right)^3=4.3(kW)$$

由此可看出，当通风机的转速变化时，其性能参数也会随之变化。在工作中可以通过改变通风机的转速来调节其风量、风压，以满足生产的需要。

【任务实施】

一、地点

多媒体教室。

二、内容

（1）选择一种离心式通风机，画简图说明离心式通风机特性曲线。

（2）选择一种轴流式通风机，画简图说明轴流式通风机的特性曲线。

（3）写出通风网络特性方程式，说明每个符号的意义，并画出网络特性曲线简图。

（4）画简图说明离心式通风机工况点是如何确定的。

（5）画简图说明轴流式通风机工况点是如何确定的。

（6）画简图说明通风机的工业利用区。

（7）举例说明等积孔及其意义。

三、实施方式

多媒体教学。教师主导，问题为导向，组长负责，全员参与教学活动。

四、建议学时

6学时。

【任务考评】

考评内容及评分标准见表4-5。

表4-5　考评内容及评分标准

序号	考核内容	考核项目	配分	评分标准	得分
1	通风机特性曲线	1. 轴流式通风机特性曲线 2. 离式流式通风机特性曲线 3. 个体特性曲线和类型特性曲线	20	1、2项错各扣10分 3项错扣5分	
2	通风网络特性曲线	1. 通风网络特性方程 2. 通风网络特性曲线 3. 通风网络等积孔的意义	20	1、2项错各扣10分 3项错扣5分	
3	通风机的工况点	1. 离心式通风机工况点的确定 2. 轴流式通风机工况点的确定	40	未按要求少一项扣5分 1、2项未完成或主体错误，各扣20分	
4	通风机工业利用区	1. 离心式通风机工业利用区 2. 轴流式通风机工业利用区	10	错一大项扣5分	
5	遵章守纪，文明操作	遵章守纪，文明操作	10	错一项扣5分	
合计					

任务二　通风机的调节

【知识目标】

（1）明确通风机工况点调节目的。

（2）熟悉通风机工况点调节途径和方法。

【技能目标】

能根据实际生产情况进行通风机工况点的调节。

【任务描述】

随着矿井开采的进行，网络阻力将不断变化，但所需风量在各个时期保持不变，或有所增加。因此，通风机的工况点必须根据实际需要进行必要的调节。

【任务分析】

一、通风机工况点的调节方法

调节通风机工况点的途径有两条：一是改变网络特性曲线；二是改变通风机特性曲线。

（一）改变网络特性曲线的调节方法

在通风机吸风道上都装设调节闸门，用改变闸门开度大小的方法来改变网络阻力，以达到调节风量、风压的目的。这种方法称为闸门节流法。

如图 4-30 所示，开采初期和末期的网络特性曲线分别 1 和 2 表示。在开采初期，如不进行调整，通风机将在工况点 M_1 工作，送入井下风量 Q_1 比矿进所需的风量 Q_2 大很多，因此多消耗功率 P_1-P_2。为节省电能，可先将调节闸门适当关小，使网络特性曲线由 1 变为 2，通风机在工况点 M_2 工作。随着巷道的延伸，网络阻力将不断增加，再将闸门逐渐开大，使网络特性曲线始终对应于曲线 2，以保持通风机的供风量等于矿井所需的风量 Q_2。

闸门节流法设备简单、调节方便，但从图 4-30 中可看出，$H_2>H_1$，即调节后的风压大于调节前的风压，$\Delta H=H_2-H_1>0$。ΔH 是人为增加的闸门阻力，由此引起的 $\Delta P=\Delta HQ_2$ 是无用的能量损失，所以这是一种不经济的调节方法，只能作为一种暂时的应急方法使用。

（二）改变通风机特性曲线的调节方法

1. 改变叶轮转速调节法

由比例定律知，当通风机的转速变化时，其特性曲线将相应地上下移动。

如图 4-31 所示。曲线 1、2、3、4 分别为开采初期、中期和末期网络特性曲线。在矿井开采初期，网络特性曲线为 1，通风机若以最大转速 n_{max} 运转，所产生的风量 Q_1 将大大超过矿井所需的风量 Q_2。为了避免浪费，通风机先以最小转速 n_{min} 运行。此时，通风机特性曲线为 5，工况点为 I，风量为 Q_2。随着时间的推移，网络阻力逐渐增大，网络特性曲线变为 2，工况点将左移变为Ⅱ，风量将减小。为了不使风量减小，必须将通风机的转速由 n_{min} 增加到 n_1，使通风机特性曲线由 5 变为 6，工况点由Ⅱ变为Ⅲ，以保证风量为 Q_2。随着时间的继续推移，网络阻力继续增大，网络特性曲线变为 3、4，依次调节通风机转速为 n_2、n_{max}，工况点由Ⅲ→Ⅳ→Ⅴ→Ⅵ→Ⅶ。风量始终保持为 Q_2。

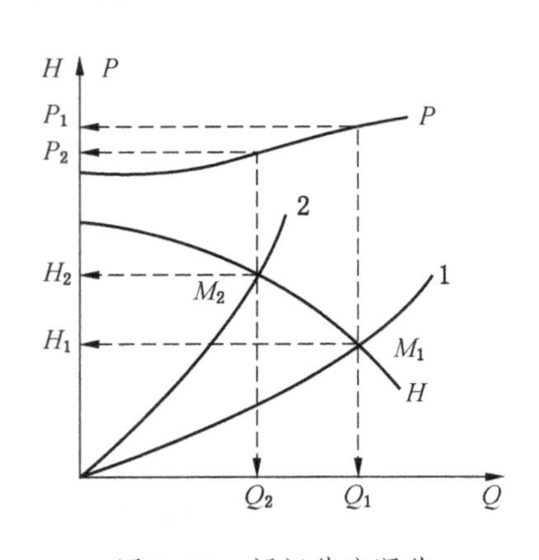

图 4-30　闸门节流调节

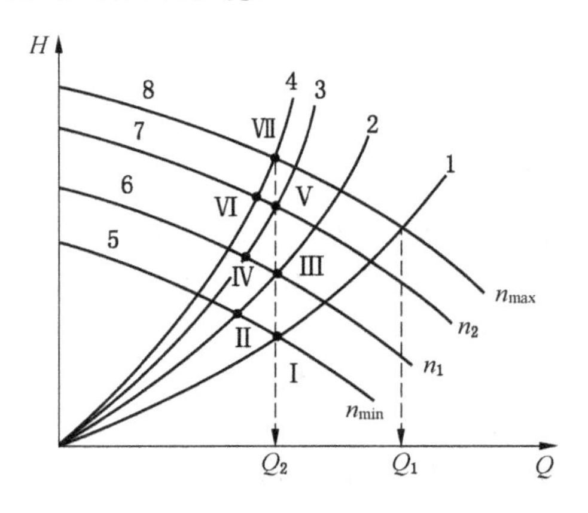

图 4-31　改变叶轮转速调节法

改变通风机转速的方法有以下几种：

（1）用三角带传动的通风机，可更换不同直径的带轮来改变通风机的转速。这种方法简单易行，但只有部分小功率的离心式通风机才使用三角带传动。

（2）更换不同转速的电动机或采用多速电动机来改变通风机的转速。这种方法适用于轴流式通风机和直联的离心式通风机，但应注意叶轮的圆周速度不能大于允许值。

（3）采用绕线式感应电动机的通风机，用串激的方法来改变通风机转速，这是一个比较好的方法。它把转差功率大部分反馈到电网，因而可以节约电能。其缺点是功率因数较低，调速范围不宜过大，使用维护技术也比较复杂。此法在国内早已应用，但未得到推广。

（4）采用同步（包括异步）电动机的风机，用变频的方法调速，即用变频器对同步电动机输入不同频率的电源，从而达到调速的目的。这种方法效率高，调速范围广，精度也高，是比较理想的调速方法。目前已在矿井通风系统中推广应用。

2. 前导器调节法

如图 4-32 所示，在离心式或轴流式通风机的入口处加一个预旋空气的前导器，以调整通风机的性能。

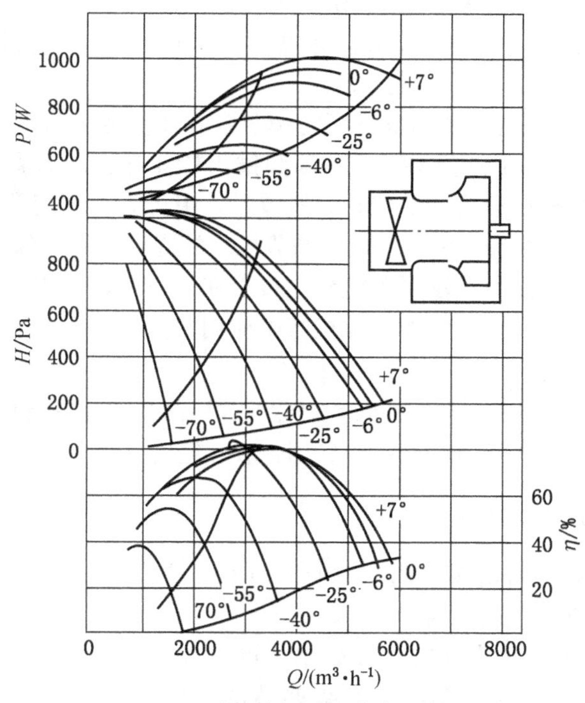

图 4-32　利用前导器调节离心式风图

离心式通风机的前导器，是由若干均布在风机进风管中的扇形叶片组成的，每个叶片可以同时绕自身轴旋转，旋转的方向和角度，由装在外壳上的操作手柄控制。这样就可以在不停机的情况下进行调节。

用前导器调节工况时，通风机效率略有降低，经济性不及改变转速调节法，但优于闸门节流法。这种调节方法结构简单，操作方便，使用可靠，因此，作为辅助调节措施在通风机调节中得到泛应用。

3. 改变叶轮叶片安装角度调节法

对于轴流式风机，当改变叶轮叶片安装角时，风机的风压就会发生变化。从轴流风机特性曲线中可以看出，安装角越大，通风机产生的风压就越高；反之，风压越低。

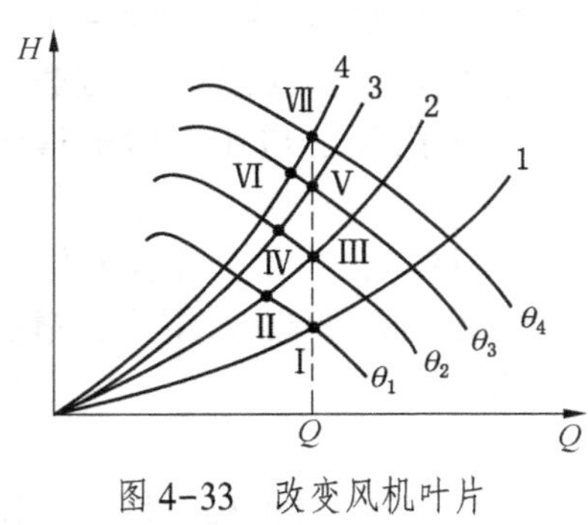

图 4-33　改变风机叶片安装角度调节法

图 4-33 中，曲线 1、2、3、4 分别为开采初期、中期和末期的网络特性曲线。在矿井开采初期，叶片可在安装角 θ_1 的位置工作，其工况点为Ⅰ，风量为 Q。随着开采的进行，网络阻力逐渐增大，网络特性曲线变为 2，工况点将左移变为Ⅱ，风量将减小。改变叶轮叶片安装角由 θ_1 调整为 θ_2，工况点将由Ⅱ变为Ⅲ，以保持风量为 Q。随着开采的继续进行，网络阻力继续增大，网络特性曲线由 2 变为 3，4，则依次调节叶片的安装角，由 θ_2 调整为 θ_3、θ_4，工况点将由Ⅲ变为：Ⅲ→Ⅳ→Ⅴ→Ⅵ→Ⅶ，以保持风量为 Q。

改变叶片安装角的方法很多。最原始的方法是在停止风机的情况下，用人工一片一片地完成各叶片的调节工作。此种调节方法存在难以保证所有叶片都调到相同的角度的问题，且费时。

图 4-34 是一种在停止通风机情况下同时调节各叶片安装角的机构。其结构原理如下：在各叶片 1 的叶柄 2 上装有圆锥齿轮 3，它与圆锥齿轮 4 啮合。后者装有圆柱齿轮 5 与齿轮 6 啮合。齿轮 6 靠蜗杆传动机构 7 传动。调节时，由机壳上的窗孔伸入操作手柄，转动蜗杆传动机构 7，使各叶片同时转动。这种调节机构的优点是可以保证各叶片角度相同。

除此之外，还有一种液压自动调节机构，可以在风机运转过程中实现高精度的自动调节，但系统复杂，投资高。只在大型发电机组中应用较多。

4. 改变叶片数目调节法

轴流式通风机，可以将其叶轮上的叶片对称地取掉部分来对其特性进行调节。如原两级叶轮各装有 14 支叶片，若对称地取掉一半，则各级叶轮均保留 7 支叶片。

二、工况点调节方法的比较

（1）闸门节流法：设备简单、调节方便，但不经济，只能作为一种暂时的应急方法使用。

（2）改变前导器法：调节机构比较简单，可以在不停止风机的情况下完成操作，能实现有级调节的目的，在网络特性不变的情况下调节时，效率有所变化。调节范围比较窄，适宜作为其他有级调节的补充。

（3）有级变速调节法：机构简单，调节范围较宽，但必须在停机时操作。在网络特性不变的情况下调节时，效率不变。

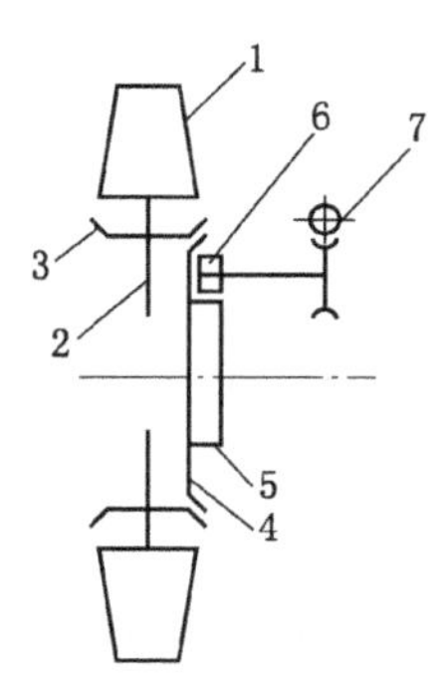

1—叶片；2—叶柄；3、4—圆锥齿轮；5、6—圆柱齿轮；7—蜗杆传动机构

图 4-34　同时转动各叶片角度的机构

（4）无级变速调节法：若采用串激调速系统，可以在不停机的情况下完成调节工作，在网络特性不变的情况下效率不变，调节范围较宽，但由于调速系统的价格昂贵，且调速系统的调速受限，故使用范围亦有限。若用变频的方法调速，效率高，调速范围广，精度也高，是比较理想的调速方法。在矿井通风系统中应大力推广应用。

（5）停机调节叶片安装角法：机构简单，理论上可以实现无级调节，但由于必须停机操作，实际上只能做到有级调节，调节范围较宽，调节中效率有所变化。这种调节方法是矿井轴流式通风机普遍采用的方法。

（6）动叶调节安装角法：调节机构比较复杂，可在不停机的情况下完成操作并实现无级调节，调节范围广，调节时效率有所变化。采用这种机构便于实现自动化。

【任务实施】

一、地点

多媒体教室。

二、内容

（1）议一议通风机工况点为什么要调节？调节途径有哪些？采用什么方法。
（2）说明离心式风机工况调节的方法，实施的手段。
（3）说明轴流式风机工况调节的方法，实施的手段。
（4）列表说明通风机工况点各调节方法的特点。
（5）结合生产情况说明通风机工况调节方法和操作过程。
（6）对照通风设备说明通风设备的运行及正常工作时的注意事项。
（7）完成相关综合训练题。

三、实施方式

多媒体教学，教师主导，问题为导向，全员参与教学活动，组长负责，同学互评。

四、建议学时

6学时。

【任务考评】

考评内容及评分标准见表4-6。

表4-6　考评内容及评分标准

序号	考评内容	考评项目	配分	考评标准	得分
1	通风机工况点的确定	1. 求解离心风机工况点的方法 2. 求解轴流风机工况点的方法	15	错一项扣10分 错一小项扣5分	

表 4-6（续）

序号	考评内容	考评项目	配分	考评标准	得分
2	通风机工况点的调节	闸门节流法	10	错一项扣 3 分	
		变速调节法	20	错一项扣 5 分	
		改变前导器叶片调节法	5	错一项扣 2 分	
		改变叶片安装角调节法	20	错一项扣 5 分	
3	通风机的运行	1. 仪表的监视 2. 巡回检查 3. 紧急停机	20	错一项扣 5 分 错一小项扣 2 分	
4	遵守纪律、文明操作	遵守纪律、文明操作	10	错一项扣 5 分	
合计					

【综合训练题 2】

一、填空题

1. 通风机是和通风网络联合工作的，通风机的运行状况决定了（　　）的性能和通风（　　）的性能。

2. 轴流式通风机一般采用（　　）性能曲线，用（　　）特性曲线表示。

3. 离心式风机一般采用（　　）特性曲线，用（　　）特性曲线表示。

※4. 通风机在网络工作时，所产生的风压包括（　　）和（　　）两部分。前者用于克服（　　），后者则随气流消耗在（　　）。

※5. 为保证通风机工作的稳定性和经济性，应使（　　）位于它的工业利用区内。

※6. 调节通风机工况点的途径有两条：一是改变（　　）的特性曲线；二是改变（　　）的特性曲线。

※△7. 反映同类型通风机共同特性的曲线，称为（　　）特性曲线。

8. 通风机在正常运行中，主要靠监视通风机的（　　）、（　　）、（　　）、（　　）等仪表的指示，来监视通风机的负荷及运行状况。

9. 通风机在正常运行中，要经常检查通风机的（　　）、（　　）、（　　）及冷却系统的运行状况，并按规定做好记录。

二、判断题

（　　）△1. 等积孔愈大，网络阻力愈小，通风愈容易。

（　　）2. 当网络风量一定时，等积孔面积越大，网络阻力越小，则通风越容易。

（　　）3. 当网络风量一定时，等积孔面积越小，网络阻力越小，则通风越困难。

（　　）4. 通风机工况点调节最简单、最容易、最经济的方法是闸门节流法。

（　　）5. 改变叶轮转速调节法可以获得宽广的调节范围，应用广泛。

（　　）6. 改变叶轮叶片安装角调节法调节范围大，效率高，广泛用于轴流风机的调节中。

（　　）7. 通风机产生的全压越大，克服网络阻力的能力也就越大。

（　　）8. 在正常运行中，每隔 30 min 检查一次电动机和通风机的轴承温度，电动机和励磁机的温度，以及U型压差计、电流表、功率因数表的读数。

三、简答题

1. 简述通风机性能曲线有哪几条？

※※2. 什么叫通风机的全压、静压和动压？它们之间有何关系？

3. 等积孔与网络阻力的大小有何关系？

※※4. 如何确保通风机工作的稳定性和经济性？

※※5. 通风机工况点调节方法有哪些？

※※6. 画简图说明通风机工况点是如何确定的？

7. 选择一种轴流式通风机，画简图识读其个体特性曲线，并加以说明。

8. 选择一种离心式通风机，画简图识读其类型特性曲线，并加以说明。

9. 看懂图4-26和图4-27，写出其工况参数。

10. 通风机正常运行中遇到哪些情况应立即停机？

四、计算题

※1. 若通风机的转速 $n=900$ r/min，风量 $Q=2660$ m^3/min，风压 $H=1600$ N/m^2，功率 $P=112$ kW，求网络阻力不变的情况下转速提高到 $n'=1390$ r/min 时的风量、风压和功率。

△2. 某通风机入口断面的负压为900 N/m^2，风速为25 m/s，出口断面的风速为13 m/s，求通风机产生的全压、静压和动压。

情境三　矿井通风设备的使用维护与故障处理

为了使通风设备能够稳定、高效地工作，就要学习掌握离心式通风机和轴流式通风机的结构，按规定对其进行日常维护和保养，以减少故障的发生。当设备出现故障时，能够运用所学知识正确地分析故障产生的原因，找到解决处理的方法，尽快进行修复，尽量减少对生产造成的影响。这就是本情境要达到的目的。

任务一　通风设备的使用维护

【知识目标】

（1）熟悉离心式通风机的结构。

（2）熟悉轴流式通风机的结构。

（3）明确通风机型号的意义。

（4）掌握通风机的启动、运行及日常维护注意事项。

（5）掌握典型通风机的安装、使用与维护。

【技能目标】

（1）会辨识通风机的类型。

（2）会分析通风机的结构。

（3）能进行通风机的日常维护。

（4）能参与完成风机安装、调试及运行检查工作。

【任务描述】

通风机同其他机械设备一样，需要正常的维护。通风机运转维护者，必须在熟悉通风机的结构和特点的基础上，严格按照日常维护内容、方法和要求做，才能保证通风机安全可靠正常运行。通风机的维护贯穿在通风机运转的始终。

【任务分析】

一、离心式通风机的结构

（一）离心式通风机的结构组成及作用

离心式通风机一般由机壳、进风口集流器、叶轮和传动轴等组成，如图4-35所示。

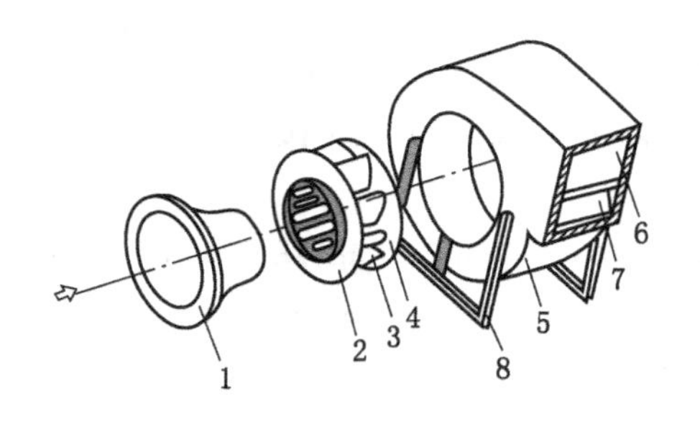

1—吸入口；2—叶轮前盘；3—叶片；4—后盘；5—机壳；6—出口；7—截流板（即风舌）；8—支架

图4-35 离心式通风机主要结构分解示意图

1. 叶轮

叶轮是离心式通风机的关键部件，它由前盘、后盘、叶片和轮毂等零件焊接或铆接而成。前盘的几何形状有平前盘、锥形前盘和弧形前盘等几种，如图4-36所示。平前盘叶轮因气流进入叶道时转弯过急，因此损失较大，但叶轮制造工艺简单。弧形前盘叶轮因气流流动无突变，损失小，效率较高，但制造工艺较复杂。锥形前盘叶轮的效率、工艺性均居中。根据叶片出口安装角不同，叶片可分为前弯、径向和后弯3种。大型通风机均采用后弯叶片，出口安装角为15°~72°。

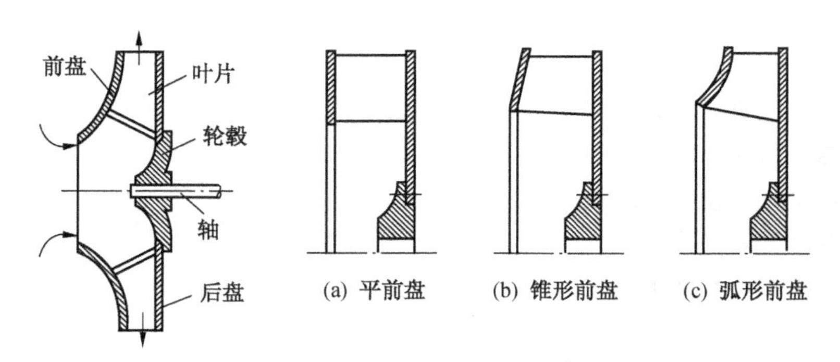

图4-36 叶轮结构及前盘形式

叶片的形状大致可分为平板形、圆弧形和机翼形几种。新型风机多为机翼形，叶片数目一般为6~10片。我国生产的4-72型和4-73型离心式通风机采用弧形前盘和机翼形后弯叶片，叶片出口安装角为15°~45°，叶片数目为10片左右。

2. 集流器

离心式通风机一般均装有进风口集流器（也称集风器），它的作用是保证气流均匀、平稳地进入叶轮进口，减少流动损失和降低进口涡流噪声。集流器的结构形式如图4-37所示。集流器有圆筒形、圆锥形、弧形与组合形等几种形式。确定集流器性能的好坏，主要视气流充满叶轮进口处的均匀程度。因此设计时集流器的形状应尽可能与叶轮进口附近气流形状相一致，避免产生涡流而引起流动损失和涡流噪声。从流动方面比较，可以认为锥形比筒形好，弧形比锥形好，组合形比非组合形好。从制造工艺上比较，筒形较简单，流线型较复杂。目前，大型离心式通风机上多采用弧形或锥弧形集流器，以提高风机效率和降低噪声。中小型离心式通风机多采用弧形集流器。

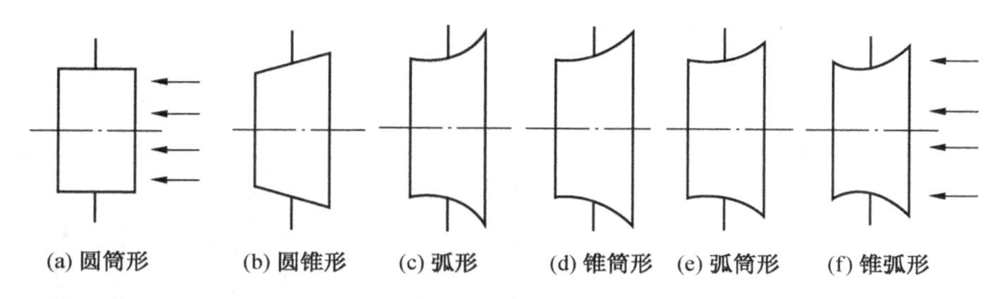

图4-37　不同形式的集流器

集流器与叶轮间存在着间隙，其形式可分为径向间隙和轴向间隙两种，如图4-38所示。径向间隙气体的泄漏不会破坏主气流的流动状态；轴向间隙因气体泄漏与主气流相垂直会影响主气流的流动状态，因而选用径向间隙比较妥当，尤其对后弯叶轮来说更有必要，但这种结构的工艺较为复杂。

3. 机壳

机壳的作用是将叶轮出口的气体汇集起来，引导至通风机的出口，并将气体的部分动压转变为静压。离心式风机机壳的工作原理与离心式水泵机壳的工作原理相同，结构上也是由一个截面逐渐扩大的螺壳形流道和一个扩压器组成，如图4-39所示。机壳截面形状为矩形，扩压器向蜗舌方向扩散，出口扩压器的扩散角以$\theta=6°\sim8°$为准，有时为了减少其长度，也可把其增至10°~12°。离心式通风机机壳出口附近设有蜗舌，其作用是防止部分

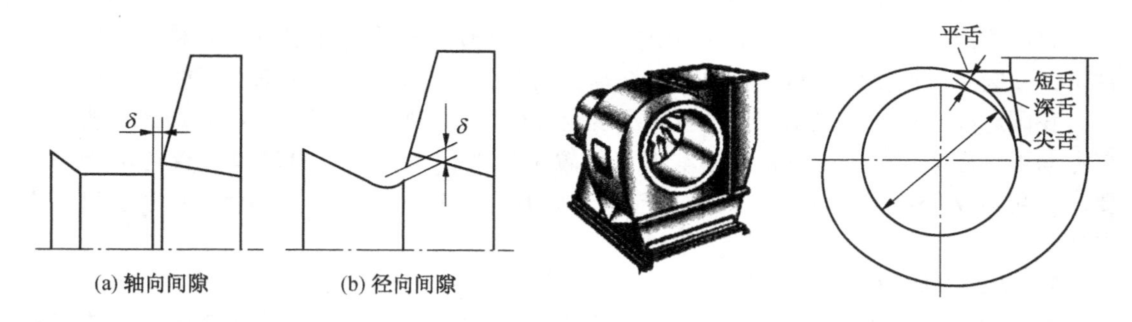

图4-38　进气口与叶轮之间的间隙形式

图4-39　机壳和不同蜗舌图

气体在机壳内循环流动。蜗舌的结构型式常见的有深舌、短舌、平舌3种。

4. 进气箱

进气箱一般应用于大型离心式通风机进口之前需接弯管的场合（如双吸离心式通风机）。因进气流速度方向变化，会使叶轮进口的气流很不均匀，故在进口集流器之前安装进气箱，以改善这种状况。进气箱通道截面最好做成收敛状，并在转弯处设过渡倒角，如图4-40所示。

5. 进口导流器（前导器）

大型离心式风机为扩大使用范围和提高调节性能，在集流器前或进气箱内装设有进口导流器，如图4-41所示。进口导流器分为轴向与径向两种。借助改变导流器叶片的开启度，控制进气口大小，改变叶轮进口气流方向，以满足调节要求。导流叶片可采用平板形、弧形或机翼形。导流叶片数目一般为8~12片。

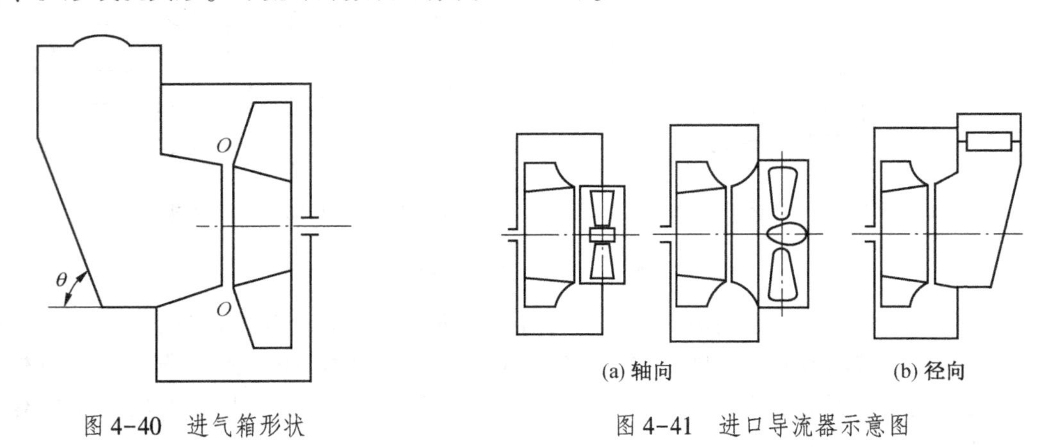

图4-40　进气箱形状

图4-41　进口导流器示意图

（二）离心式通风机的结构型式

1. 离心式通风机的旋转方式

离心式通风机叶轮只能顺机壳螺旋线的展开方向旋转，因此根据叶轮旋转方向不同分为左旋、右旋两种。确定方法是：从电机一端看风机，叶轮按顺时针方向旋转的称为右旋；叶轮按逆时针方向旋转的称左旋。

2. 离心式通风机的进气方式

离心式通风机的进气方式有单侧进气（单吸）和双侧进气（双吸）两种。在同样条件下，双吸风机产生的流量约是单吸的2倍，因此，大流量风机采用双吸式较为适宜。

我国对离心式通风机出风口位置做了规定，根据现场使用要求，离心式通风机机壳出口方向可从图4-42规定的8个基本出口位置中选取，如果基本出风口位置还不能满足要求，可以从补充角度15°、30°、60°、75°、105°、120°、150°、165°、195°、210°中选取。

3. 离心式通风机的传动方式

离心式风机的传动方式有多种，主要根据风机转速、进气方式和尺寸大小等因素而定。

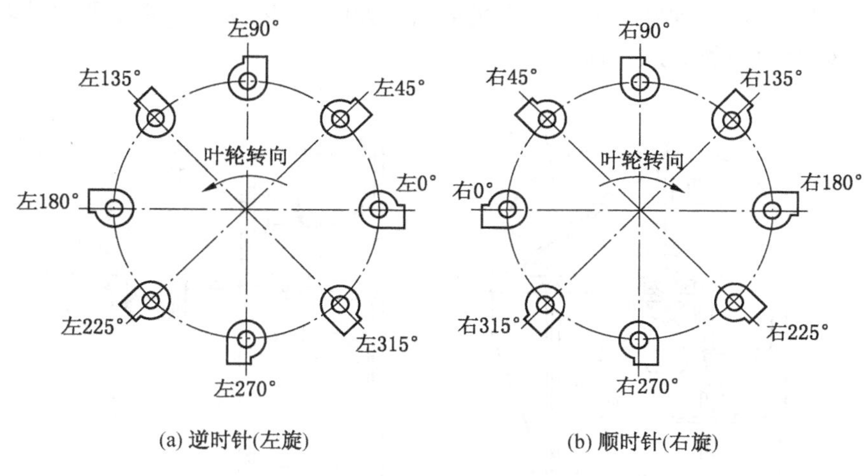

图 4-42 出风口位置示意图

我国对离心式风机的传动方式进行了规范，具体型式如图 4-43 所示，有 A、B、C、D、E、F 6 种传动结构型式。

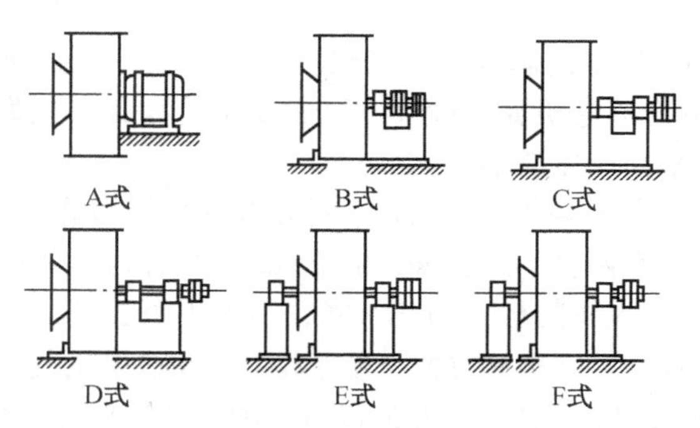

A—无轴承电动机直接传动；B—悬臂支承，带轮在轴承中间；C—悬臂支承，带轮在轴承外侧；D—悬臂支承，联轴器传动；E—双支承，带轮在外侧；F—双支承，联轴器传动

图 4-43 离心式通风机传动结构型式

小功率离心式风机多采用 A 式，将叶轮直接安装在电动机轴上，结构简单、紧凑。功率较大时，多用联轴器连接（D 式、F 式）。当离心式风机的转速与电动机的转速不相同时，可采用皮带轮变速传动方式（B 式、C 式、E 式）。将叶轮装在主轴的一端，称为悬臂式（B 式、C 式、D 式），其主要优点是拆卸方便。对于双吸离心式风机或大型单吸离心式风机一般将叶轮放在两轴承的中间，称为双支承式（E 式、F 式），其主要优点是运转比较平稳。

（三）常用的几种离心式通风机的结构

离心式通风机的结构型式繁多，现将常用的几种离心式通风机的结构和特点介绍如下：

1. 4-72-11 型离心式通风机

1）4-72-11 型离心式通风机的结构

4-72-11 型№16 和№20 离心式通风机的结构如图 4-44 所示，它主要由叶轮、机壳、进风口、出风口和传动部分等组成。

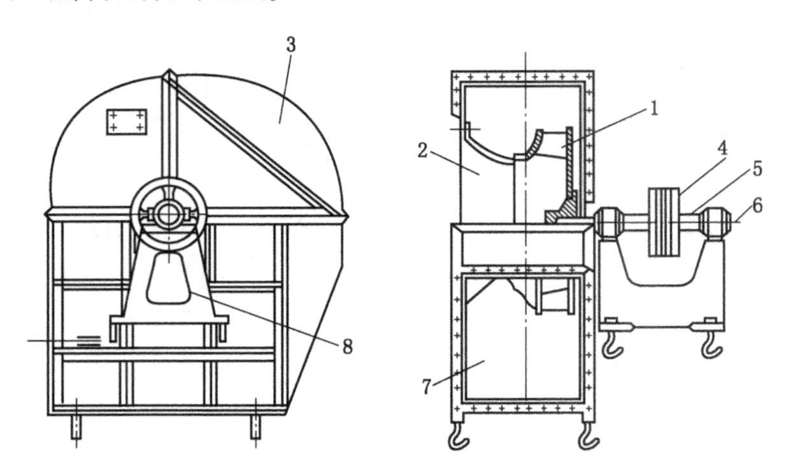

1—叶轮；2—进风口；3—机壳；4—皮带轮；5—机轴；6—轴承；7—出风口；8—轴承架

图 4-44　4-72-11 型№16 和№20 离心式通风机结构

（1）叶轮。叶轮用优质锰钢制成，并经过动、静平衡校正，所以坚固耐用，运转平稳，噪声低。叶轮由 10 个后弯机翼型叶片、双曲线型前盘和平板型后盘组成。其空气动力性能良好，效率高，最高全压效率达 91%。

（2）机壳。机壳收集从叶轮甩出的气体，并使其动压转为静压。4-72-11 型离心式通风机的机壳设计成蜗形，有两种形式：№2.8～№12 等九种通风机的机壳为整体式，不能拆开；№16 和№20 两种通风机的机壳为三开式，即上下可分开，上半部又可分成左右两部分，各部分之间用螺栓连接，拆卸方便，便于检修。机壳断面均为矩形。

（3）进风口。进风口制成整体，装在通风机一侧，与轴平行的截面为锥弧形。它的前半部分是圆锥形的收敛段，后半部分是近似双曲线的扩散段，前后两部分之间的过渡段是收敛度较大的喉部。气流进入进风口后，首先缓慢加速，在喉部形成高速气流，然后均匀扩散。经过进风口，气流得以顺利进入叶轮，阻力损失小。

（4）出风口。4-72-11 型离心式通风机有八种不同的基本出风口位置，如图 4-42 所示。如果基本角度位置不够，还可以补充 15°、30°、60°、75°、105°、120°、150°等。对№2.8～№12 等九种通风机，其出风口分别制成 0°、90°、180°三种固定位置，不能调整，只能根据需要选用。

（5）传动部分。4-72 型通风机的传动方式采用 A、B、C、D 四种传动方式。

2）4-72-11 型离心式通风机型号的意义

现以 4-72-11 №16B 右 90°为例，说明其型号的意义。

4——通风机在最高效率点的风压系数乘 10 后取整值；

72——通风机在最高效率点的比转数；

1——通风机进风口为单侧吸入；

1——设计序号，即第一次设计；

№16——机号，叶轮直径为 1600 mm；

B——传动方式为 B 式传动；

右——右旋；

90°——出口位置为 90°。

2. G4-73-11 型离心式通风机

1）G4-73-11 型离心式通风机结构

G4-73-11 型离心式通风机有№8 到№28 共 12 个机号。该型通风机主要供锅炉通风用，但也可用于矿井通风。

G4-73-11 型离心式通风机的结构如图 4-45 所示，它主要由叶轮、机壳、进风口、前导器、出风口和传动部分等组成。

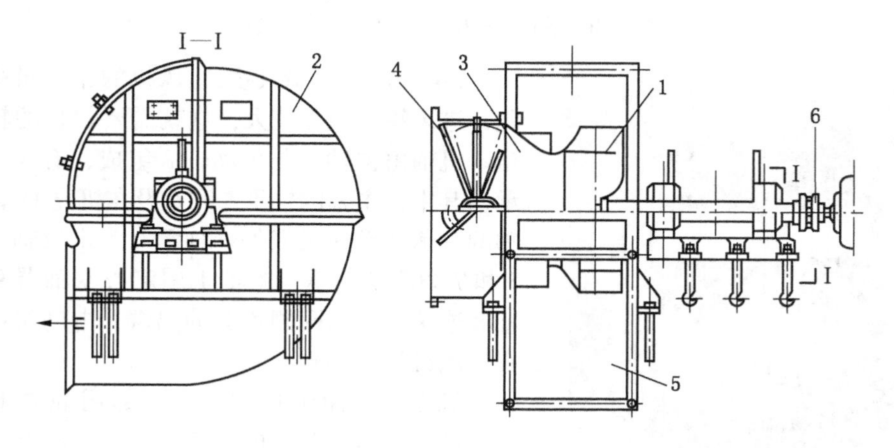

1—叶轮；2—机壳；3—进风口；4—前导器；5—出风口；6—联轴器

图 4-45　G4-73-11 型离心式通风机

叶轮由 12 个后弯机翼形叶片、弧锥形前盘和平板型后盘组成。机壳用普通钢板焊接而成。其中，№8～№12 的机壳为整体式结构，№14～№16 的机壳为两开式结构，№18～№28 的机壳为三开式结构。

G4-73-11 型通风机为单侧吸入式，进风口与 4-72-11 型通风机相同，为锥弧形，用螺栓固定在通风机入口侧。在进风口前面装有前导器，它可在 0°（全开）到 90°（全闭）的范围内调整，用以调节风量和风压。该型通风机的传动方式为 D 式。

2）G4-73-11 型通风机型号的意义

型号中 G 为锅炉用通风机，其余符号的意义与 4-72-11 型离心式通风机相同。

3. K4-73-01 型离心式通风机

1）K4-73-01 型离心式通风机的结构

K4-73-01 型离心式通风机是目前我国生产的风量最大的矿用离心式通风机，专供大型矿井使用，共有№25、№28、№32、№38 四种机号，均采用双侧进风。其结构如图 4-46 所示。空气由进风箱 10 进入到叶轮两侧，经螺旋机壳 11 和扩散器 13 排出机外。叶轮由前盘 12 和中盘 3 组成，每侧各有 12 个后弯机翼型叶片，与盘焊成一体，实物如图 4-47

所示。

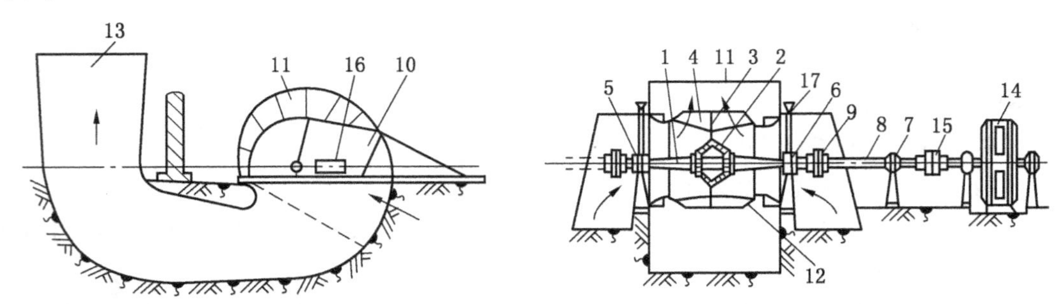

1—主轴；2—轮毂；3—中盘；4—叶片；5、6、7—轴承；8—传动轴；9—定心联轴器；10—进风箱；
11—机壳；12—曲线型前盘；13—扩散器；14—电动机；15—联轴器；16—检查孔；17—测轴承温度用导管

图 4-46　K4-73-01 型离心式通风机结构

图 4-47　K4-73-01 型离心式通风机叶轮

K4-73-01 型离心式通风机的排风量很大，因此，进风箱体积也较大，这就需要较长的轴传递扭矩。机轴由主轴 1 与传动轴 8 组成，有 3 个轴承支承，其中，主轴的轴承 5 和 6 设在机壳 11 内，传动轴的轴承 7 设在机壳外。轴承 6 为定位轴承，轴承 5 和 7 为浮动轴承。主轴 1 用定心联轴器 9 与传动轴 8 连接。主轴两侧均有伸出端，电动机可以布置在通风机任意一侧。

机壳上部用钢板焊接，下部用混凝土浇筑而成。进风口为三开式的锥弧形，便于拆装。该型通风机的传动方式为 F 式。

2）K4-73-01 型离心式通风机型号的意义

以 K4—73—01 №32F 为例说明其型号意义。

K——矿用通风机；

4——通风机最高效率点全压系数为 0.4；

73——通风机在最高效率点的比转数为 73；

0——叶轮为双侧进风；

1——设计序号；

№32——机号前冠用符号，叶轮直径为 3200 mm；

F——传动方式为 F 式（即双支承，联轴器传动）。

二、轴流式通风机的结构

（一）轴流式风机的主要结构组成

轴流式风机主要零部件有叶轮、导叶、机壳、集流器（集风器）、疏流罩（流线体）和扩散器、支架、传动部分等，如图 4-48 所示。

1. 叶轮

叶轮是对流体做功以提高流体能量的关键部件，主要由叶片和轮毂组成，叶片多为机

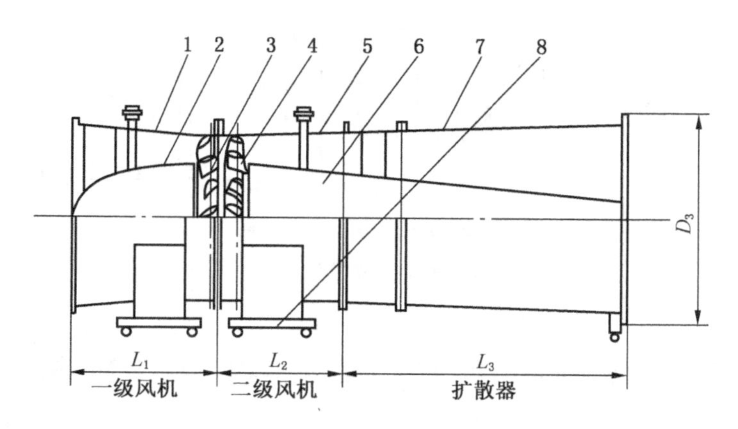

1—集流器；2—流线体；3、4—叶轮；5—机壳；6—扩散器内锥筒；7—扩散器外锥筒；8—支架

图 4-48 轴流式通风机结构

翼形扭曲叶片，如图 4-49 所示。叶轮外径、轮毂比（即轮毂直径与叶轮外径之比）、叶片数、叶轮结构和叶片叶型对风机性能有着重要影响，各主要参数均通过试验确定。对于矿井主通风机的叶轮，一般要求风机反转时，反风量大于正常风量的 60%。

图 4-49 轴流式通风机的叶轮及叶片

2. 导叶

根据叶轮与导叶的相对位置，在第一级叶轮前的导叶叫前导叶，最后一级叶轮后的导叶叫后导叶，两级叶轮间的导叶叫中导叶。导叶的作用是确定流体通过叶轮前或后的流动方向，减少气流流动的能量损失。对于后导叶还有将叶轮出口旋绕速度的动压转换成静压的作用。若前导叶可调，还可以改变风机的工况点。为避免气流通过时产生同期扰动引起强烈噪声，导叶叶片数和动叶叶片数应互为质数。导叶叶型可用机翼型，也可用等厚度圆弧板型。导叶高度与动叶要相适应，安装在风机的外壳上。导叶与动叶叶片的布置如图 4-50所示。

3. 集流器和疏流罩

集流器（集风器）是叶轮前外壳上的圆弧段。疏流罩（流线体）在轮毂前面，其形状为球面或椭球面。集流器和疏流罩的作用是改善气体进入风机的条件，使气体在流入叶轮的过程中过流断面变小，以减少入口流动损失，提高风机效率。

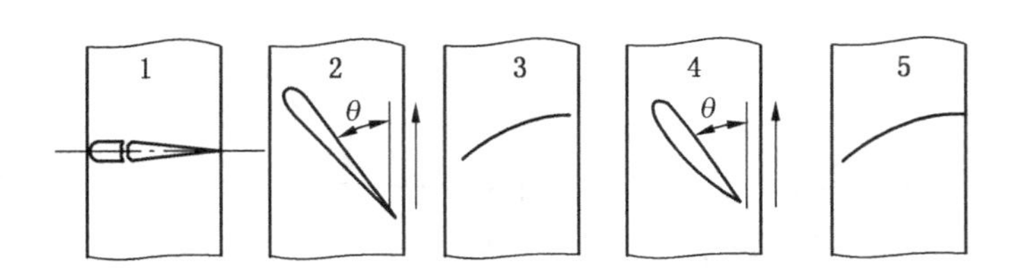

1—前导叶；2、4—动叶叶片；3—中导叶；5—后导叶

图 4-50 导叶与动叶叶片的布置图

4. 扩散器

扩散器的作用是将流体的部分动压转换为静压，以提高风机静效率。其结构型式有筒形和锥形两种。

轴流式通风机可以通过调整叶片安装角度来调节风机风量和风压，同时又可反转反风，不需设反风道、反风门等装置，减少了基建费用，方便了风机的安装和运行，在煤矿生产中得到广泛应用。

（二）几种常用轴流式通风机的结构

1. GAF 型轴流式通风机

1）GAF 型轴流式通风机的结构

GAF 是我国引进西德透平通风技术公司（TLT）的技术制造而成的，叶轮直径从 ϕ1000 mm 到 ϕ6300 mm 有 32 种。轮毂直径有 7 种，叶轮有单级、双级两种，形式有卧式和立式。基本型号分 4 个系列 896 种规格，叶片数目 6~24 片，叶片调节分不停车调节和停车调节两种。图 4-51 所示为 GAF31.6-15-1 型通风机的结构示意图，该风机采用轴承箱内置的卧式结构，双级叶轮，动叶机械式停车集中可调，电机置于排气侧的弯道外侧，经刚挠性联轴器、中间轴与风机转子直接传动。风机组成包括进口闸门、进气圆筒、整流环、机壳、叶轮、主轴承箱、中间轴、刚挠性联轴器、扩散器、带导流叶片的弯道、垂直扩散器、出口消声器、制动器、润滑油站、电动机等部件。

进口闸门的作用是在风机停车或维修时将风道和风机隔开。整流环为筒形焊接件，内装流线型整流罩，用于减小气流进入叶轮时的冲击损失。

机壳由内筒、外壳、后导叶及轴承箱支承环等组成，采用水平剖分结构，在机壳内壁叶片旋转处镶嵌有铜板。风机叶轮与主轴采用过盈和键配合，动叶片采用铸铝合金，中间轴为空心传动轴。

扩散器流道为沿气流方向内筒收缩外壳扩张的锥形钢板焊接构件。立式扩散器顶部装有 8 片吸音片消声器。制动器用来制动转子，减少转子停车时间，以便迅速对动叶进行机械调节。

2）GAF 型轴流式通风机型号的意义

以 GAF31.5-19-1 为例说明其型号的意义。

G——矿用通风机；

A——轴流式；

F——动叶可调；

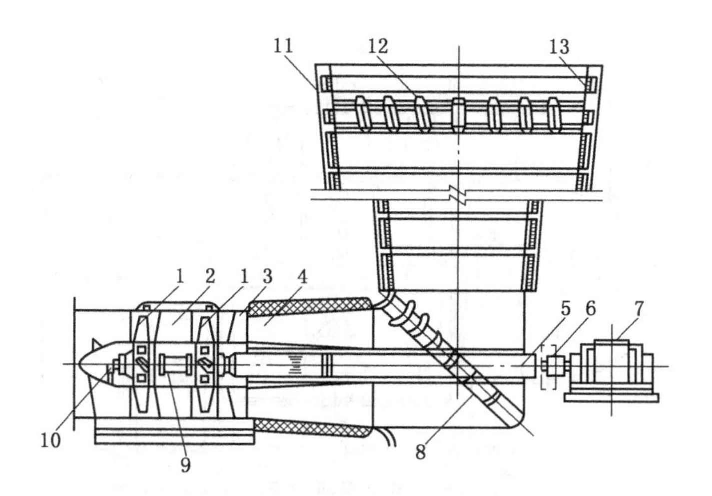

1—叶轮；2—中导叶；3—后导叶；4—扩散器；5—传动轴；6—刹车机构；7—电动机；
8—整流叶栅；9—轴承箱；10—动叶调节控制头；11—立式扩散器；12—消声器；13—消声板

图 4-51 GAF 型轴流式通风机结构示意图

31.5——叶轮直径，dm；

19——轮毂直径，dm；

1——级数为 1 级。

2. 2K 型轴流式通风机

2K 型轴流式通风机是我国 20 世纪八九十年代自行研制生产的矿山主要通风机，用于煤矿矿井通风，也适用于金属矿的通风。我国于 20 世纪 80 年代研制出了 2K60 型轴流式通风机，并于 20 世纪 90 年代研制出 2K56 型通风机。以 2K60 型轴流式通风机为例进行说明。

1）2K60 型轴流式通风机的结构特点

图 4-52 所示为 2K60 型轴流式通风机的结构图。它主要由进风口（集流器和流线体）、叶轮、中导叶、后导叶、传动部分（轴、轴承、支架和联轴器）和扩散器等组成。

（1）进风口。进风口由集流器和流线体组成，其作用是把空气沿轴向均匀地导入叶轮，以减小气流的冲击损失，提高风机效率。

（2）叶轮。2K60 型通风机有两个叶轮，叶轮由轮毂和叶片组成，风压和风量较大。每个叶轮上有 14 片机翼形扭曲状叶片，机翼形扭曲状叶片可以减小气流在叶轮内的径向流动和环流，损失较小，效率较高。叶片安装角可在 15°~45°范围内进行调整，叶片数目也可以调整，两个叶轮可都装 14 片或 7 片叶片，也可装成一级叶轮 14 片叶片和二级叶轮 7 片叶片，调节范围较大。

（3）中、后导叶。导叶也叫整流器。中导叶安装在一、二级叶轮之间，有 14 片机翼形扭曲状叶片；后导叶安装在二级叶轮后，有 7 片机翼形扭曲状叶片。中导叶的作用是改变从第一级叶轮流出的气流方向，提高第二级叶轮产生的压力。后导叶的作用是将从第二级叶轮流出的气流调整为轴向流动，以减小损失，提高效率。中、后导叶安装在主体风筒

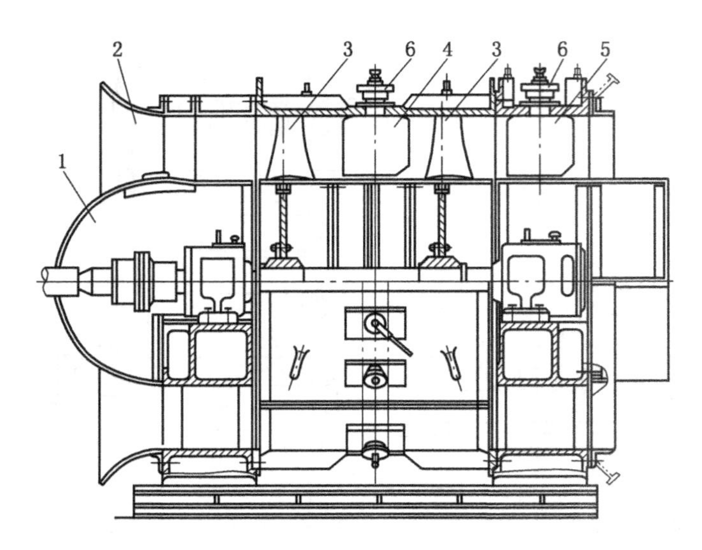

1—流线体；2—集流器；3—叶轮；4—中导叶；5—后导叶；6—绳轮

图 4-52　2K60 型轴流式通风机结构

内，导叶角度可利用电动机构或手动操作装置进行调节，以便反转反风。

（4）传动部分。传动部分由轴、轴承、支架和联轴器等组成。轴承采用滚动轴承，并装有测温装置（铂热电阻温度计），接二次仪表可做遥测记录和超温报警。传动轴两端用齿轮联轴器分别与通风机和电动机连接。

（5）扩散器。扩散器由锥型筒芯和筒壳组成，呈环形，装在通风机出口侧。扩散器过流断面逐渐扩大，气流在扩散器中的流速逐渐降低，可使一部分动压转变为静压，提高了通风机的效率。

另外，该通风机为满足反风需要还装有手动制动闸，需要停止电动机反转反风时，制动闸可使叶轮迅速停止转动，以缩短电动机反转反风操作时间。

2）2K60 型通风机型号意义

以 2K60-4-№28 为例子说明型号的意义。

2——两级叶轮；

K——矿用通风机；

60——轮毂比 0.6 的 100 倍；

4——设计序号；

№28——通风机机号，即叶轮直径 2800 mm。

3. FBCZ、FBCDZ 型轴流式通风机

1）FBCZ、FBCDZ 型轴流式通风机的结构特点

图 4-53 所示为 FBCZ 型轴流式通风机的结构示意图。该类型的通风机为单级防爆轴流式通风机，是根据中、小型煤矿的通风网络参数设计的，适用于通风阻力较小的中、小型矿井通风。图 4-54 所示为 FBCDZ 型通风机的结构示意图。该系列通风机为防爆对旋轴流式主要通风机，是根据大、中型煤矿的通风网络参数设计的，适用于通风阻力较大的

大、中型矿井通风。

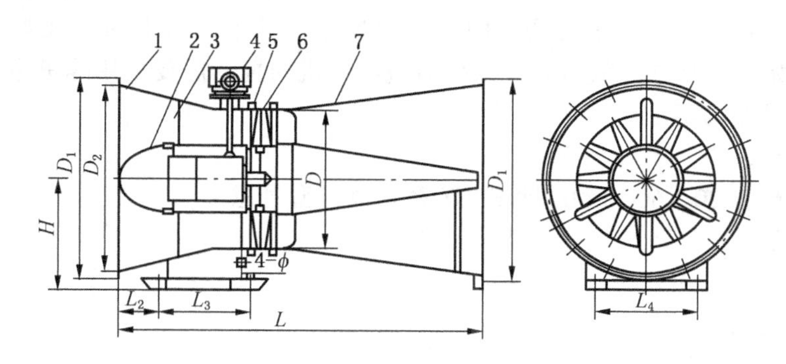

1—集流器；2—导流体；3—进风口；4—电动机；5—铜环；6—叶轮；7—扩散器

图 4-53　FBCZ 型轴流式通风机结构示意图

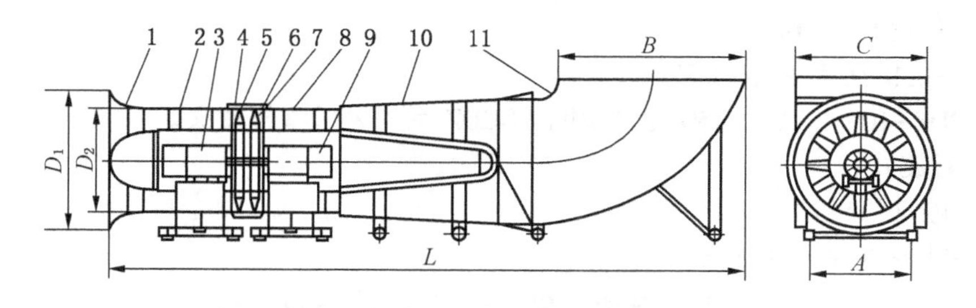

1—集流器；2—前主体风筒；3—一级电动机；4—一级中间筒；5—一级叶轮；6—二级中间筒；7—二级叶轮；8—后主体筒；9—二级电动机；10—扩散器；11—扩散塔

图 4-54　FBCDZ 型通风机结构示意图

FBCZ 型通风机主要由集流器、导流体、进风口、电动机、铜环、叶轮和扩散器等组成。FBCDZ 型通风机与 FBCZ 型通风机结构不同之处主要是 FBCDZ 型通风机具有二级电动机和二级叶轮以及扩散塔等，其他结构基本相同。

FBCZ 型通风机的集流器、流线型导流体和进风口的作用是使空气以最小的阻力均匀地沿轴向进入叶轮，以减小损失和气流冲击。电动机为专用防爆电机，安装与瓦斯污风相隔绝的隔流腔内，隔流腔的进风道和排风道与机壳外的大气相通，用新鲜风流冷却电动机，电动机与叶轮直联，传动效率高。叶轮由轮毂、叶片和叶柄等组成，是传递能量的重要零件；叶片为中空钢板结构的机翼扭曲形，减小了气流在叶轮内的径向流动与环流，从而减小了损失，气动效率高。叶轮经动平衡试验，运转平稳。铜环设置在风机筒体内叶轮回转部分，以防止叶片在高速运行中与筒体摩擦产生火花，使风机运行安全、可靠。扩散器的作用是降低风机出口动能，使部分动压转化为静压，提高风机静压效率。

FBCDZ 型通风机两工作叶轮相对安装，旋转方向相反，气流方向相同。它比两台同型号的单级轴流式通风机串联风量大、风压高。扩散塔安装在扩散器后断面逐渐扩大的向上弯曲的排风弯道内，可将污风排至上空，保护周围环境并降低噪声。

FBCZ、FBCDZ 型通风机的优点是电动机与叶轮直联，传动效率高；电动机安装在风机主体风筒内，减少了电动机外置时所需的“S”形风道，提高了运行效率；该型通风机刹车后可直接反转反风，反风量可达60%，不需要建反风道；结构紧凑，安装方便，基础设施投资费用低；叶片安装角可调，用户可以根据矿井前、后期所需风量、风压进行调整，使工况点始终保持在高效区。该系列风机电动机内置，需要采用隔爆电机，存在检修不便和冷却效果差的不足。

2）型号意义

以 FBCZ-6-№20/160 为例说明 FBCZ 系列风机型号意义。

F——风机；

B——防爆；

C——抽出式；

Z——主要通风机；

6——电动机极数；

№——机号前冠用符号；

20——叶轮直径 2000 mm；

160——装机功率，160 kW。

以 FBCDZ-10-№32/2×450 为例说明 FBCDZ 系列风机型号意义。

D——对旋式；

10——电动机极数；

32——叶轮直径 3200 mm；

2×450——装机功率，2 台电动机，单台电动机功率 450 kW；

其他符号意义同 FBCZ-6-№20/160。

4. BDK 型对旋轴流式通风机

1）结构特点

BDK 型对旋轴流式通风机具有高效、节能、低噪声、运行平稳及结构简单、安装维修方便等特点，是一种新型的轴流式通风机，适用于大、中型矿井做地面抽出式通风。该风机是由收敛形集流器、一级风机、二级风机、扩散器、消声器、圆变方接头、扩散塔等部分组成，如图 4-55 所示。

BDK 型对旋轴流式通风机的各部件分别设有托轮，在预设的轨道上可沿轴向移动，部件间用螺栓连接。一、二级风机主要由叶轮、电动机、风筒、隔流腔、回流环等组成。风机一、二级叶片分别采用了互为质数、安装角可调的弯掠组合正交型叶片，两级工作叶轮互为导向叶片并相对旋转，因省去了风机的导叶装置，减少了导叶部分的能量损耗，简化了结构。风机叶片采用半自动调节，在机壳外面通过专用工具即可调节。传动方式采用叶轮与电机直联结构，保证了生产的安全性，提高了运行效率。

高压隔爆型电动机安装在风机风筒中的隔流腔内，隔流腔具有一定的耐压性能，能使电机与风机流道中含瓦斯的污风相互隔绝，同时还起了一定的散热作用。隔流腔中有一新鲜风流管将电机与大气相通，使隔流腔内保持正压状态，既增加了电机的防爆性能，又使电机的热量散发到大气中，提高了风机的可靠性。在叶轮回转部分的筒体上增设了保护圈，以防止叶轮、叶片在长期高速运行后产生变形与筒壁摩擦产生火花，引发事故。

BDK 型风机配有钢板制成的扩散器和新式流线型扩散塔，将出口气流的大部分动压转

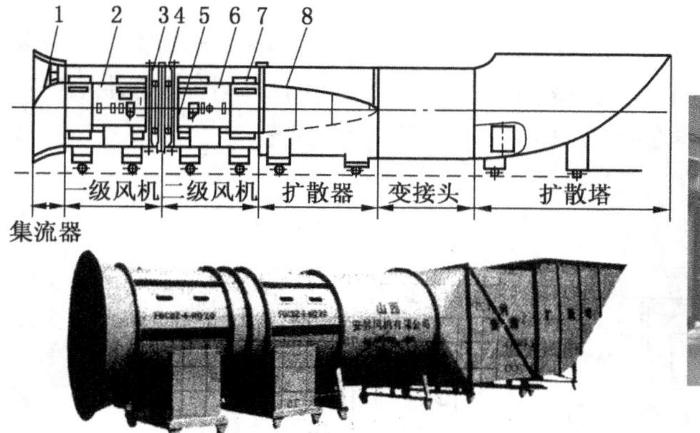

1—导流体；2—一级电机；3—一级叶轮；4—二级叶轮；5—制动杆；6—二级电机；7—电机新风管；8—扩散器内芯

图 4-55　BDK54 型对旋轴流式通风机结构示意图

变为静压，提高了风机的静压效率。用超细玻璃棉制成消音器，其结构为蜂窝状阻抗复合式，能有效地降低噪声。风机可以反转反风，反风量可达正常风量的 60%。

BDK 型对旋式轴流风机是一种结构新颖，具有广泛应用前景的新型轴流式通风机，它具有以下主要优点：

（1）效率高，节电效果显著。

（2）可直接反转反风，反风量超过《煤矿安全规程》的要求，可达 60% 以上。

（3）结构紧凑，体积小，运输方便，安装、检修容易。

（4）不需构筑反风道、通风机基础和机房（只需构筑两个面积较小的电控室），可大大节省基建投资，缩短施工工期。

（5）风机房建筑简单，占地面积小，对于场地面积小、有地表塌陷、滑坡危险的地区尤为适合。

（6）运行时的稳定性较一般轴流式通风机高而噪声低。

2）型号的意义

现以 BDK65A-8-№24 为例，说明符号的意义：

B——隔爆型；

D——对旋式轴流风机；

K——矿用风机；

65——该型通风机轮毂比的 100 倍；

A——叶片数配比为 A 种；

8——配用 8 极电机，转速为 740 r/min；

№24——通风机机号，即叶轮直径为 2400 mm。

5. BD-Ⅱ系列轴流式主要通风机

BD-Ⅱ系列通风机具有效率高、噪声低、结构紧凑、性能可靠、安装便利等特点。BD-Ⅱ系列通风机适用于作煤矿的主要通风机，也可不配制扩散塔作井下辅助通风机用。

1）BD-Ⅱ系列轴流式主要通风机的结构

如图 4-56 所示，BD-Ⅱ系列通风机由集流器 1、第一级筒体 2、第一级叶轮 3、筒圈 4、第二级叶轮 5、第二级筒体 6、电动机 7、扩散筒 8、扩散塔 9 和拖车 10 等部件组成。根据用户需求，可配套控制柜、变频调速器、在线监测和故障诊断系统。

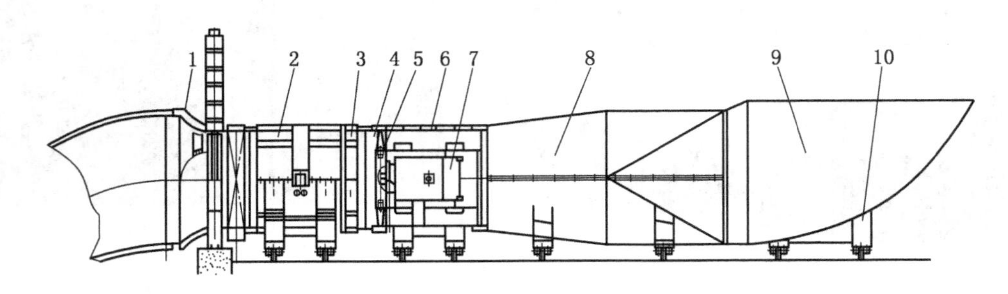

1—集流器；2—第一级筒体；3—第一级叶轮；4—筒圈；5—第二级叶轮；6—第二级筒体；7—电动机；8—扩散筒；9—扩散塔；10—拖车

图 4-56　BD-Ⅱ系列轴流式主要通风机

（1）叶轮。该系列通风机采用两级叶轮对旋式结构，两级叶轮分别由容量及型号相同或不同的隔爆专用电动机驱动。两叶轮旋转方向相反，从进风口看，第一级叶轮（13 个叶片）顺时针方向旋转，第二级叶轮（9 个叶片）逆时针方向旋转。

当空气流入第一级叶轮获得能量后，进入第二级叶轮。第二级叶轮兼具普通轴流式通风机中导叶的功能，使气流轴向流出，同时还会增加气流的能量，从而达到普通轴流式通风机不能达到的高效率和高风压。

（2）叶片。该系列通风机为 BD 系列通风机的第二次设计，其叶片采用弯掠组合正交三维扭曲技术，使用铝合金材料制造，大大提高了通风机的技术参数，效率提高了 5%～10%，噪声降低了 10～20 dB。

该系列通风机的叶片安装角度可以根据需要进行调节。用户可以根据矿井通风网络参数的变化，结合通风机性能曲线选择合适的叶片安装角度。在调节范围内，叶片安装角度增大时，风量增大，电动机功率也随之增大；反之亦然。

（3）电动机。该系列通风机选用了隔爆型电动机，电动机安装在风筒中的隔流腔内。隔流腔具有密封性，能够保证电动机与通风机流道中含有瓦斯的气体相互隔绝。

（4）其他结构。该系列风机配有电动机测试仪、风机测试仪、电动机轴承温度测试仪、电动机定子温度测试仪等，监测齐全。

2）BD-Ⅱ系列轴流式主要通风机型号的意义

现以 BD-Ⅱ-8№28 为例，说明其型号的意义：

B——防爆型；

D——对旋结构；

Ⅱ——改进型，采用弯掠组合正交技术；

8——配用 8 级电动机；

№28——机号，叶轮直径为 2800 mm。

6. KDZ 型轴流式局部通风机

1）KDZ 型轴流式局部通风机的结构

KDZ 型轴流式局部通风机的结构如图 4-57 所示，主要由两台电动机、两级叶轮、前后机壳、前后消声器和进风口等组成。

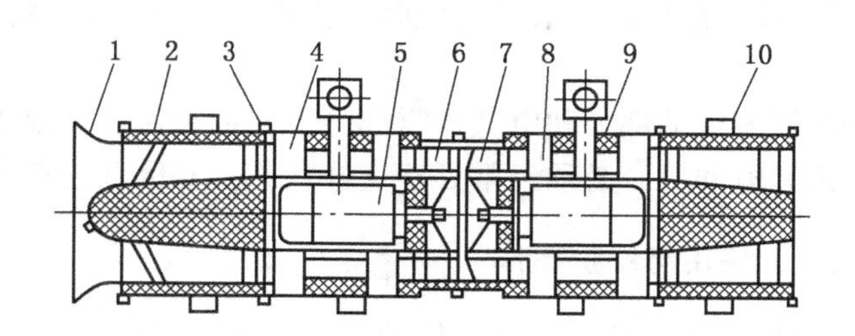

1—进风口；2—前消声器；3—前机壳；4—进气翼；5—电动机；6—Ⅰ级叶轮；7—Ⅱ级叶轮；8—出气翼；9—后机壳；10—后消声器

图 4-57　KDZ 型轴流式局部通风机结构

通风机外筒及结构件均采用钢板焊接而成，内筒采用多孔板焊接而成，内装消声材料。通风机外筒可拆卸，便于清洗和更换消声材料，以确保通风机在低噪声状态下运行。电动机外壳依靠止口法兰用螺栓连接在通风机内，可作风道。叶轮为翼形钢制，两级叶轮叶片应互为质数，以避免前后级叶轮气流脉动相互叠加，确保前后级叶轮能够平稳协调工作，提高通风机的全压效率，降低噪声。

2）KDZ 型轴流式局部通风机性能特点

KDZ 型风机具有高效高压的性能特点，风量 250～450 m^3/min，风压 6600～2500 Pa，全效率 80%，功率为 2×26 kW。适用于井下长距离（大于 1500 m）巷道掘进压入式通风。

三、通风机的维护

（一）通风机调整和试运转注意事项

（1）通风机在安装和检修后要进行调整和试运转。运转前要对通风机做详细的检查。

（2）在选择通风机的启动工况时，应尽量选择功率最低处并尽量避免出现不稳定现象。轴流风机应在风门半开或全开的情况下启动；离心风机应在风门全闭的情况下启动。

（二）通风机日常维护注意事项

（1）只有在设备完全正常的情况下才能运转。

（2）每隔 10～20 min 检查 1 次电动机和通风机的轴承温度以及 U 形差压计、电流表等的读数，并作记录。

（3）定期检查轴承内的润滑油量、轴承的磨损情况、叶片有无弯曲和断裂、叶片的紧固程度等。

（4）机壳内部及叶轮上的尘土，应每季清扫 1 次，以防锈蚀。

（5）检修通风机时，应注意不能有掉入或遗留在机壳内的工具及其他东西。

（6）注意检查皮带的松紧程度或联轴器的连接螺丝，必要时进行调整或更换。

（7）按规定时间检查风门及其传动装置是否灵活。

（8）除定期检查与修理外，平时还应进行运转期间的外部检查，注意机体各部分有无漏风和剧烈振动。

（9）在处理电气设备的故障时，必须首先断开检查地点的电源，清扫电动机，尤其是绕组时更应注意。

（10）露在外面的机械传动部分和电气裸露部分，要加装保护罩或遮拦。

（11）备用通风机和电动机，必须经常处于完好状态，并保证能在 10 min 内启动。

四、通风机的安装、使用与维护操作

以 BD-Ⅱ系列主要通风机为例，介绍风机的安装、使用与维护的相关知识。

（一）安装

该系列通风机的安装和使用必须符合《煤矿安全规程》的有关规定。

按通风机安装图处理好安装场地，场地要有足够的空间，能使通风机排出的风顺畅地进入大气。通风机应安装在混凝土基础上，带拖车的通风机还应在混凝土基础上铺设钢轨。根据用户要求，一般在交货前提供通风机安装图，用户应根据安装图进行基础施工和通风机安装。交货前没有提供通风机安装图的，应在随机资料中附带。

通风机必须安装在煤矿风井的风硐出口，以保证隔流腔换气管与大气相通，不允许通风机与回风井直接对接，同时回风井出口必须安设防爆门。

安装时必须检查如下内容：

（1）检查各部螺栓、螺母、垫圈是否齐全、完整、紧固。

（2）检查叶片顶部与筒圈间隙是否符合要求（单边间隙不得小于 2.5 mm）。

（3）手动盘车时，前、后级叶轮各转 3 转，转动应灵活，无卡阻现象。

（4）通风机集流器法兰与风硐出风口连接处必须密封。

（5）保证电动机隔流腔换气管进出口畅通。

（6）带注油、排油装置的，应检查进、排油路是否畅通，注油管内是否注满润滑脂。

（7）机号为№20 以上时，通风机带有叶轮制动装置，应检查制动装置是否灵活、可靠。

（8）按电动机使用说明书、控制柜使用说明书、温控装置或其他监控装置使用说明书接好电源和控制线路，特别注意电源电压是否与电动机电压等级、接线方式相符。

（9）安装好保护接地装置，并检查控制设备及保护装置整定是否合理。

（二）启动

在启动通风机前，必须检查流道中，特别是进风口前 50 m 内是否有异物，如有，必须清除，以防吸入通风机内，损坏叶轮。

在启动通风机前，应仔细阅读启动设备说明书，按要求操作。

通风机上注明的旋转方向为通风机正转（作抽出式通风）时的方向，通风机在正常启动前，应先单独启动每一级，分别观察每一级的叶轮旋转方向是否与通风机外壳上标明的旋转方向相同，不相同时，应改变电动机电源顺序。

通风机在安装后第一次启动前或长期停运后重新投入运行前，必须测量电动机定子绕组对地的绝缘电阻。额定电压为 380 V 时，用 500 V 的兆欧表测量，绝缘电阻不低于 0.38 MΩ；额定电压为 660 V 时，用 1000 V 的兆欧表测量，绝缘电阻不低于 0.66 MΩ；额定电压为 6000 V 和 10000 V 时，用 2500 V 以上的兆欧表测量，绝缘电阻不低于 20 MΩ。经检查合格后方可接通电源，启动通风机。

通风机启动时，可以先启动第二级风机，正常运转后再启动第一级风机，也可以先启动第一级风机，正常运转后再启动第二级风机。

（三）试运转

通风机正式使用前，应对正风（抽出式通风）和反风（压入式通风）状态分别试运转。注意反风时两个叶轮的旋转方向均与通风机外壳上标注的箭头方向相反。

试运转时要经常观察电流、电压、功率、电动机轴承和电动机定子的温度指示仪表（小机号的风机没有温控装置及仪表）。特别注意电动机是否过载，电动机轴承温度最高允许为 95 ℃，电动机定子温度最高允许为 80 ℃（环境温度为 40 ℃时，最高允许温度为 120 ℃）。发现异常，应立即停机检查或进行调试，并作好记录。

试运转时间以 8 h 左右为宜，经试运转正常后方可投入正式运转。

（四）叶片安装角度的调整

通风机出厂时，叶片角度已调至设计工况点，但因制造及用户提供的工况参数均有可能与实际存在一定的误差，故在安装完成后，有可能需要重新调整一、二级风机的叶片安装角。

1. 叶片安装角度调整程序

（1）分离两级风机筒圈。将第一级筒圈和第二级筒圈之间的连接螺栓 3、螺母 4 和垫圈 5 全部拆下（图 4-58），并将第二级筒圈和扩散塔整体沿轨道往后移动，使两筒圈分开，两级风机分离适当距离（相距 1.5～2 m，以方便人员操作为原则），如图 4-59 所示。

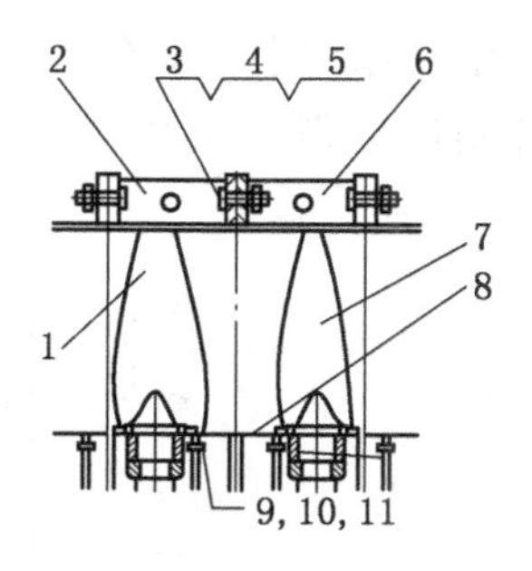

1—第一级叶轮；2—第一级筒圈；3—螺栓；4—螺母；5—垫圈；6—第二级筒圈；
7—第二级叶轮；8—导流盘；9—螺栓；10—弹簧垫圈；11—防松钢丝

图 4-58　第一、二级筒圈连接方式

（2）拆卸连接螺栓组件。全部拆下叶轮上的螺栓 9、垫圈 10、防松钢丝 11，并取下叶轮上的导流盘 8。注意，在取下导流盘前要在轮毂上做好位置标记。

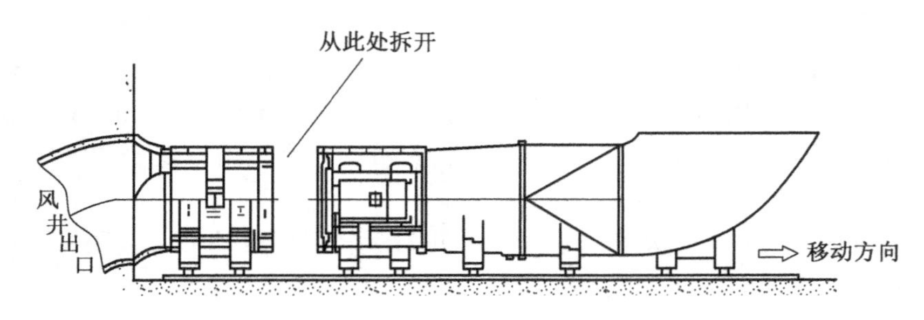

图 4-59　两级风机分离状态

（3）松开叶柄上的紧固螺栓。如图 4-60 所示，松开叶柄上的紧固螺栓 1 和弹簧垫圈 2，卡箍 3 即松动，叶片叶柄即可在叶柄座 5 内转动。

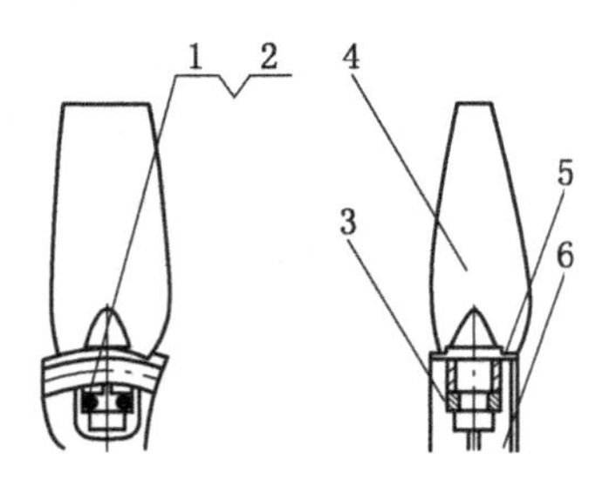

1—紧固螺栓；2—弹簧垫圈；3—卡箍；4—叶片；5—叶柄座；6—轮毂

图 4-60　叶片与叶箍的连接

（4）调整叶片安装角度。如图 4-61 和图 4-62 所示，通风机出厂时，已将叶片调整在设计工况位置，即图中 0 刻度位置（叶柄和轮毂上刻度均为 0）。轮毂上还刻有往大、往小调节的各三根刻度线，相邻两刻度线之间的角度相差 2.5°。调节时，转动叶柄将其上刻度对准轮毂上对应的刻度，当需增大风机风量、风压时，应调大安装角 θ，可调至 2.5°或 5°或 7.5°位置；当需要减小风量、风压时，应该调小安装角 θ，可调至-2.5°或-5°或-7.5°位置。必要时，通风机叶片角度的调节范围可以在两个刻度线之间，也可以超出 7.5°或-7.5°刻度位置。

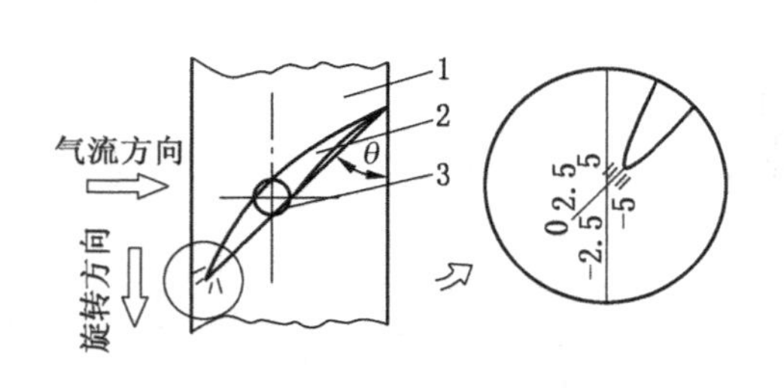

1—轮毂；2—叶片；3—叶柄

图 4-61　第一级叶轮叶片刻度

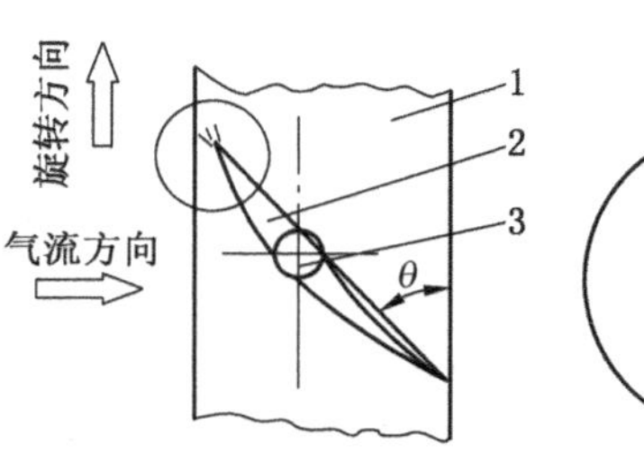

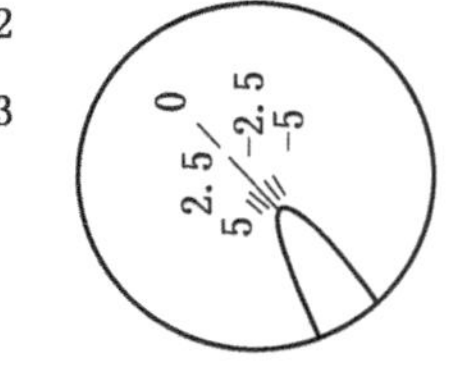

1—轮毂；2—叶片；3—叶柄

图 4-62　第二级叶轮叶片刻度

叶片调节过程，不必将叶片、卡箍取下。如需将叶片、卡箍取下，必须做好标记，安装时一一对应，放回原位，以免影响通风机的平衡。调整后同一叶轮上的叶片安装角度必须一致，即在同一刻度上。

2. 恢复安装通风机注意事项

调整后，按上述相反程序将通风机恢复。此过程需要特别注意：

（1）为确保叶片不松动，图 4-60 所示弹簧垫圈 2 只可使用一次，拆松后必须更换新的。

（2）将图 4-60 所示螺栓 1、图 4-58 所示螺栓 9 拧紧，将图 4-58 所示防松钢丝 11 装好。按位置标记上好盖板。盘车时应轻松、无卡阻现象。

（3）仔细检查，确定没有工具等其他异物遗留在通风机内部，否则有可能在通风机启动时损坏叶片。

（4）重新启动通风机，如果调节是增大叶片安装角，必须特别注意电动机功率不能过载。

（五）运行

1. 建立运行记录档案

通风机在使用过程中，应备有运行、检修记录本，记录通风机的运行情况，其中包括：

（1）通风机的启动和停机时间、停机原因。

（2）环境温度、湿度和大气压力。

（3）电动机工作电压、工作电流，轴承、绕组的温度。

（4）通风机工作的风压、风量。

（5）电动机轴承加换润滑脂的时间、数量及牌号。

（6）定期检查中发现的异常情况。

（7）工作中发生故障的详细内容及排除情况。

2. 运行操作中注意事项

（1）设置有不停机加油和排油装置的通风机，注油前应先将电动机排油孔打开，以便排弃废油。在运行过程中，应优先按电动机说明书或标牌要求的牌号、时间间隔和注入量来加注润滑脂。电动机说明书中没有相关条款，也没有相关标牌的，一般每运行 500 h 注入 2 号二硫化钼锂基润滑脂 20~45 g。

（2）注油后第一次运行时，轴承温度短时间内可能较高，这是润滑脂过多造成的。过一段时间后，部分多余的润滑脂将从排油口排出，随后轴承温度会逐步恢复正常。即轴承在安装或换油后的最初几小时内温度会逐渐上升，经过一段时间后，温度就会逐渐降到允许范围内。

（3）通风机停止运转时，因通风机停风受到影响的地点，必须立即停止工作，切断电源，工作人员撤离。通风机因故停机期间，必须打开井口防爆门和有关风门，以便能够充分利用自然通风。

（六）维护

1. 检修制度

按机电设备检修的有关规定：主要通风机应在三个月内小修一次，每年中修一次，三年大修一次，但也可根据设备状态适当提前或延期进行。各种检修的内容可根据日常预防性检查的结果来决定。

2. 定期停机检查

通风机要定期停机，全面检查各个部件是否符合要求，重点检查如下内容：

（1）检查电动机的前后轴承磨损情况，需要更换时，按型号更换轴承和润滑脂。

（2）检查通风机叶轮部分各零部件的连接是否松动，叶片的安装角度是否与原先设定的相同，发现问题及时处理。

（3）检查叶片时，用硬刷清除叶片上的煤尘，用手摇动叶片看叶柄有无松动。发现叶片因腐蚀而出现小孔时必须更换。新更换叶片的参数、材质、重量必须与旧叶片相同，并由原生产厂家提供（因为通风机叶轮出厂时做了精确的动平衡试验）。安装和检修中，端盖和叶片不得随意调换位置。

（4）通风机隔流腔的各个接合面，使用阻燃橡胶垫密封，必须确保主风道的气流与电动机冷却风流隔开。如果橡胶垫损坏或老化应及时更换。

（5）电动机、控制柜、温控装置及其他监控装置的运转、维修和保养参照其使用说明书。检修电动机时，需保护好隔爆面和隔流腔及各种密封胶垫。

（6）叶轮的轴向固定螺栓、叶轮上导流盘与轮毂的连接螺栓、电动机的地脚螺栓等都采用六角形头部带孔的螺栓，并采用防松钢丝相互连接，以防止螺栓松动，维修后应注意保持这种连接方式。

（7）应定期清理风道中的堆积物。

（8）通风机运行中所使用的仪器、仪表、探头等，应按要求定期校准。

五、通风机的完好标准

通风机完好标准见表4-7。

表4-7 通风机完好标准

项目	完好标准	备注
连接件及护罩	螺栓、螺母、背帽、垫圈、开口销、铆钉、护罩要齐全、完整、坚固	
机壳、叶轮	机壳不漏风，防锈良好，叶片、辐条齐全、坚固、无裂纹； 轴流式叶片安装角度一致，误差不超过±1°； 叶轮保持平衡，能在任何位置停止	用样板检查
传动装置	联轴器的端面间隙及同心度误差符合表4-8的规定； 带轮平行对正，两带轮轴向错位不超过2 mm，端面偏摆不大于轮径的2‰，三角带松紧程度适宜。三角带和带槽底部应有间隙，带根数符合厂家规定； 齿轮联轴器的齿厚磨损不超过原齿厚的30%； 弹性联轴器的胶皮圈外径与孔径差不大于2 mm	记录有效期为一年

表 4-7（续）

项目	完 好 标 准	备 注
轴及轴承	主轴及传动轴的水平偏差不大于 0.2‰； 轴承间隙不超过表 4-9 的规定； 滑动轴承温度不大于 65 ℃，滚动轴承温度不大于 75 ℃； 油质合格，油量适当，油圈转动灵活，不漏油； 运转无异常，无异常振动	
电气	电动机、启动设备、开关柜符合其完好标准； 接地装置合格	
仪表	水柱计、温度计、电压表、电流表等指示正确； 水柱计测点位置应符合设计规定； 水计柱应有两套，同时能测负压及全压或动压	仪表记录有效期为一年
反风装置	反风门关闭严密； 风门小绞车操作灵活（原设计无反风装置的不作要求）	
整洁与资料	设备与机房整洁； 风道、风门、电缆沟内无杂物，有反风系统图、运转日志和检查、检修记录	

表 4-8 联轴器的端面间隙及同心度误差

联轴器类型	端面间隙		同心度误差	
	直径/mm	间隙/mm	径向位移/mm	端面倾斜/‰
齿式联轴器	300～500	7～8	0.2	1.2
	500～700	11～14		
弹性联轴器	轴最大窜量+（2～3）		0.15	1.2

表 4-9 轴 承 间 隙

mm

轴径	滑动轴承	滚动轴承
50～80	0.20	0.17
＞80～120	0.24	0.20
＞120～180	0.30	0.25
＞180～260	0.36	0.30

【任务实施】

一、地点

实训车间和多媒体教室。

二、内容

（1）结合本地区生产矿井通风机使用情况分析离心式通风机的结构及特点。

（2）结合本地区生产矿井通风机使用情况分析轴流式通风机的结构及特点。

（3）写出典型离心式通风机型号，并说明其型号的意义。

（4）写出典型轴式通风机型号，并说明其型号的意义。

（5）对照实物认识离心式通风机各组成部分的名称，说明其作用。能读懂风机型号的意义。

（6）对照实物认识轴流式通风机各组成部分的名称，说明其作用。能读懂风机型号的意义。

（7）结合本地区生产情况，说明离心式通风机的安装、使用维护的内容和方法。

（8）结合本地区生产情况，说明轴流式通风机的安装、使用维护的内容和方法。

（9）通风机完好标准的主要项目有哪些？对轴及轴承、仪表和反风装置的要求有哪些？

（10）维护清扫主要通风机的转子及进行风门绞车的清扫和检查工作。

三、实施方式

参观教学——多媒体教学——理论实践一体化教学。

四、建议学时

12学时。

【任务考评】

考评内容及评分标准见表4-10。

表4-10 考评内容及评分标准

序号	考核内容	考核项目	配分	评分标准	得分
1	离心式通风机结构	1. 离心式风机结构组成及作用 2. 本地区用离心式通风机特点 3. 离心式风机型号的意义	20	1. 错一项扣7分 2. 错一小项扣2分	
2	轴流式通风机结构	1. 轴流式风机结构组成及作用 2. 本地区用轴流式通风机特点 3. 轴流式风机型号的意义	20	1. 错一项扣7分 2. 错一小项扣2分	
3	通风机安装、使用维护	1. 离心式通风机安装维护 2. 轴流式通风机安维护	40	1. 完成一种风机为40分 2. 缺一项扣5分	

表 4-10（续）

序号	考核内容	考核项目	配分	评分标准	得分
4	通风机完好标准	1. 机壳、叶轮 2. 轴及轴承 3. 仪表 4. 整洁与资料	10	1. 正确完整回答 3 个项 10 分 2. 每项中缺一内容扣 1 分	
5	遵章守纪，文明操作	遵章守纪，文明操作	10	错一项扣 5 分	
合计					

任务二　通风机的反风操作

【知识目标】

（1）明确反风的概念及要求。

（2）掌握通风机反风方法及操作过程。

（3）掌握通风机扩散器作用，熟悉通风机扩散器类型。

【技能目标】

（1）看懂通风机的反风装置图。

（2）能合作完成离心式通风机反风操作。

（3）能合作完成轴流式通风机反风操作。

【任务描述】

矿井主要通风机不仅要可靠保证正常风流运行方向和风量，而且还要满足矿井需要风流反向运行时的运行方向和风量。为此，要求使用维护人员熟练掌握通风机的反风操作，是保证矿井安全生产的关键。学习中必须给以足够的重视。

【任务分析】

一、主要通风机的反风

（一）反风的概念及要求

矿井通风有时需要改变风流的方向，即将抽出式通风临时改为压入式通风。例如，当采用抽出式通风时，在进风口附近、井筒或井底车场等处发生火灾或瓦斯、煤尘爆炸时，必须立即改为压入式通风，以防灾害的蔓延。像这种根据实际需要，人为地临时改变通风系统中的风流方向，叫作反风。用于反风的各种装置，叫作反风设施。

《煤矿安全规程》规定，主要通风机必须装有反风设施，必须能在 10 min 内改变巷道中的风流方向。当风流方向改变后，主要通风机的供给风量不应小于正常风量的 40%。

当通风机不能反转反风时，一般采用反风道反风；当通风机能反转反风时，可采用反转反风，但供给风量必须满足《煤矿安全规程》要求。

当反风门的开启力大于 1 t 时，应采用电动、手摇两用绞车，并集中操作；开启力小于 1 t 时，可用手摇绞车。风门绞车应集中布置。

（二）反风方法

1. 离心式通风机的反风

离心式通风机的反风方法主要是通过专用的反风道反风。图 4-5 为两台离心式通风机的机房布置图。两台通风对称布置，一台左旋，一备右旋，扩散器穿出屋顶。正常通风时，井下风流由出风井经过进风道进入通风机入口，而后由通风机经扩散器排出，风流在此过程中按实线箭头方向流动。

反风时，首先用手摇绞车或电动绞车，通过钢丝绳关闭垂直闸门，打开水平风门，并将扩散器中的反风门提起，堵住扩散器出口，使通风机与反风道相通。此时，大气由水平风门进入进风道和通风机入口，再由通风机出口进入反风道，然后下行压入风井，达到反风的目的。风流在此过程中按虚线箭头方向流动。

2. 轴流式通风机的反风

轴流式通风机的反风方法主要有通风机反转反风和用反风道反风两种。

1）通风机反转反风

调换电动机电源的任意两相接线，使电动机改变转向，从而改变通风机叶轮的旋转方向，使井下风流反向。一般情况下，仅改变叶轮的旋转方向并不能保证反风后的风量要求，还需要同时改变导叶的安装角。例如，2K60 型轴流式通风机反转反风时，需将中、后导叶转动 150°。

2）用反风道反风

图 4-7 为两台轴流式通风机的布置图。两台通风机一台工作，一台备用。反风绕道与风硐平行并列在地表下面，其断面尺寸相同。正常通风时，反风门提到上方位置，使通风机与风硐连通，同时把反风门 4 放到水平位置，使通风机出口与反风绕道隔开，而与扩散器连通。这样，来自井下的风流经风硐、通风机、扩散器排至大气。风流在此过程中按实线箭头方向流动。

反风时，先停止通风机，将反风门 3、4 和水平风门 8 放到图中所示位置，然后再启动通风机。在通风机不改变转动方向的情况下，大气由水平风门孔流入风硐，经通风机和扩散器风道前端的反风门孔，进入反风绕道，然后压入井下，实现反风。风流在此过程中按虚线箭头方向流动。

（三）通风机的反风操作

1. 离心式通风机的反风操作

1）中小型矿井离心式通风机的反风操作

图 4-63 为两台离心式通风机作矿井主要通风设备时的反风系统布置图。两台通风机对称布置，一台左旋，一台右旋，扩散器由屋顶穿出。正常通风时，电动机驱动叶轮旋转，使井下风流由出风井经进风道进入通风机入口，然后由通风机经扩散器排出，风流按实线箭头方向流动。

当矿井需要反风时，首先用手摇绞车或电动绞车 8，10，通过钢丝绳关闭垂直闸门 2 和 12，打开水平风门 13 并将扩散器中的反风门 6 提起，关闭扩散器出口，同时打开通风机与反风道间 16 的联络通道。此时，大气由水平风门进入进风道 11，14 和通风机入口，再由通风机出口进入反风道 1，16，然后下行压入风井，达到反风目的。风流在此过程中按虚线箭头方向流动。

反风风流运行方向：

新鲜风流→地面→13号风门→风道11、14→风机→6号风门→反风道→防爆门→总风道→井下总排→工作面→井下大巷→入风井→地面排出。

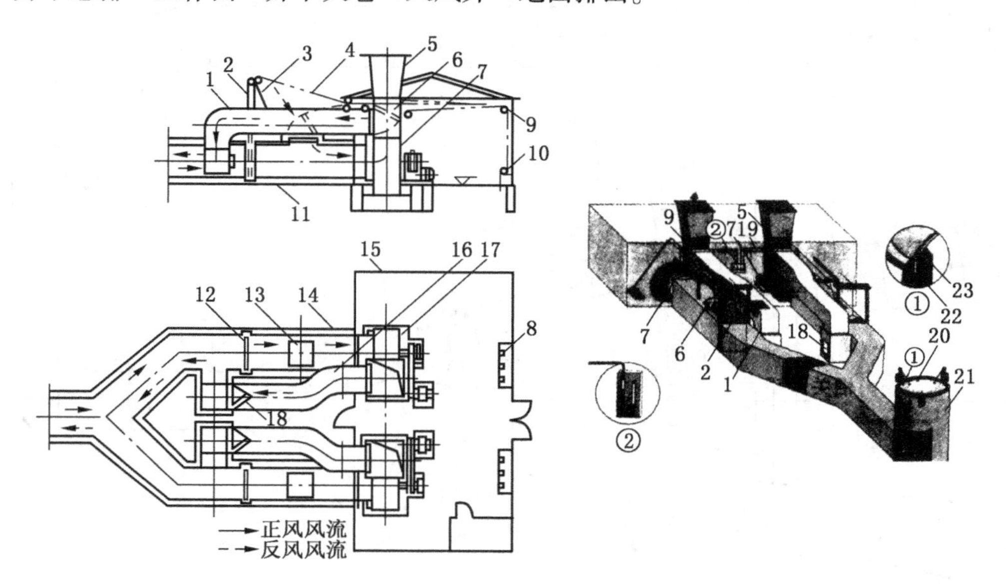

1、16—反风道；2、12—垂直风门；3—闸门架；4—钢丝绳；5—扩散器；6—反风门；7、17—通风机；8、10—手摇绞车；9—滑轮组；11、14—进风道；13—水平风门；15—通风机房；18—检查门；19—传压管；20—防爆盖；21—回风井；22—密封水槽；23—密封胶垫

图4-63　两台离心式通风机布置图

2）大型双吸离心式主要通风机的反风操作

大型双吸离心式主要通风机的反风设施，目前大多采用大回转地道反风系统。图4-64所示为某矿两台K4-73-01 №32型离心式主要通风机反风设旋。调节风门1、2采用立式调节闸板门。此外为了防止正常通风时通过反风道漏风，在反风道内加装了3号立式闸板门，兼作反风时启动通风机的调节闸门。反风门4、5、6、7则采用转动式风门。其中反风门6、7是两用风门，正常时关闭以与反风道隔离；反风时开启，既打开反风道通道，又关闭了通向扩散器的通道。

正常开动Ⅰ号通风机时，立式调节闸门2、3关闭，闸门1开启，反风门5、6、7关闭。其风流运行示意过程，如图4-65所示。

当Ⅰ号风机反风时，立式调节闸门1关闭，打开反风门4、6，开动Ⅰ号通风机，徐徐开启立式闸门3，风流便按虚线箭头方向反向流动。反风量可满足规定的要求。Ⅰ号风机反风风流运行示意过程，如图4-66所示。

正常或反风开动Ⅱ号通风机时，反风设施的动作与开动Ⅰ号通风机时相同。

每个风门备用一台风门绞车操纵。开启时绞车钢丝绳通过滑轮拉动风门，关闭时钢丝绳松弛风门，利用自重关闭。这种反风系统的缺点是占地面积大，布置分散，土建工程大。

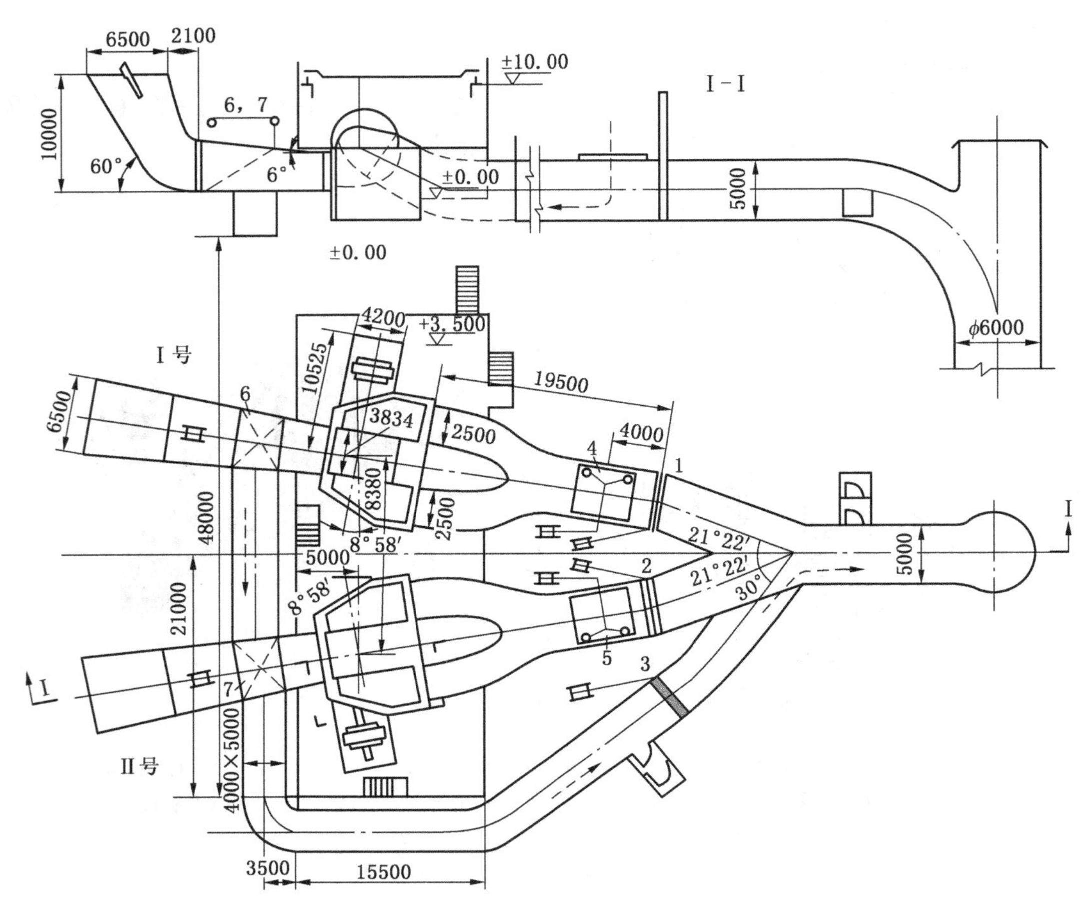

1、2、3—立式调节闸门；4、5—转动式反风门；6、7—转动式两用风门

图 4-64　某矿两台 K4-73-01 №32 型离心式主要通风机反风设施

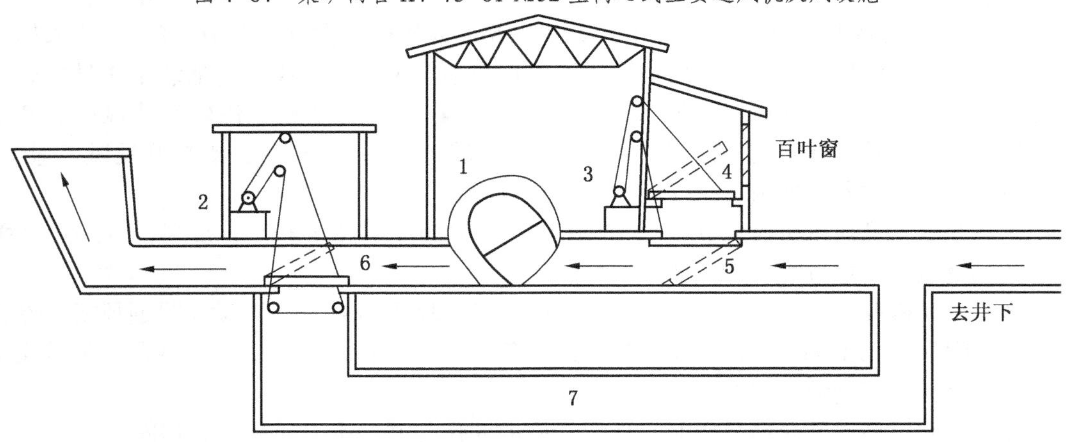

1—风机；2—风门绞车；3—反风门绞车；4、5—风门；6—反风门；7—反风道

图 4-65　I 号通风机正常时风流运行方向

图 4-64 反风风流运行方向：新鲜风流→地面→反风室→4 号风门→风道→风机→6 号风门→反风道→3 号门（立式闸门）→防爆门→总风道→井下总排→工作面→井下大巷→入风井→地面。

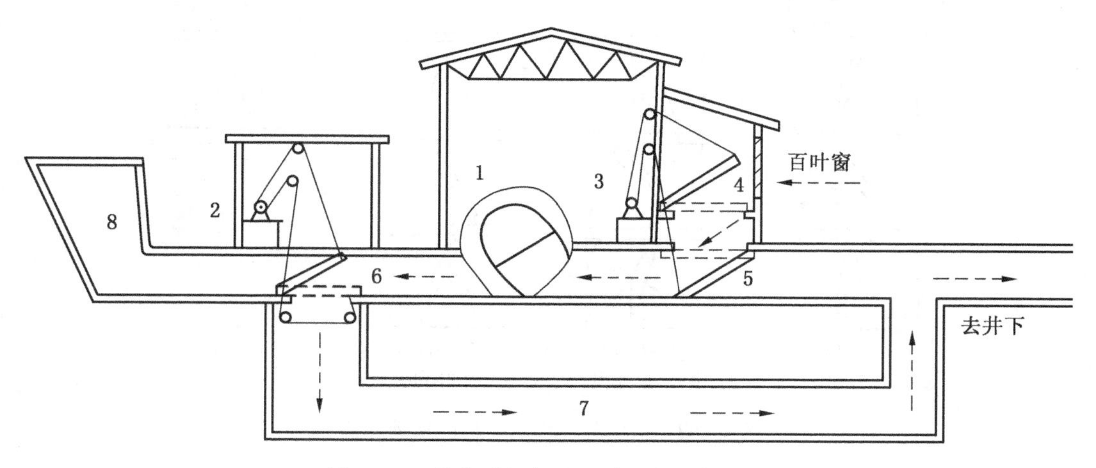

图 4-66　Ⅰ号通风机反风时风流运行方向

2. 轴流式通风机的反风操作

旧式轴流式通风机的反风设施类似于离心式通风机，即由反风道和一系列反风门组成的反风系统来执行反风任务。这种方法建筑费用高，操作时间长，有时机构还会失灵。

新型轴流式通风机实现了逆转反风的良好性能。不同类型的轴流风机采用的反风操作方法虽不尽相同，但工作原理类似，均是根据翼形叶片的空气升力原理，将动叶和导叶调整到适合反风气流流动的位置之后，采用叶轮反转的方法来满足反风要求。几种通风机的反风操作机构工作原理及操作方法介绍如下：

1）GAF 风机反风操作

国产 GAF 风机采用的反风方案：保持中、后导叶角度不变，将叶轮叶片安装角由原的实线位置调到虚线位置，如图 4-67a 所示。此时，逆转时的反风量可达正常风量的 90%。利用其机械调节机构，在停机情况下，将叶轮叶片角调到反风位置，产生不低于 60% 正常风量的反风量。

2）BOKP 风机的反风操作

BOKP 风机的反风方案：在逆转前将中导叶的凸凹面变换到虚线位置，如图 4-67b 所示。逆转时的反风量可达正常风量的 60% 以上。其中导叶片是用有弹性的橡胶类材质制作的，反风时利用装在外壳外表面上的操纵机构，一次将所有的中导叶凸凹面变换到虚线位置。

3）2K60 风机的反风操作

国产 2K60 风机的反风方案：改变中、后导叶角度，将逆转反风量提高到正常风量的 60% 以上。如图 4-67c 所示，正常通风时，各叶片处于实线位置。反风时，中、后导叶转动 150°，调整到虚线所示位置。很明显，逆转时风机反向，原前级叶轮转为次级，原次级叶轮转为前级，后导叶则起前导叶的作用。

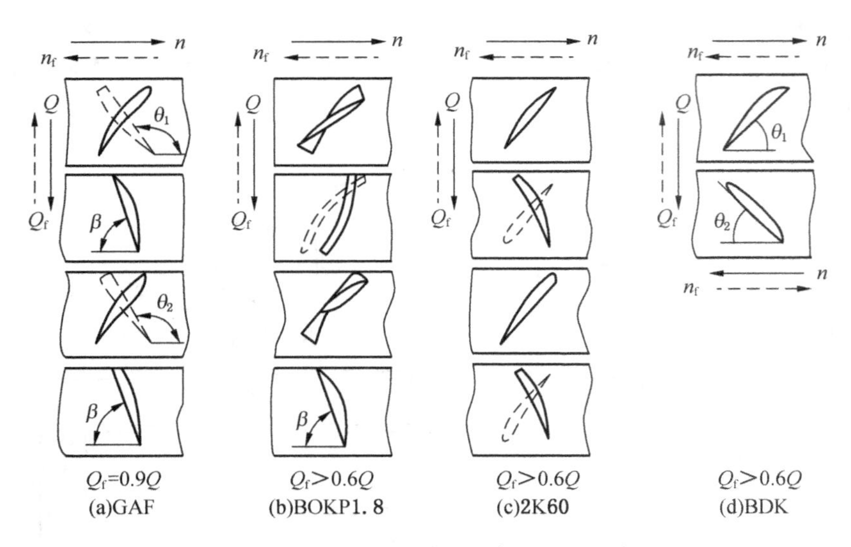

图 4-67 两级轴流式通风机的反风方案

4）BDK 对旋式风机的反风操作

BDK 对旋式风机反风时，无须附加其他机构，只需将两叶轮都逆转，即可使反风量达正常风量的 60% 以上，如图 4-67d 所示。

5）FBCZ、FBCDZ 型通风机的反风操作

该型通风机刹车后可直接反转反风，反风量可达 60%，不需要建反风道。

6）BD-Ⅱ系列主要通风机反风操作

该系列通风机可以反转实现反风，在各种工况条件下，反风风量都可达正常风量的 60% 以上，不必另设反风道。当需要反风时，应先切断电源，利用制动装置使叶轮尽快停止转动，必须等叶轮彻底停止旋转后方可进行反转，否则可能会损坏设备。

3. 技能鉴定考核应用实例——主要通风机反风操作

1）技术条件

（1）矿井有 1 号、2 号两台 GAF31.5-19-1 型轴流式主要通风机，1 号正在工作，2 号备用。

（2）1 号、2 号机组各有通往井下的风门。

（3）1 号、2 号机组均配套同步电动机及晶闸管电控装置。

（4）用润滑油强迫润滑，备有油泵 2 台。

2）反风操作步骤及要求

（1）停运 1 号主要通风机。

要求：①按操作规程操作；②不停运润滑系统。

（2）防爆门或防爆盖。

要求：锁住或固定牢固。

（3）刹车装置操作。

要求：应多次操作，不可一次猛烈刹车。

(4) 调整叶片（动叶）至反风位置。

要求：①风机完全静止时才开始；②叶片准确调至反风位置；③操作熟练不慌乱。

(5) 开动 1 号主要通风机。

要求：按操作规程操作。

(6) 反风时间。

要求：不超过 10 min。

二、主要通风机的其他附属装置

矿山使用的主要通风机，除了主机之外还有一些附属装置。主机和附属装置统称为通风机装置。附属装置主要有风硐、扩散器、防爆设施、反风装置和消声器等。

(一) 风硐

在风硐的设计和施工中应注意下列问题：风硐断面应足够大，以使风硐内风速小于 15 m/s；转弯处平缓，应呈光滑弧线形；风硐的长度应尽量缩短，以减小局部阻力；风硐直线部分要有一定的坡度，以便于流水；风硐应安装测定风流压力的测压管；施工时应使其壁面光滑；各类风门要严密，以减小漏风量。

矿井主要通风机的风硐，应在下列两个地点安装保护栅栏：①距风硐与立井或倾角大于 30°斜井的连接口 1~2 m 处的风硐中，以防止检查人员和工具坠入井筒中；②距主要通风机吸风口 1~2 m 处的风硐中，以防止风硐中的脏物、杂物吸入通风机内。

(二) 通风机的扩散器

通风机出口处气流具有较高的动压，当其脱离风机进入大气时，其动压随之散失于大气，无益于通风。若将动压的一部分转换为静压，可以减少能量损失。这就是通风机出口处装设扩散器的目的。

1. 离心式通风机的扩散器

离心式通风机的扩散器如图 4-68 所示，是一段过流断面积逐渐加大的流道。它的几何形状可以用扩散器的出口面积 F_K 与入口面积 F（即机壳出口面积）的比值 $n=F_k/F$（扩散度），扩散器长度 L 与入口边长 B 的比值 $Z=L/B$（相对长度）以及扩散角 α 等表示。

在风机出口配置扩散器后，由于气流通过扩散器时的流速逐渐减小，至出口处的动压要小于风机出口动压。动压减少的同时静压增加。但是动压减少的数量不等于静压增加的数量，其中有部分消耗在扩散器内部的流动阻力损失上。

离心式通风机厂家不随机配带扩散器，由用户自行设计制造。

小型离心式通风机的扩散器由金属钢板焊接而成，扩散器的扩散角（敞角）一般为 8°~10°，出口断面与入口断面之比约为 3~4。

大型离心式通风机和大中型轴流式通风机的外接扩散器，一般用砖和混凝土砌筑，为一段向上弯曲的风道，与水平线所成的倾角可取 45°，高为叶轮直径的 2 倍，长为叶轮直径的 2.8 倍。扩散器出风口为长方形断面，其长为叶轮直径的 2.1 倍，宽为叶轮直径的 1.4 倍。扩散器的拐弯处设计成双曲线形，并安设一组导流叶片，以降低阻力。

2. 轴流式通风机的扩散器

轴流式通风机的扩散器可以是筒式或弯头式，如图 4-69 所示。由于气流在弯头中的损失较大，因而装置效率比筒式低。通常只有在受到客观条件限制时，才采用弯头扩散器。弯头式不必再加装直段扩散器，即可把气流引向上空。一般轴流式通风机的扩散器设计由生产厂家提供。

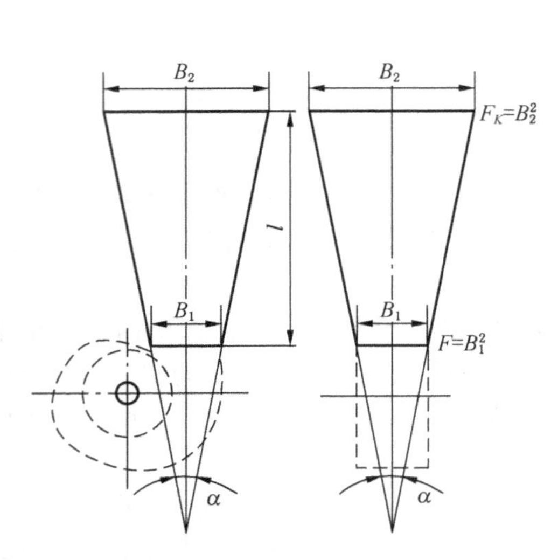

图 4-68　离心式通风机的扩散器

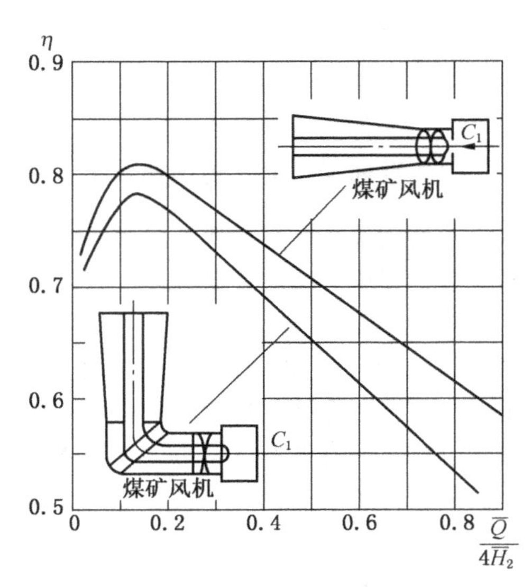

图 4-69　轴流式通风机扩散器形式

（三）消声装置

矿井通风设备，特别是大型轴流式通风机，在运转时会产生很强的噪声，若不加以处理，会影响人们的工作、休息和身体健康。

1. 通风机噪声的分类

按产生机理不同，通风机的噪声可分为气动噪声、机械噪声和电磁性噪声。

1）气动噪声

气动噪声是通风机噪声中的主要部分，包括旋转噪声和涡流噪声。

（1）旋转噪声。旋转噪声是由于叶轮高速旋转时，叶片作周期性运动，引起空气压力脉动而产生的。对于轴流式通风机，当叶轮顶部与机壳之间的间隙不能保持常数时，此间隙中涡流层厚度的周期性变化，也产生噪声。当叶轮叶片数与导叶的叶片数相等时，可能会同时发生干扰，从而使旋转噪声加强。

（2）涡流噪声。涡流噪声主要是因叶轮叶片与空气相互作用时，在叶片周围的气流中引起涡流，这些涡流在黏性力的作用下，又会分裂成一系列的小涡流，使气流压力脉动而产生噪声。

通风机的气动噪声随转速的增加而增强。一般来说，在同风量和风压的情况下，离心式通风机的叶轮直径大、转速低，轴流式通风机的叶轮直径小、转速高，故轴流式通风机的噪声较离心式通风机的噪声大。

2）机械噪声

机械噪声主要包括通风机的轴承噪声、皮带及其传动引起的噪声、转子不平衡引起的振动噪声等。当叶片刚度不足时，由于气流作用也会使叶片振动而产生噪声。

3）电磁性噪声

电磁性噪声主要来源于电动机。

2. 通风机的消声措施

通风机的消声措施主要有吸声、消声、隔声和减振等。

1）吸声

吸声是指用吸声材料饰面，使噪声被吸收而降低。吸声材料的种类繁多，吸声效果由好到差的顺序：玻璃棉、矿渣棉、卡普隆纤维、海草、石棉、工业毛毡、加气微孔耐火砖、吸声砖、加气混凝土、木屑、木丝板、甘蔗板等。

把吸声材料固定在通风机进风口和出风口（如扩散器）的内壁上，可以达到吸声的目的，但应注意，吸声材料不能散落在气流中，以免污染空气。

2）消声

消声是指利用消声器将声源产生的部分声能吸收，使向外辐射的声能减少。消声器是一种阻止、减弱声音传播而允许气流通过的装置。将消声器安装在通风机出风口的扩散通道中，可降低通风机的噪声。

矿井通风机采用的消声器，一般由多孔性吸声材料制成。按消声板的排列方式不同，消声器可分为排列式、蜂窝式和管式等，如图 4-70 所示。

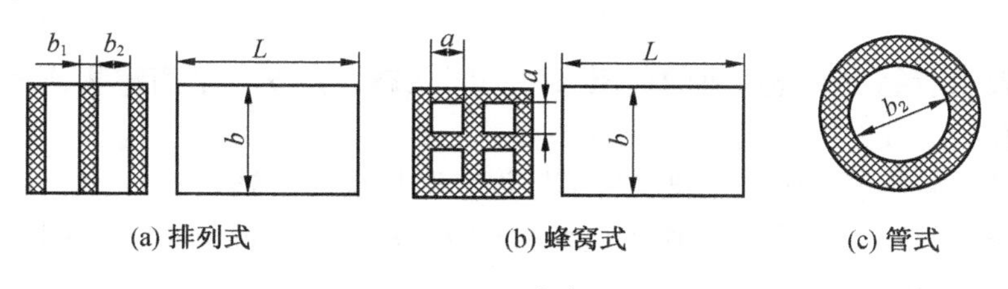

(a) 排列式　(b) 蜂窝式　(c) 管式

图 4-70 消声器

使用消声器会增大通风阻力。因此，在进行通风机选型设计时，应考虑因增设消声器而增大的风阻值。

3）隔声

隔声是指把通风机封闭在一个空间中，使之与周围环境隔绝开来。典型的隔声装置有隔声罩和隔声间。

4）减振

机械振动是通风机的主要噪声源之一。因此，提高通风机制造、安装和维修质量，减轻机组振动，是控制通风机噪声的重要方法。必要时，可在通风机与它的基础间安装减振构件，使从通风机传到基础上的振动得到一定程度的减弱，或者在通风机与风道间采取隔振措施，以减少噪声的传播。

（四）防爆设施

在装有主要通风机的出风井口，必须安装防爆设施，在斜井口设防爆门，在立井口设防爆井盖，如图 4-71 所示。其作用是当井下发生瓦斯或煤尘爆炸时，受高压气浪的冲击作用，防爆设施自动打开，以保护主要通风机免受毁坏。在正常情况下，防爆门（井盖）

是气密的，以防止风流短路。

图 4-71　防爆井盖

防爆门的安设应符合下列要求：

（1）防爆门应布置在出风井轴线上，正对出风井风流方向；且其断面积不应小于出风井的断面积。

（2）出风井与风硐的连接点到防爆门的距离，比该点到主要通风机吸风口的距离至少要短 10 m。

（3）防爆门应靠主要通风机的负压保持关闭状态，并安设平衡重物或采取其他措施，避免防爆门易于开启。

（4）防爆门必须有足够的强度，并有防腐和防抛出的设施。

（5）防爆门应封闭严密、不漏风。如果采用水封，其水封深度应大于风压换算得的水柱高度（防爆门内外的压差）。

（6）防爆门出口严禁正对其他建筑物。

【任务实施】

一、地点

多媒体教室或通风系统模拟实训室。

二、内容

（1）简述反风的概念及要求。

（2）结合生产情况，说明矿井通风机反风操作的程序和方法。

（3）议一议主要通风机的附属装置有哪些？其作用是什么？要求有哪些？

（4）利用通风系统模拟实训装置，合作完成通风机反风操作训练。

三、实施方式

多媒体教学。

四、建议学时

4学时。

【任务考评】

考评内容及评分标准见表4-11。

表4-11　考评内容及评分标准

序号	考核内容	考核项目	配分	评分标准	得分
1	通风机的反风	1. 反风的概念及要求 2. 反风的方法	20	1. 错一项扣10分 2. 错一小项扣4分	
2	通风机的反风操作	1. 轴流风机的反风操作 2. 离心风机的反风操作	50	1. 错一项扣20分 2. 错一小项扣5分	
3	通风机的主要附属装置	1. 扩散器 2. 防爆装置 3. 消声装置	20	1. 错一项扣10分 2. 错一知识点扣3分	
4	遵章守纪，文明操作	遵章守纪，文明操作	10	错一项扣5分	
合计					

任务三　通风机的常见故障分析与处理

【知识目标】

（1）熟悉通风机故障的类型。

（2）掌握通风机常见故障现象及处理方法。

【技能目标】

（1）能进行通风机常见故障分析。

（2）能根据仪表的指示及运转音响判断通风系统的异常问题，并采取相应的措施。

（3）初步具备判断和处理通风设备常见故障的能力。

【任务描述】

通风机运转过程中可能会出现故障。对于所出现的故障，维护人员必须迅速查明原因，及时处理，避免事故扩大。下面对通风机的常见故障进行分析，并给出处理方法。

【任务分析】

一、通风机的故障类型

通风机的故障可分为机械故障、电气故障和性能故障。一般地说，通风机的机械故障是由通风机制造、装配、安装所引起的。电气故障是由配套的供电及控制设备引起的。而通风机的性能故障则与通风机的运转及通风网络系统相关联。

二、通风机运行中常见故障分析与处理

通风机常见故障分析及处理方法见表4-12。

表4-12 通风机常见故障分析及处理方法

序号	故障现象	故障原因	处理办法
1	风压降低	1. 系统阻力过大 2. 介质密度有变化 3. 叶轮变形或损坏	1. 修正系统的设计使之更合理 2. 对进口的叶片进行调整 3. 更换损坏的叶轮
2	振动	1. 基础不牢、下沉或变形 2. 主轴弯曲变形 3. 出口阀开度太小 4. 对中找正不好 5. 转子不平衡 6. 管路振动	1. 修复并加固基础 2. 更换主轴 3. 对阀门进行适当调整 4. 重新找正 5. 对转子做动平衡或更换 6. 加固管路或调整配管
3	轴承温度高	1. 轴承损坏 2. 润滑油或润滑油脂选型不对 3. 润滑油位过高或缺油 4. 冷却水量不够 5. 电机和风机不在同一中心线 6. 转子振动 7. 轴承箱螺栓过紧或过松	1. 更换轴承 2. 重新选型更换合适的油品 3. 调整油位 4. 增加冷却水量 5. 找径向、轴向水平 6. 对转子找平衡 7. 调整螺栓松紧度
4	电动机电流过大和温度过高	1. 由于短路吸风而造成风量过大 2. 电压过低或电源单相断电 3. 联轴器连接不正	1. 消除短路吸风现象 2. 检查电压，更换保险丝 3. 进行调整
5	离心式通风机转子不平衡引起的振动	1. 离心式通风机叶片被腐蚀或磨损严重 2. 风机叶片总装后不运转，由于叶轮和主轴本身重量使轴弯曲 3. 叶轮表面不均匀的附着物，如铁锈、积灰或沥青等 4. 运输、安装或其他原因，造成叶轮变形，引起叶轮失去平衡 5. 叶轮上的平衡块脱落或检修后未找平衡	1. 修理或更换 2. 重新检修，总装后如长期不用应定期盘车以防止轴弯曲 3. 清除附着物 4. 修复叶轮，重新做动静平衡试验 5. 找平衡
6	离心式通风机的固定件引起共振	1. 水泥基础太轻或灌浆不良或平面尺寸过小，引起风机基础与地基脱节，地脚螺栓松动 2. 机座连接不牢固，使其基础刚度不够 3. 风机底座或蜗壳刚度过低，与风机连接的进出口管道未加支撑和软连接 4. 邻近设施与风机的基础过近，或其刚度过低	1. 加固基础或重新灌浆，紧固螺母 2. 加强其刚度 3. 加支撑和软连接 4. 增加刚度

表 4-12（续）

序号	故障现象	故障原因	处理办法
7	离心式通风机轴承过热	1. 离心式通风机主轴或主轴上的部件与轴承箱摩擦 2. 电机轴与风机轴不同心，轴承箱内的内滚动轴承转动困难 3. 轴承箱体内润滑脂过多 4. 轴承与轴承箱孔之间有间隙而松动，轴承箱的螺栓过紧或过松	1. 检查哪个部位摩擦，然后加以处理 2. 调整两轴同心度 3. 箱内润滑脂为箱体空间的 1/3~1/2 4. 调整螺栓
8	离心式通风机轴承磨损	1. 离心式通风机滚动轴承滚珠表面出现麻点、斑点、锈痕及起皮现象 2. 筒式轴承内圆与滚动轴承外圆间隙超过 0.1 mm	1. 修理或更换 2. 应更换轴承或将箱内圆加大后镶入内套
9	离心式通风机润滑系统故障	1. 油泵轴承孔与齿轮轴间的间隙过小，外壳内孔与齿轮间的径向间隙过小 2. 齿轮端面与轴承端面和侧盖端面的间隙过小 3. 润滑油质量不良，黏度不合适或水分过多	1. 检修，使间隙达到要求的范围 2. 调整间隙 3. 更换离心式通风机润滑油

三、应用实例

（一）GAF 风机运行中故障分析与处理

1. 轴承箱油位下降快

现象：风机运转中轴承箱油位下降到最低油位以下，加油后油位还是下降。

检查：停机检查，发现后轴承箱轴径密封损坏，运转中油液慢慢顺轴渗出，造成轴承箱油位下降。

原因分析：密封质量不好，运转中突然损坏，或检修时密封圈安装不正确。

处理方法：解体检修后轴承箱，更换密封。

2. 电机轴承温度高

现象：风机电机轴承温度突然升高，很快超过允许温度。

检查：倒机后将风机停机检查，轴瓦间隙合格，油脂合格，油量正常。轴瓦有小块钨金脱落，被带入轴瓦与轴径之间。

原因分析：轴瓦钨金疲劳脱落，轴瓦与轴径之间硬点接触面积减小，造成急剧温升。

处理方法：检查轴瓦表面，脱落面积不大，可刮掉脱落的钨金，修整脱落处边缘，可继续使用。如脱落面积过大，必须更换轴瓦。

3. 风机运转出现异响

现象：风机运转中出现异响，各部轴承温度正常。

检查：检查发现风机叶轮风叶刮机体衬板（铜衬板），衬板多处有突出。

原因分析：由于机体锈蚀，铜衬板被铁锈胀起，与风叶刮蹭，造成异响。

处理方法：取下风机衬板，处理风机机体对应衬板处的铁锈，平整好衬板，重新安装好衬板后，检查叶轮与机体衬板间隙。

（二）K4-73-01 №32 通风机运行中故障分析与处理

1. 低温时期轴承升温快且超过 60 ℃

现象：东北地区每年 11 月底至次 3 月初，风机在开机 2~3 天后，轴承温度表显示温度升快，约 3~5 min 上升 1 ℃，最后达到 60 ℃以上。

检查：轴承正常，油脂合格，油量合格，但轴承的滚动体内无油。

原因分析：寒冷天室温低，油脂黏稠。风机正常运转时，油脂从滚动体间挤出存在两腔中，而停机一段时间，再次开机经 2~3 天的运转后，滚动体内油再一次被挤出，造成“缺油”而使温度升高。

处理方法：低温时期应将油加入滚动体间。

2. 机壳异响、振动、抖动

现象：机壳内异响声音大、振动、轴有抖动。

检查：轴承损坏、落架，主轴磨损。

原因分析：长时间（一年多）未检修，上次检修质量不合格。

处理方法：更换轴承和主轴。按计划检修，保证检修质量。

3. 空转机壳振动大

现象：空转时，机壳振动大，温升高。

检查：风机旋转方向不对，反转。

原因分析：安装变频，调试期间，变频自动输出运行方向不对。

处理方法：调正旋转方向。

4. 轴承有异响

现象：运转时，机壳内轴承有异响。

检查：支撑架有铜末，并出现异响。

原因分析：由于轴承正转使用时间长（近 10 年），支撑架（铜质材料）长期磨损出现毛边。因反转，毛边被磨而掉落，油中混有很多铜末，造成轴承产生异响。

处理方法：清洗轴承，重新加油。

【任务实施】

一、地点

多媒体教室。

二、内容

（1）简述通风机故障的类型。

（2）议一议通风机常见的故障现象。

（3）结合生产实际，选择2~3个典型故障现象进行分析与处理。

三、实施方式

以活动组为单位，问题导向，组长负责，自主完成学习任务，教师巡回检查指导。

四、建议学时

2学时。

【任务考评】

考评内容及评分标准见表4-13。

表4-13　考评内容及评分标准

序号	考核内容	考核项目	配分	评分标准	得分
1	通风机故障的类型	1. 机械故障 2. 电气故障 3. 运行故障	20	错一项扣6分 错一小项扣2分	
2	通风机常见故障类型	1. 风压降低 2. 振动 3. 电动机电流过大和温度过高 4. 轴承温度高 5. 离心式通风机润滑系统故障	70	1. 错一项扣10分 2. 错一小项扣3分	
3	遵章守纪，文明操作	遵章守纪，文明操作	10	错一项扣5分	
合计					

任务四　矿井通风设备的经济运行（技能提升）

【知识目标】

（1）了解通风机经济运行的重要性。

（2）熟悉通风机经济运行的方法和过程。

【技能目标】

（1）强化通风机经济运行的理念。

（2）工作中能有效实施通风设备的经济运行。

【任务描述】

矿井通风机是保证井下作业人员和矿井安全的关键设备。主要通风设备功率较大，且常年连续运转，耗电量约占全矿用电量的25%以上。所以，通风机的经济运行，对煤矿经济效益的提高十分重要。

【任务分析】

为提高通风机运行的经济性，主要从合理选用高效通风机、通风机的改造、配置结构合理的扩散器和提高管理水平等几方面入手。

一、合理选用高效通风机

新建矿井或改扩建矿井，在选择通风机时，应根据矿井需要的风量、风压合理选用新型高效节能的通风机。高效通风机是通风机在整个服务期内保持高效运行的基础，如选用我国生产的GAF、BD-Ⅱ、FBCZ、FBCDZ、BDK或2K60等系列通风机。这些通风机是目前我国研制的静效率最高的轴流式通风机。

二、通风机的改造

目前，有些矿井还在使用一些效率较低的旧通风机，应对这些效率较低的通风机进行改造或更换为高效通风机。如20世纪90年代生产的2K60型通风机存在一定不足，选用新型2K60型通风机动叶片和导叶片代替原风机叶片，能较大地提高风机的效率，这样，既可提高通风机的效率，又可节省投资，并能从声源上降低通风机的噪声。

（一）离心式通风机的改造

离心式通风机的改造，一般是用新型高效通风机的叶轮和进风口来替换旧通风机的叶轮和进风口。

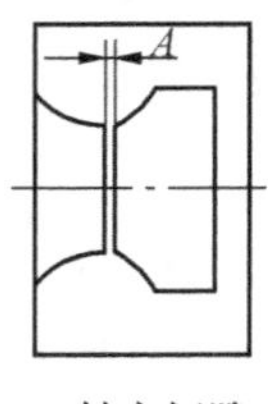

(a) 轴向间隙

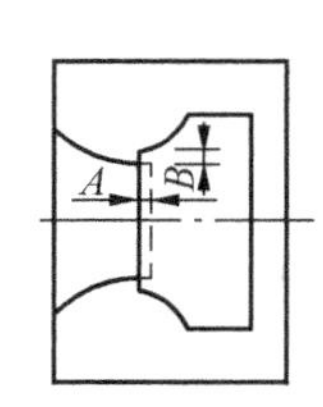

(b) 径向间隙

图4-72 离心式通风机进口间隙示意图

在用新型通风机的叶轮和进风口改造旧通风机的过程中，应注意两者间的间隙形式：一般来说，叶轮与进风口的间隙形式有轴向间隙和径向间隙两种，如图4-72所示。经过轴向间隙的泄漏气流与叶轮进口中的主气流方向垂直，会破坏主气流的流动；而经过径向间隙的泄漏气流与叶轮中主气流的方向一致，能够减少气流在进风口和叶轮前盘处形成涡流的可能性。因此，采用径向间隙的效率比采用轴向间隙高。

一般情况下，径向间隙B约为叶轮外径D_2的1%～0.5%。当D_2大时，B取小值；反之，B取大值。在装配条件许可的情况下，径向间隙B值越小越好。

进风口末端伸入叶轮的深度A，对通风机的性能也有影响，一般应使A不小于叶轮外径D_2的1%。

（二）轴流式通风机的改造

轴流式通风机的改造主要通过用扭曲叶片替换非扭曲直叶片和调整叶片顶部与机壳间的径向间隙两种方法来实现。

1. 用扭曲叶片替换非扭曲直叶片

理论分析和经验表明：将叶片做成在不同半径处有不同安装角的扭曲形状，且叶片顶部的安装角小于根部的安装角，可以减小气流在叶轮内的径向流动，提高通风机的效率。

2. 调整叶片顶部与机壳间的径向间隙

叶片顶部与机壳间的径向间隙对通风机的风压和效率都有较大的影响。实践证明，当径向间隙增至叶片长度的2%时，效率将下降2%～3%，风压将减小4%～6%，但径向间隙过小，则会造成制造困难，运转不安全，且通风机的性能提高也不显著。因此，叶片顶部与机壳间的间隙应符合表4-14所示规定。

表4-14　叶轮直径与径向间隙

mm

叶轮直径	1200	1800	2400	2800
径向间隙	1.8	2.75	3.6	4.2

调整径向间隙时，可采用刚度好、不易变形的厚钢板或铸钢（铁）作机壳，通过换机壳获得较好的间隙；当通风机径向间隙大且机壳椭圆度较小时，可采用加长叶片的方法调整径向间隙；当通风机壳椭圆度较大或局部变形时，可对机壳内壁进行修补填平，使之接近圆形，减小径向间隙。

三、配置结构合理的扩散器

扩散器能使一部分动压转变为静压，提高通风效率。扩散器有多种不同形式，合理的扩散器对回收静压具有良好的效果，如果设计、安装不当，将失去其作用。因此，配置结构合理的扩散器，对通风机的经济运行有很重要的意义。

四、提高管理水平

提高管理水平的主要措施包括合理调节工况、减少漏风损失和定期测定通风机性能。

（一）合理调节工况

根据矿井通风的具体情况，合理调节通风机工况点，使通风机既能满足通风要求，又能在高效区运行。在可能的条件下，应尽量不采用闸门节流法。合理调节工况点，是保证风机经济运行的重要措施之一。

（二）减少漏风损失

根据资料，地面反风风门的漏风量一般占总风量的5%以上。由于漏风的存在，通风机的风量将会增大，通风电耗也必然相应增加，故应尽量选用能反转反风的通风机，以去掉反风风门或加强风门密封，从而减少漏风损失，提高运行效率。

（三）加强维护、定期测定通风机性能

根据实际情况制订合理、有效的维护、检修制度和计划，提高检修质量，使通风机始终处于完好的运行状况。定期测定风机的性能，并绘制通风机性能曲线，掌握通风机的性能和运行工况变化，以便采取措施，使通风机保持高效运行。

【任务实施】

一、场地、设备及工量具

（1）场地与设备：多媒体教室和矿山流体机械实训车间，正常运行通风设备 2 套，现用各类解体通风机若干。

（2）工具：手拉葫芦起重机、钢丝绳扣、内六角扳手、开口扳手、套筒扳手、梅花扳手、铜棒、刮刀、大锤、撬棍、千斤顶、专用拉拔器等。

（3）量具：千分尺、塞尺。

二、知识学习

（1）议一议通风机经济运行的重要性。

（2）说一说通风机经济运行的措施有哪些？

（3）结合生产实际说明本地区通风设备经济运行情况。

三、综合技能训练

（一）训练任务

（1）通风机的结构分析。

（2）通风机的反风操作。

（3）通风机叶片安装角的调节。

（4）通风机运行中的日常检查。

（5）通风机倒机操作。

（6）通风机故障处理。

（二）训练过程

1. 通风机的结构分析

（1）对照实物说明离心式通风机组成及作用。

（2）对照实物说明轴流式通风机组成及作用。

2. 通风机的反风操作

结合集团公司生产情况，说明矿井通风机反风操作方法和过程。

（1）说明离心式通风机反风操作方法和过程，并进行反风操作训练。

离心式通风机采用反风道反风。停止运行的通风机，启动风门绞车打开风门，启动反风门绞车打开反风门，启动通风机。

（2）说明轴流式风机反风操作方法和过程，并进行反风操作训练。

①轴流式风机采用反转反风时，如不需调节叶片安装，应先停止运行的通风机，闸住通风机，将风机电源柜开关转换到反转，重新启动通风机。

②改变轴流式风机叶片安装角反风时（GAF 风机），停止运行的通风机，闸住通风机，手动盘车，将调节套筒插入通风机机壳上专用调节孔内的调节钮上，转动套筒将叶片调整到反风位置，拔出套筒，启动通风机。

3. 通风机叶片安装角的调节

结合集团公司生产情况说明通风机工况调节方法和过程，并进行轴流式通风机叶片安装角调节训练。以 GAF 风机为例，调节过程如下：

（1）将备用风机手动盘车，将调节套筒插入通风机机壳上专用调节孔内的调节钮上，转动套筒将叶片调整到所需角度。

（2）空载启动备用通风机，运转正常后，倒换两台风机风门，停止另一台通风机。

（3）同样将停下来的通风机的叶片安装角度调整到与备用通风机相同的角度，空载启动通风机，运转正常后，再倒换两台风机风门，风机运转正常后，将备用风机停下来备用，保证两台通风机有同样的能力。

4. 通风机运行中的日常检查

简述通风设备完好标准的内容，完成主要通风设备中风机轴承润滑、钢丝绳、风门、风绞车、防爆门等检查项目。

（1）检查风门绞车、反风门绞车，转动灵活无异响，各部螺栓齐全紧固。

（2）检查风门、反风门无变形，开关自如无卡阻，关闭严密，不漏风。

（3）检查风门绞车钢丝绳、反风门绞车钢丝绳，连接牢固可靠，无锈蚀、断丝符合规定的要求。导绳轮转动灵活，不缺油。

（4）各部螺栓紧固齐全，无异常声响及异常震动。

（5）各部轴承油量适当，油质符合规定的要求。

（6）轴承等转动部位的温度符合规定的要求。

（7）风道、风门无杂物。

5. 通风机倒机操作

结合生产实际，说明通风机倒机操作的过程、方法及要求。

空载启动备用风机，启动前要进行盘车，检查各部情况，待风机运转正常后，同时启动两台风门绞车，倒换两台风机风门。观察风机带载运行情况，正常后停止另一台风机。

6. 通风机故障处理

教师收集整理现场风机运行中常见故障现象，每组 2~3 例，下发给学生进行分析处理。

四、实施方式

（1）多媒体集中教学。以问题为导向，活动小组自主学习组长负责互评。

（2）以 5~8 人为活动工作组，组长负责，各个任务轮流训练，教师巡回检查指导，采用训练过程和集中考核相结合的评价方式。

五、建议学时

26 学时。

【任务考评】

一、理论知识考评

考评内容及评分标准见表4-15。

表4-15 考评内容及评分标准

序号	考核内容	考核项目	配分	评分标准	得分
1	经济运行重要性	经济运行目标	10	错一项扣10分	
2	经济运行的措施	1. 选择高效风机 2. 通风机的改造 3. 配置结构合理的扩散器 4. 提高管理水平	80	1. 错一项扣20分 2. 错一小项扣2~5分	
3	遵章守纪，文明操作	遵章守纪，文明操作	10	错一项扣5分	
合计					

二、实践能力考核

技能考核的内容及评分标准见表4-16。

表4-16 技能考核的内容及评分标准

序号	考核内容	考核项目	配分	评分标准	得分
1	通风机结构分析	1. 离心风机型号、组成部分及其作用 2. 轴流风机型号、组成部分及其作用	10	错一项扣1分	
2	通风机反风操作	1. 轴流风机反风操作方法及过程 2. 轴流风机反风操作方法及过程	15	错一项扣2分	
3	通风机叶片安装角的调节	1. 通风机工况点调节过程和方法 2. 调节通风机叶片安装角	15	错一项扣3分	
4	通风机日常巡回检查	1. 通风机完好标准的内容 2. 钢丝绳、风门、绞车、轴承检查	20	错一大项扣10分 错一小项扣2分	
5	通风机的倒机操作	1. 倒机的要求 2. 倒机的过程和方法	15	错一项扣3分	

表4-16（续）

序号	考核内容	考核项目	配分	评分标准	得分
6	通风机故障处理	1. 离心式通风机典型故障现象及处理方法 2. 轴流式通风机典型故障现象及处理方法	15	1. 4个故障现象5分 2. 处理方法错一个扣2.5分	
7	安全文明生产	遵守操作规程、规范操作，清理现场	10	错一项扣5分	
合计					

【综合训练题3】

一、填空题

※1. 离心式通风机一般由（　　）、进风口（　　）、（　　）和传动轴等组成。

※2. 根据叶片出口安装角不同，叶片可分为（　　）、（　　）和（　　）3种。

3. 离心式通风机机壳出口附近设有（　　），其作用是防止部分气体在机壳内循环流动。

4. 离心式通风机叶轮只能顺机壳螺旋线的（　　）方向旋转。

※5. 离心式通风机叶轮按顺时针方向旋转的称为（　　）。

※6. 离心式通风机叶轮按逆时针方向旋转的称（　　）。

7. 根据现场使用要求，离心式通风机机壳出口方向规定的（　　）基本出口位置中选取。

8. 4-72-11型№16和№20离心式通风机的叶轮由10个（　　）型叶片、（　　）型前盘和（　　）型后盘组成。

※9. 轴流式风机主要零部件有（　　）、导叶、机壳、（　　）、（　　）和扩散器、支架、传动部分等。

※10. 轴流式风机在第一级叶轮前的导叶叫（　　），最后一级叶轮后的导叶叫（　　），两级叶轮间的导叶叫（　　）。

※11. 集流器（集风器）是叶轮前外壳上的（　　）。

※12. BDK型对旋轴流式通风机的各部件分别设有（　　），在预设的轨道上可沿轴向移动，部件间用（　　）连接。

13. KDZ型轴流式局部通风机主要由两台（　　）、两级（　　）、前后（　　）、前后（　　）和进风口等组成。

※14. 在通风机出口加装扩散器的目的是为了将一部分（　　）回收为（　　），从而提高通风机克服（　　）的能力。

※15. 通风机的噪声包括（　　）噪声、（　　）噪声和（　　）噪声。

△16. 噪声的强弱可用（　　）大小来度量，一般来说，通风机的风量越大，风压越高，噪声就越（　　）。

17. 消除噪声的主要方法有（　　）、（　　）、（　　）、（　　）等。

※18. 轴流通风机的叶轮是把（　　）形叶片安装在叶轮的轮毂上，呈（　　）状。

※19. 矿用通风机有（　　）和（　　）两大类。

20.（　　）通风机，气流是径向流动；（　　）通风机，气流是轴向流动。

21. 常用高效离心式通风机有（　　）、（　　）、（　　）。其中（　　）型用于大型矿井。

※22. K4-73-01 型通风机有（　　）个机号，采用（　　）侧吸风。

23. 常用高效轴流式通风机有（　　）、（　　）、（　　）、（　　）等。

※24. 通风机在安装和检修后要进行（　　）和（　　），运转前要对通风机作详细的（　　）。

※25. 备用通风机和电动机，必须经常处于（　　）状态，并保证能在（　　）min 内进行启动。

※26. 人为地临时改变通风系统中的风流方向，叫作（　　）。

27.《煤矿安全规程》规定，主要通风机必须装有反风设施，必须能在（　　）min 内改变巷道中的风流方向。当风流方向改变后，主要通风机的供给风量不应小于正常风流的（　　）。

28. 离心式通风机的反风方法主要是通过专用的（　　）反风。

※29. 备用通风机和电动机，必须经常处于完好状态，并保证能在（　　）分钟内进行启动。

△30. 调整轴流式通风机叶片顶部与机壳间的径向间隙的主要方法有（　　）、（　　）、（　　）。

△31. 离心式通风机改造，一般用新型高效通风机的（　　）和（　　）来替换旧通风机的（　　）和（　　）。

△32. 离心式通风机进风口与叶轮的间隙形式有（　　）和（　　）。

33. 配置（　　）的扩散器，对通风机的经济运行有很重要的意义。

34. 采用具有（　　）反风的风机，也是提高风机运行经济性的有效措施。

※35. 通风机的故障可分为（　　）故障、（　　）故障和（　　）故障。

二、判断题

（　　）※1. 通风机的维护贯穿在通风机运转的始终。

（　　）2. 叶轮是离心式通风机的关键部件，它由前盘、后盘、叶片和轮毂等零件焊接或铆接而成。

（　　）3. 平前盘叶轮损失小，效率较高。

（　　）4. 采用锥弧形集流器的涡流最小。

（　　）5. 机壳的作用是将叶轮出口的气体汇集起来，引导至通风机的出口，并将气体的部分静压转变为全压。

（　　）※6. 大流量离心式通风机采用双吸式较为适宜。

（　　）7. K4-73-01 型离心式通风机主轴两侧均有伸出端，电动机可以任意布置在通风机一侧。

（　　）8. 导叶形状与动叶要相适应，安装在风机的外壳上。

(　　) ※9. 为避免气流通过时产生同期扰动引起强烈噪声，导叶叶片数和动叶叶片数应互为质数。

(　　) ※10. 疏流罩（流线体）在轮毂前面，其形状为球面或椭球面。

(　　) 11. FBCZ 型轴流式通风机适用于通风阻力较大的大、中型矿井通风。

(　　) 12. FBCDZ 型轴流式通风机适用于通风阻力较大的大、中型矿井通风。

(　　) 13. FBCDZ 型通风机为防爆对旋轴流式主要通风机。

(　　) 14. FBCZ、FBCDZ 型通风机的优点是电动机与叶轮直联，传动效率高。

(　　) 15. FBCDZ 型通风机具有二级电动机和二级叶轮以及扩散塔。

(　　) ※16. BDK 型对旋轴流式通风机是一种高效新型的轴流式风机，适用于大、中型矿井做地面压入式通风。

(　　) 17. BDK 型风机用超细玻璃棉制成消音器，消音效果好。

(　　) ※18. BDK 型对旋式轴流风机可直接反转反风，其反风量超过《煤矿安全规程》的要求。

(　　) 19. KDZ 型轴流式局部通风机外筒可拆卸，便于清洗和更换消声材料。

(　　) 20. 2K60 型通风机采用扭曲叶轮可以减少气流在叶轮内轴向流动，从而减少损失。

(　　) 21. 2K60 型通风机反转反风时，需将中、后导叶转动 160°。

(　　) ※22. 消音器是一种阻止、减弱声音传播而不允许气流通过的装置。

(　　) 23. 气动噪声是通风机噪声的主要部分。

(　　) △24. 电磁性噪声主要由电动机产生。

(　　) ※25. BDK65 型风机可以反转反风，在各种情况反风率均为 70% 以上。

(　　) ※26. K4-73-01 №32 型风机采用大回转地道反风系统。

(　　) 27. 2K56 型风机反转即可以实现反风，而不需要作任何调整，反风量也能满足要求。

(　　) 28. G4-73 型风机主要供锅炉通风用，但也可用于矿井通风。

(　　) △29. 通风机的启动工况，应尽量选在功率最低处并尽量避免出现稳定现象。

(　　) ※30. 轴流式通风机试运转时，应首先将叶片安装角调整为零度，试运 2 h。

(　　) △31. 短路吸风，造成风量过大，能引起电动机电流过大。

(　　) ※32. 润滑脂质量不良或充填过多能引起轴承温升过高。

(　　) 33. 径向间隙减少了在进风口和叶轮前盘处形成涡流的可能。因此径向间隙比轴向间隙效率高。

(　　) ※34. 通风机的性能故障主要由制造、装配、安装所引起的。

三、选择题

※1. 新型离心式风机的叶片多为机翼形，叶片数目一般为（　　）片。

A. 6~10　　B. 8~12　　C. 10~14

△2. 目前中小型离心式通风机多采用（　　）集流器。

A. 筒形　　B. 锥形　　C. 弧形

△3. 目前大型离心式通风机多采用（　　）集流器，以提高风机效率和降低噪声。

A. 筒形　　B. 锥形　　C. 弧形或锥弧形

4. 4-72-11 型离心式通风机其空气动力性能良好，效率高，最高全压效率达（　　）%。

A. 80　　B. 85　　C. 90 以上

5. 4-72-11 型离心式通风机有（　　）种不同的基本出风口位置。

A. 四　　B. 八　　C. 十

△6. G4-73-11 型离心式通风机叶轮由（　　）机翼形叶片、弧锥形前盘和平板型后盘组成。

A. 10 个后弯　　B. 12 个前弯　　C. 12 个后弯

※7. K4-73-01 型离心式通风机的叶轮由前盘和中盘组成，每侧各有（　　）机翼型叶片，与盘焊成一体。

A. 10 个后弯　　B. 12 个前弯　　C. 12 个后弯

※8. 通风机试运转时间以（　　）左右为宜，经试运转正常后，方可投入正式运转。

A. 2 h　　B. 8 h　　C. 10 h

※9. 通风机运行中，滑动轴承温度不大于（　　），滚动轴承温度不大于（　　）。

A. 65 ℃，75 ℃　　B. 75 ℃，65 ℃　　C. 65 ℃，80 ℃

※10. 轴流式通风机叶片安装角度应一致，误差不超过（　　）。

A. ±0.5°　　B. ±1°　　C. ±1.5°

11. 通风机主轴及传动轴的水平偏差不大于（　　）。

A. 0.15‰　　B. 0.2‰　　C. 0.25‰

※12. 通风机日常维护应做好记录，有效期为（　　）。

A. 三个月　　B. 半年　　C. 一年

13. 轴流式通风机轴向间隙破坏了主气流的流动，应使进风口末端伸入叶轮的深度不小于叶轮外径的（　　）

A. 1%　　B. 2%　　C. 3%

四、简答题

※1. K4-73-01 型离心式通风机由哪几部分组成？其特点是什么？

2. 常见的消声措施有哪几种？

3. 说明 K4-73-01 №32 型风机、GAF31.5-19-1 型风机、BDK65A-8-№24 型号风机型号的意义。

※4. 看图 4-52 说明 2K60 型风机主要部件的名称及作用。

※△5. 矿用通风机经济运行的方法有哪些？

※6. 为什么离心式通风机应在闸门全闭的情况下启动，而轴流式通风机应在闸门半开和全开的情况下启动？

7. 简述 BD-Ⅱ系列主要通风机叶片角度的调整步骤。

8. 简述 GAF 型轴流式通风机的反风操作。

9. 简述 BDK65 型轴流式通风机的反风操作方法。
10. 简述通风机完好标准的内容。
11. 简述通风机机壳、叶轮完好标准的内容。
12. 简述通风机运行中仪表完好标准的内容。
13. 简述通风机反风装置完好标准的内容。
14. 分析说明通风机电动机电流过大和温度过高的原因和处理方法。
15. 分析说明通风机轴承温度高的原因和处理方法。
16. 分析说明通风机风压降低的原因和处理方法。
17. 分析说明通风机振动的原因和处理方法。

五、识图题（技能训练）

1. 看图 4-63，写出中小型矿井离心式通风机的反风操作风流的运行方向。
2. 看图 4-64，写出大型矿井离心式通风机的反风操作风流的运行方向。

项目五　矿山压缩空气设备

情境一　矿山压缩空气设备的操作

任务一　认识矿山压缩空气设备

【知识目标】

（1）掌握矿山压缩空气设备的组成。

（2）了解矿用空压机的分类。

【技能目标】

了解空压机的布置方式。

【任务描述】

压缩空气广泛地应用于矿山中，用以带动风镐、风钻及其他风动工具。使用压缩空气的好处：不产生火花；不怕超负荷；在湿度大、温度高、灰尘多的环境中仍能很好的工作；气动机械排出的空气有助于改善井下的通风状况。因此，气动机械特别适合于瓦斯、煤尘爆炸危险的煤矿使用，适合于负载变化大的冲击式机械设备使用。但气动机械的运转效率低、噪声大，故一般只在没有电力或不能使用电力的场合使用。

空气压缩机是一种用来压缩空气、提高气体压力或输送气体的机械设备，是将原动机的机械能转换为气体的压力能的动力机械，简称空压机。空压机作为煤矿大型固定设备，就是为煤矿风动机械提供可靠的动力源，其主要任务是安全、经济、可靠地产生足够数量的压缩空气。

【任务分析】

一、矿山压缩空气设备的组成

矿山压缩空气设备主要由拖动设备、空压机及其附属装置（包括滤风器、冷却器、风包等）和空气管道等组成，如图 5-1 所示。

二、矿用空压机的分类

空压机种类很多，按其结构型式不同，分为速度型和容积型两类。速度型分为轴流式、离心式、混流式。容积式分为回转式和往复式两种。回转式又分为滑片式、螺杆式和转子式；往复式又分为膜式和活塞式。目前矿山广泛使用活塞式和螺杆式。

活塞式空压机按气缸作用，可分为单作用和双作用空压机；按气缸数，可分为单缸、双缸和多缸空压机；按压缩机数，可分为单级、两级和多级压缩机；按冷却方式，可分为水冷式及风冷式空压机；按气缸布置方式，可分为卧式、立式、角式和对称平衡式空压机，如图 5-2 所示。

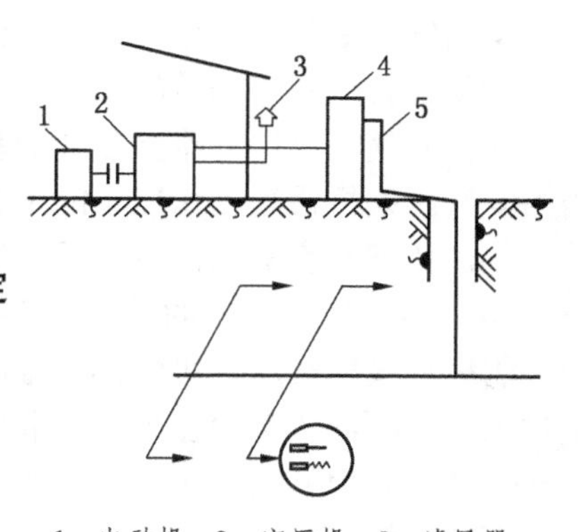

1—电动机；2—空压机；3—滤风器；
4—风包；5—输气管

图 5-1 矿山压缩空气设备组成示意图

三、《煤矿安全规程》关于空气压缩设备的有关规定

（1）矿井应当在地面集中设置空气压缩机站。在井下设置空气压缩设备时，应当遵守下列规定：

①应当采用螺杆式空气压缩机，严禁使用滑片式空气压缩机。

②固定式空气压缩机和储气罐必须分别设置在 2 个独立硐室内，并保证独立通风。

③移动式空气压缩机必须设置在采用不燃性材料支护且具有新鲜风流的巷道中。

④应当设自动灭火装置。

⑤运行时必须有人值守。

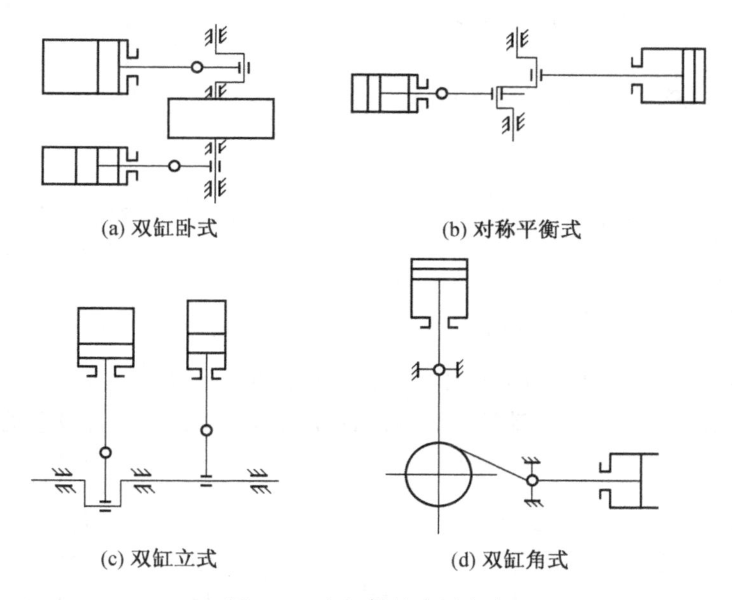

图 5-2 空压机的布置方式

（2）空气压缩机站设备必须符合下列要求：

①设有压力表和安全阀。压力表和安全阀应当定期校准。安全阀和压力调节器应当动作可靠，安全阀动作压力不得超过额定压力的 1.1 倍。

②使用闪点不低于 215 ℃的压缩机油。

③使用油润滑的空气压缩机必须装设断油保护装置或者断油信号显示装置。水冷式空气压缩机必须装设断水保护装置或者断水信号显示装置。

（3）空气压缩机站的储气罐必须符合下列要求：

①储气罐上装有动作可靠的安全阀和放水阀，并有检查孔。定期清除风包内的油垢。

②新安装或者检修后的储气罐，应当用 1.5 倍空气压缩机工作压力做水压试验。

③在储气罐出口管路上必须加装释压阀，其口径不得小于出风管的直径，释放压力应当为空气压缩机最高工作压力的 1.25~1.4 倍。

④避免阳光直晒地面空气压缩机站的储气罐。

（4）空气压缩设备的保护，必须遵守下列规定：

①螺杆式空气压缩机的排气温度不得超过 120 ℃，离心式空气压缩机的排气温度不得超过 130 ℃。必须装设温度保护装置，在超温时能自动切断电源并报警。

②储气罐内的温度应当保持在 120 ℃以下，并装有超温保护装置，在超温时能自动切断电源并报警。

任务二　矿山压缩空气设备的操作

【知识目标】

（1）理解活塞式空压机的工作原理。

（2）理解螺杆式空压机的工作原理。

【技能目标】

（1）活塞式空压机的启动、停止操作。

（2）螺杆式空压机的启动、停止操作。

【任务描述】

学习活塞式和螺杆式两种空压机的工作原理，为正确使用和维护空压机打下基础。

【任务分析】

一、活塞式空压机的工作原理

活塞式空压机的工作原理如图 5-3 所示。当电动机带动曲轴 6 以一定转速旋转时，通过连杆 5、十字滑块 4 把圆周运动转变为活塞杆 3 和活塞 2 的往复直线运动。

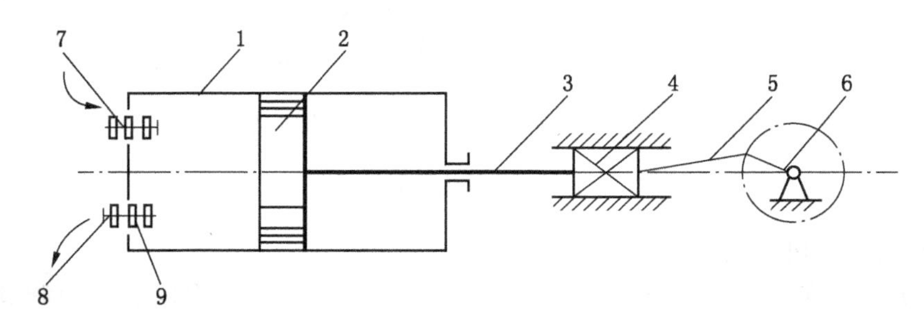

1—气缸；2—活塞；3—活塞杆；4—十字滑块；5—连杆；6—曲轴；7—吸气阀；8—排气阀；9—弹簧

图 5-3　活塞式空压机的工作原理图

当活塞 2 由左向右移动时，气缸左边的容积增大，压力下降产生真空；当压力降到稍低于进气管中空气压力（即大气压力）时，外部空气顶开吸气阀 7 进入气缸，并随着活塞的向右移动继续进入气缸，直到活塞移动至右端点为止，吸气阀 7 关闭，吸气过程结束。

当活塞从右端点向左移动时，气缸左边容积开始缩小，空气被压缩，压力随之上升，即为压缩过程。此时由于吸气阀 7 的逆止作用，使缸内空气不能倒流回进气管中。同时，因排气管内空气压力又高于缸内空气压力，空气无法从排气阀 8 排出缸外，排气管中空气也因排气阀的逆止作用而不能流回缸内，所以这时气缸内形成一个封闭容积。当活塞继续向左移动使缸内容积缩小，空气体积也随之缩小，空气压力不断提高。当压力稍高于排气管中空气压力时，缸内空气便顶开排气阀 8 而排入排气管中，即为排气过程，这个过程持续到活塞移至左端点为止。

此后，活塞又向右移动，重复上述的吸气、压缩、排气这三个连续的工作过程。

由此可见，活塞式空压机是通过活塞在气缸内不断做往复直线运动，使气缸工作容积产生变化来进行工作的。活塞在气缸内每往复一次，完成一次吸气、压缩、排气三个过程，即完成一次工作循环。

1. 活塞式空压机理论工作循环

活塞式空压机的理论工作循环是指空压机在理想条件下进行的循环，即气缸中没有余隙容积，被压缩气体能全部排出气缸；进、排气管中气体状态相同（即无阻力、无热交换）；气阀启闭及时，气阀无阻力损失；压缩容积绝对密封无泄漏。空压机在上述假设理想条件下所进行的工作循环，称为理论工作循环，可以用理论工作循环示功图 5-4 表示。

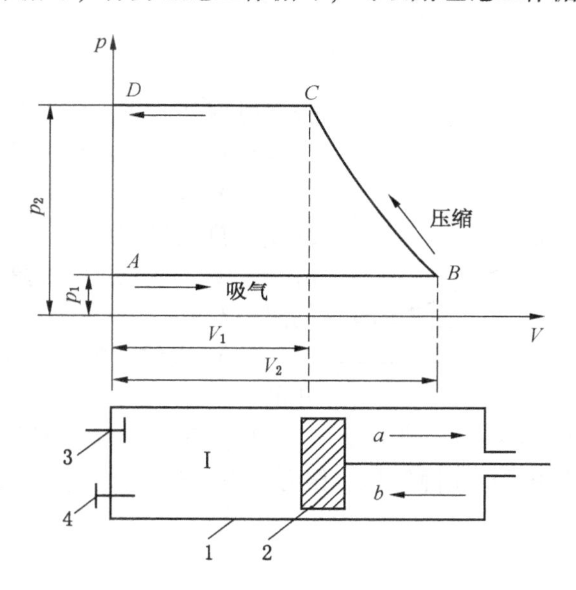

1—气缸；2—活塞；3—进气阀；4—排气阀

图 5-4　单作用活塞空压机理论工作循环示功图

当活塞 2 从 a 方向向右移动时，气缸 1 内的容积 I 增大，压力稍低于进气管中空气压力时，进气阀 3 打开，吸气过程开始。设进入气缸的空气压力为 p_1，则活塞由左端点移至右端点时所进行的吸气过程，在示意图中，可用直线 AB 来表示。线段 AB 称为吸气线。在整个吸气过程中，缸内空气的压力 p_1 保持不变，体积 V 不断地增加，V_2 为吸气终了时的体积。

当活塞按 b 方向向左移动时，缸内的容积Ⅰ缩小，同时进气阀关闭，空气开始被压缩，随着活塞的左移，压力逐渐升高，此过程为压缩过程。在示意图中用曲线段 BC 表示，称为压缩曲线，在压缩过程中，随着空气体积的缩小，其压力逐渐提高。

当缸内空气的压力升高到稍大于排气管中空气的压力 p_2 时，排气阀 4 被顶开，排气过程开始，在示意图中用直线段 CD（成为排气线）表示。在排气过程中，缸内压力一直保持不变，容积逐渐缩小。当活塞移动到气缸左端点时，排气过程便结束，此时，压缩机完成一个工作循环。

当活塞在左端点改向右移时，吸气过程有重新开始；缸内空气压力从 p_2 降到 p_1，在示功图中以垂直于 V 轴的直线段 DA 来表示。

在理论循环示功图中，以 AB、BC、CD、DA 线围成的 $ABCD$ 图形的面积，表示完成一个工作循环过程所消耗的功，也就是推动活塞所必需的理论循环功。面积愈小，则所消耗的理论功就愈少。

2. 空压机实际工作循环

空压机实际工作循环的示功图是用专门的示功器（有机械式和压电式两种）测绘出来的，如图 5-5 所示。它反映了空压机在实际工作循环中，气体压力和容积之间的变化关系。对照图 5-4 和图 5-5 可以看出，实际工作循环示功图与理论工作循环示功图有如下的差异：

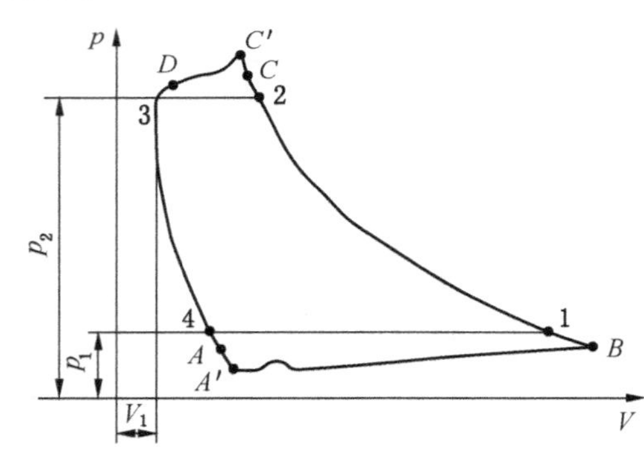

图 5-5　单作用空压机实际示功图

（1）实际工作循环中，除了吸气、压缩和排气过程外，还有膨胀过程。这是由于剩余气体的膨胀降压造成的，用气体膨胀线 DA 表示。

（2）吸气过程线 AB 值低于名义吸气压力线 p_1，排气过程线 CD 值高于名义排气压力线 p_2，且吸、排气过程线呈波浪形，这是由于阀门阻力造成的。

（3）压缩、膨胀过程曲线的指数值是变化的。

理论和实际示功图差别较大，主要是因为压缩机在实际工作过程中受到余隙容积、压力损失、气流脉动、空气泄漏及热交换等多种因素的影响。

3. 活塞式空压机的两级压缩

由于煤矿使用的气动机械的额定工作压力一般为 5~6 个大气压，再加上输气管路上的压降损失，这就要求矿用空压机的排气压力至少为 7~8 个大气压，而单级活塞式空压机的排气压力小于 5 个大气压，不能满足煤矿生产的需要，故矿用活塞式空压机多为两级压缩。

1）两级压缩活塞式空压机的工作原理

两级压缩是在两个气缸中完成的，每一级压缩的工作原理与单级压缩的工作原理相同，只是在两个气缸之间增加了一个中间冷却器，如图 5-6 所示。空气经低压吸气阀 2 进入低压气缸 3，被压缩至中间压力 p_z，再经低压排气阀 4 进入中间冷却器 5 进行冷却，同时分离出气体中的油和水。冷却后的压气经高压吸气阀 6 进入高压气缸 7，继续压缩至 8 个大气压，经高压排气阀 9 排出。

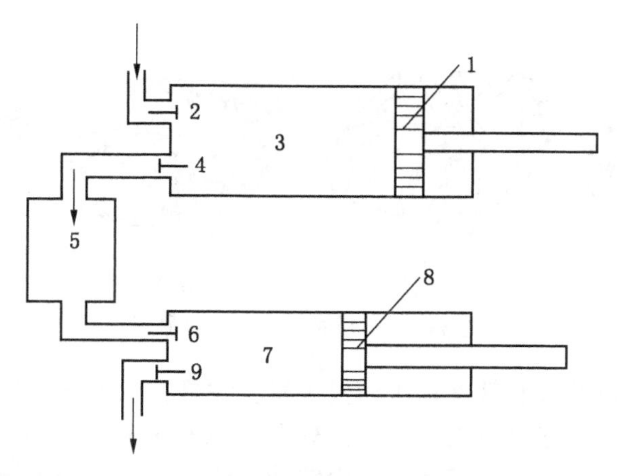

1—低压缸活塞；2—低压吸气阀；3—低压气缸；4—低压排气阀；5—中间冷却器；
6—高压吸气阀；7—高压气缸；8—高压缸活塞；9—高压排气阀

图 5-6　两级空压机工作原理图

2）两级压缩活塞式空压机的工作循环图

两级压缩活塞式空压机的理论工作循环图如图 5-7 所示，实际工作循环图如图 5-8 所示。

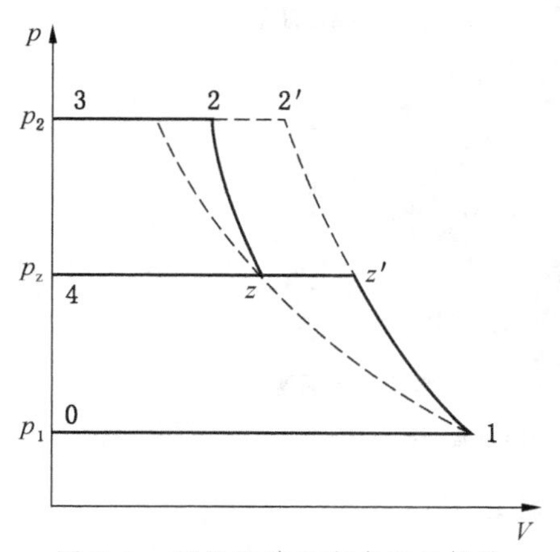

图 5-7　两级压缩活塞式空压机的理论工作循环图

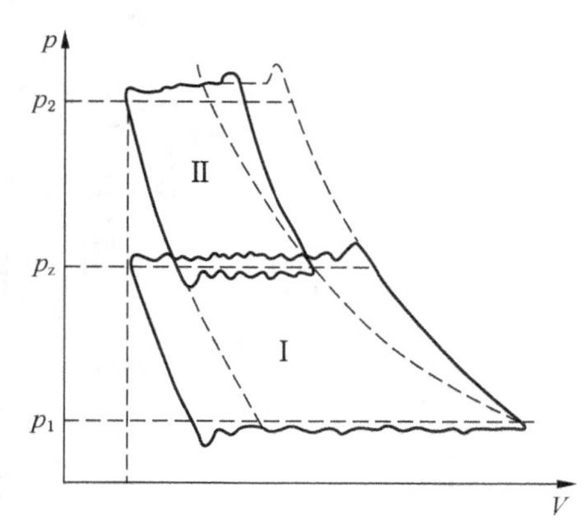

图 5-8　两级压缩活塞式空压机的实际工作循环图

二、螺杆式空压机的工作原理

螺杆式空压机的工作原理如图 5-9 所示。空气通过空气过滤器滤除灰尘或杂质后，由进气控制阀进入压缩机主机，在压缩过程中与喷入的冷却润滑油混合；经压缩后的混合气体经排气阀排入油气粗分离器，通过碰撞、拦截、重力作用，将绝大部分的油介质分离出来，然后进入油气精分离器进行二次分离，得到含油量很少的压缩空气；当空气被压缩到规定的压力值时，最小压力阀开启，排出压缩空气到冷却器进行冷却，最后送入使用系统。而油气经粗分离器、精分离器分离出来的润滑油经过油温控制阀、冷却器、油过滤器再进入主机进行润滑。

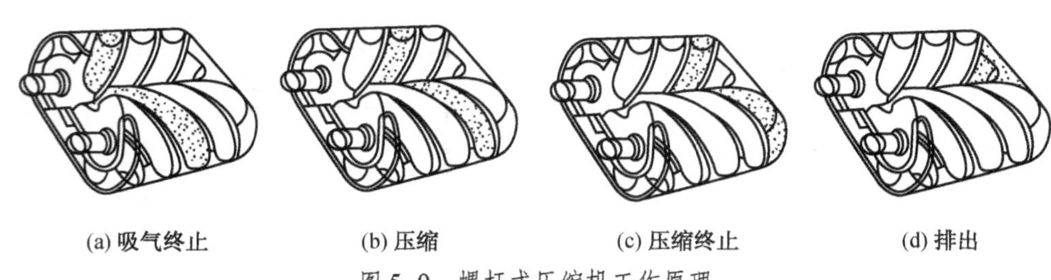

(a) 吸气终止　(b) 压缩　(c) 压缩终止　(d) 排出

图 5-9　螺杆式压缩机工作原理

螺杆式空气压缩机的核心部件是压缩机主机，它是容积式压缩机的一种。双螺杆式单级压缩空压机是由一对相互平行啮合的阴阳转子（或称螺杆）组成，如图 5-10 所示。主电机驱动阳转子的齿与阴转子的槽在机壳内转动，使阴、阳转子齿槽之间不断地产生周期性的容积变化，空气则沿着转子轴线由吸入侧输送到输出侧，实现螺杆式空压机的吸气、压缩和排气的全过程。

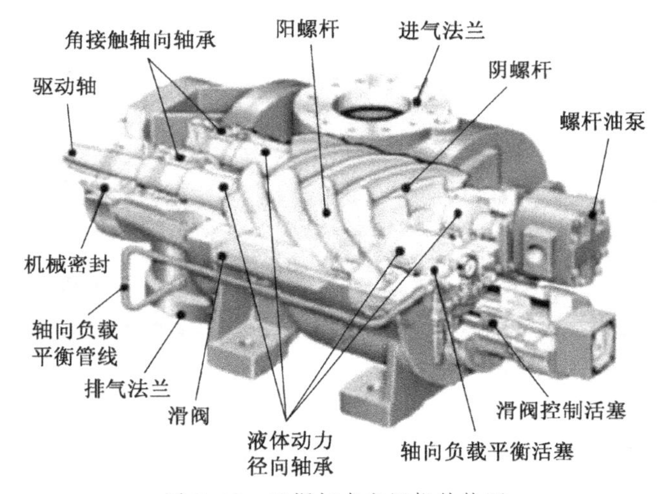

图 5-10　双螺杆式空压机结构图

三、活塞式空气压缩机的启动、停止操作

（一）开车前的准备

（1）进行外部检查，特别要注意各部分螺栓的坚固情况。

（2）检查润滑油量是否足够，并在开车前转动注油器手柄，向气缸内注油。

（3）人工盘车 2~3 转，检查运动部分有无卡阻现象。

（4）开动冷却水泵，向冷却系统供水，并在漏斗处检查冷却水量是否充足。

（5）关闭减荷阀，把空压机调至空载启动位置，以减轻电机的启动负荷。

（二）启动

（1）启动电动机，并注意转向。

（2）启动后逐渐打开减荷阀，使空压机进入正常运转。

（三）停车

（1）逐渐关闭减荷阀，使空压机进入空载运转。

（2）切断电源，使机器停止运转。

（3）关闭冷却水的进水阀，使冷却水泵停止运转。冬季应将各级冷却器及水套的水放净，以免冻裂机器。

（4）放出末级排气管的压气。

（5）停机 10 天以上时，应向各摩擦面注入充分的润滑油。

四、螺杆式空压机的启动、停止操作

（一）启动前准备工作

（1）空压机在工作时必须水平放置，切不可倾斜放置。

（2）检查空压机各零部件是否完好，各保护装置、仪表、阀门、管路及接头是否有损或松动。

（3）略微打开油气桶底部的排水阀，排出润滑油下部积存的冷凝水和污物，见到有油流出即关上，以防润滑油过早乳化变质。

（4）检查油气桶内油位是否在观油镜二条刻线之间（运行时），不足应补充。加油前确认系统内无压力（油位以停机 10 min 后的观察为准）。

（5）新机第一次开机或长时间停用开机，应先拆下空气过滤器盖，从进气口内加入约 0.5 L 的润滑油，以防止启动时空压机内失油烧损。特别注意不要让异物掉入空压机体内，以免损坏机体。

（6）确认系统内无压力。

（7）打开排气阀门。

（二）启动步骤

（1）将磁力起动器隔离开关手柄推至“正转”位置。

（2）点动，确认转向是否正确。按“启动”按钮后立即按“停止”按钮，检查电机转向是否正确（转向见压缩机上箭头）。如发现反转，请将电源进线任意两相对调。注意，点动时间为 1~2 s，禁止超过数秒。

（3）确认手动阀处于“卸载”状态。按下“启动”按钮，10 s 后，将手动阀拨至“加载”位置，压缩机正常运转。

（4）观察运转是否平稳，声音是否正常，空气对流是否通畅，仪表读数是否正常，是否有泄漏。

（三）正常停机

（1）先将手动阀拨至“卸载”位置将空压机卸载，20 s 左右后，再按下“停止”按钮，电机停止运转。

(2) 停机后，如较长时间不用，将隔离开关手柄扳到“停止”位置，以防误开机。

(四) 紧急停机

当出现下列情况之时，应紧急停机：

(1) 出现异常声响或振动时。

(2) 排气压力超过安全阀设定压力而安全阀未打开时。

(3) 排气温度超过100 ℃时未自动停机。

(4) 周围发生紧急情况时。

紧急停机时，无须先卸载，直接按下“停止”按钮。

【任务实施】

一、训练任务

(1) 熟悉空压机的基本原理和分类。

(2) 能进行活塞式空压机和螺杆式空压机的启动和停止操作。

二、场地与设备

矿山流体机械实训车间。正常运行活塞式空压机和螺杆式空压机各一台。

三、训练过程

(1) 说明《煤矿安全规程》对矿山空气压缩设备的有关规定。

(2) 说明活塞式空压机和螺杆式空压机的工作原理。

(3) 分组对活塞式空压机和螺杆式空压机铭牌参数进行识读，并说明其意义。

(4) 完成活塞式空压机和螺杆式空压机的启动和停止操作。

四、实施方法

以4~6人为活动工作组，组长负责，小组自主学习，同学互相评分，教师巡回检查指导，完成学习任务。

五、建议学时

4学时。

【任务考评】

考评内容及评分标准见表5-1。

表5-1 考评内容及评分标准

序号	考核内容	考核项目	配分	评分标准	得分
1	矿山空气压缩设备的组成	说清矿山空气压缩设备的组成	10	错一小项扣1分	
2	活塞式空压机的工作原理	描述活塞式空压机的工作原理	5	错一项扣5分	

表 5-1（续）

序号	考核内容	考核项目	配分	评分标准	得分
3	螺杆式空压机的工作原理	描述螺杆式空压机的工作原理	5	错一项扣 2.5 分	
4	活塞式空压机的启动、停止	1. 启动前的检查 2. 启动的步骤 3. 停止的步骤	30	错一小项扣 3 分 错一大项扣 10 分	
5	螺杆式空压机的启动、停止	1. 启动前的检查 2. 启动的步骤 3. 停止的步骤	40	错一项扣 5 分	
6	遵守纪律、文明操作	遵守纪律、文明操作	10	错一项扣 5 分	
合计					

【综合训练题 1】

一、填空题

1. 空气压缩机是一种用来（　　），（　　）或（　　）的机械设备，是将原动机的（　　）转换为气体的（　　）的动力机械，简称（　　）。

2. 煤矿中广泛使用的主要是（　　）和（　　）两种。

3. 空气压缩机种类很多，按其结构型式不同，分为（　　）和（　　）两类。（　　）分为（　　）、（　　）、（　　）；（　　）分为（　　）和（　　）两种。（　　）又分为（　　）、（　　）和（　　），（　　）又分为（　　）和（　　）。

4. 活塞式空压机按气缸作用，可分为（　　）和（　　）空压机。

5. 按气缸数，可分为（　　）、（　　）和（　　）空压机；按压缩机数，可分为（　　）、（　　）和（　　）压缩机；按冷却方式，可分为（　　）及（　　）空压机；按气缸布置方式，可分为（　　）、（　　）和（　　）空压机。

6. （　　）是在两个气缸中完成的，每一级压缩的工作原理与（　　）的工作原理相同，只是在两个气缸之间增加了一个（　　）。

7. 活塞式空压机是（　　），运行时（　　）。

8. 螺杆式空气压缩机的排气温度不得超过（　　）℃，离心式空气压缩机的排气温度不得超过（　　）℃。必须装设（　　）保护装置，在超温时能自动（　　）。

9. 活塞式空压机是通过活塞在气缸内（　　），使气缸工作容积产生变化来进行工作的。活塞在气缸内每往复动一次，一次完成（　　）、（　　）、（　　）三个过程，即完成（　　）。

10. 螺杆式空气压缩机的核心部件是（　　），它是容积式压缩机的一种。

二、判断题

（　　）1. 空压机在工作时必须水平放置，切不可倾斜放置。

（　　）2. 冷式空气压缩机可以装设断水保护装置或断水信号显示装置。

（　　）3. 螺杆式空气压缩机的排气温度不得超过 130 ℃、离心式空气压缩机的排气温度不得超过 120 ℃。

(　　) 4. 活塞式空压机是通过活塞在气缸内做直线运动，使气缸工作容积产生变化来进行工作的。

(　　) 5. 活塞式空压机的效率高，经济性较好。

(　　) 6. 活塞式空压机是往复间断性供气，运行时气流脉动大。

(　　) 7. 空气压缩机的风包，在地面应设在室外阴凉处，在井下应设在空气流畅的地方。

(　　) 8. 空气压缩机要有压力表和安全阀。压力表不需要定期校准。

(　　) 9. 风包上必须装有动作可靠的安全阀和放水阀，并有检查孔。

三、简答题

1. 螺杆式空压机的工作原理。
2. 活塞式空压机的工作原理。

情境二　空压机的运行与调节

任务一　活塞式空压机的运行与调节

【知识目标】

(1) 清楚活塞式空压机结构。

(2) 熟悉活塞式空压机排气量的调节方法。

(3) 熟悉活塞式空压机经济运行的措施。

【技能目标】

(1) 能操作活塞式空压机。

(2) 能够对活塞式空压机排气量进行调节。

【任务描述】

通过学习煤矿常用活塞式空压机的结构，弄清楚空压机各组成部分，便于更好地操作、维护保养空压机，分析处理空压机常见故障，保证空压机高效、安全可靠运行。

【任务分析】

一、L 型活塞式空压机

我国矿山常用的活塞式空压机为 L 型活塞式空压机。这种空压机有五种规格，即 3L-10/8、4L-20/8、5L-40/8、7L-100/8 和 8L-60/8，其中 4L-20/8 和 5L-40/8 在矿山广泛使用。

(一) L 型空压机的特点

(1) 结构紧凑，两连杆在一个曲轴上，曲轴较短。

(2) 气缸成 90°角，气阀、管路安装布置方便，管路短，流动阻力较小。

(3) 动力平衡性能好，机器运行平稳，机身受力均匀，基础可以缩小。

现以 5L-40/8 型为例说明 L 型空压机符号意义：

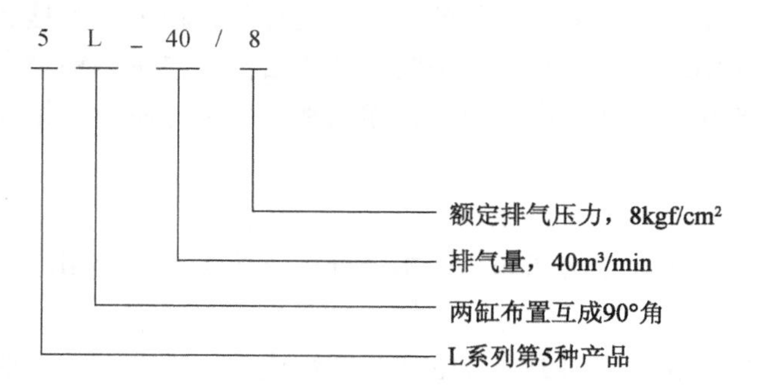

（二）L 型空压机主要部件构造

L 型空气压缩机构造示意图，如图 5-11 所示。

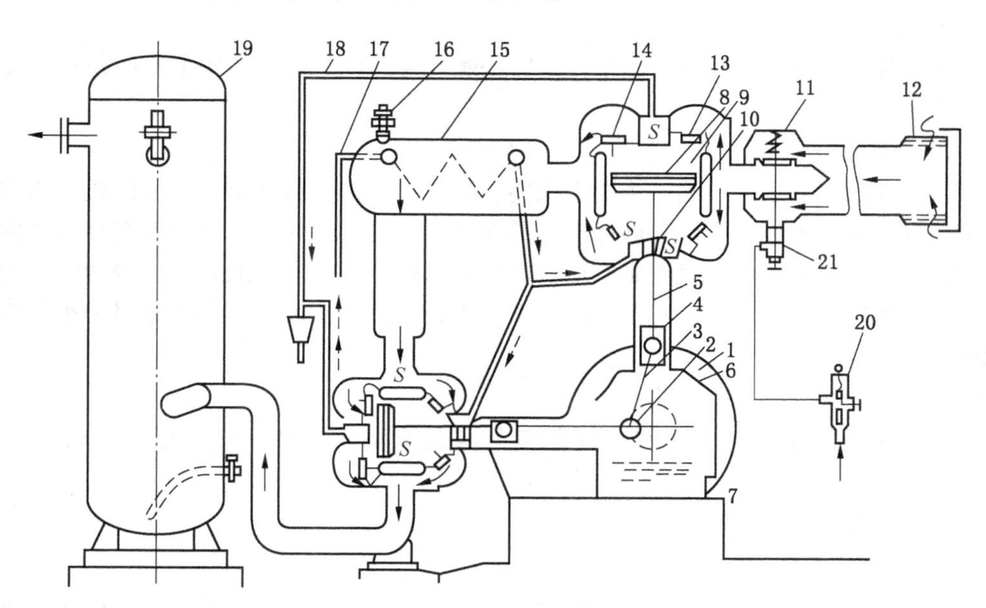

1—皮带轮；2—曲轴；3—连杆；4—十字头；5—活塞杆；6—机身；7—底座；8—活塞；9—气缸；10—填料箱；11—卸荷阀；12—过滤器；13—吸气阀；14—排气阀；15—中间冷却器；16—安全阀；17—进水管；18—出水管；19—储气管；20—压力调节器；21—卸荷阀组件

注：图中有“S”字样为冷却水串通的地方；“→”为气流方向；“-►”为冷却水流方向

图 5-11　L 型空气压缩机构造示意图

1. 机身

机身的作用：①作为气缸的承座；②作为空压机承受并传递作用力的部分；③作为传动机构的定位和导向部分。

2. 曲轴

曲轴只有一个曲拐，为两个连杆所共用，其作用是传递电动机的转矩。

3. 连杆

连杆包括大头、小头、杆体等三部分。大头是对开式轴承，内挂有巴氏合金，通过连杆螺钉和螺母与曲柄销组装在一起。小头则是套体结构，内镶磷铜轴套，小头与十字头销相连。杆体中心有通孔，可把润滑油由曲轴输送到十字头，使曲柄销和连杆、连杆和十字头销之间得到润滑。

4. 十字头

十字头装在滑道上，起导向和保证活塞杆进行直线运动的作用。

5. 气缸

气缸由缸体、缸盖和缸座组成。气缸和活塞组成了压缩空间的主要部分。缸外圈分为两部分：一部分是气路，吸、排气体由此出入；另一部分是水路，其中通以冷却水用来冷却气缸缸壁，来保证正常的润滑。

6. 活塞

活塞组件由活塞杆、活塞、活塞环及防松螺母等组成。整个活塞组件的作用是传递作用力，造成压缩空间。

7. 气阀部件

吸、排气阀是双层环状阀，主要由阀座、阀体、阀盖、阀片及弹簧所组成。均匀分布的弹簧使阀片紧紧地压在阀座和阀体上，并保持良好的密封性。阀片随着气缸内气体压力的变化而自行开启和关闭。气阀是空压机重要的易损件。它安装的好坏、寿命的长短对空压机的经济运转有很大影响。对气阀的要求：①开、闭动作迅速；②流通阻力小；③密封性能好。

8. 填料箱

填料箱是密封组件，必须密封性能良好且经久耐用。5L-40/8 型空压机采用金属填料。

(三) L 型空压机的附属装置

1. 滤风器

滤风器的作用是防止空气中的杂质和灰尘进入气缸。如果不用滤风器，气阀表面、气缸壁及活塞等处将产生积垢，使气阀关闭不严，活塞环滞死在活塞槽中，降低空压机的排气量；另外，杂质和灰尘还会与气缸、活塞环、活塞杆、填料箱等产生摩擦，降低使用寿命。

2. 冷却器

中间冷却器的作用是降低功率消耗，净化压缩空气。中间冷却器的外壳用钢板焊接，由直立的大小圆筒组成，大圆筒内放置两个冷却芯子，小圆筒作油、水分离用，下端有放油、水用的接头。冷却芯子为列管散热片式。冷却水在管内流动，压缩空气从管外及散热片间流过。冷却后的空气经过油、水分离罐，把所含的油、水分离出来而沉降于壳体下部，进入浮筒或自动排水装置的储集室，当油水储集至足以把浮筒顶起后，油水经阀门自动排出。

后冷却器装在空压机排气管与风包之间，用于冷却从空压机排出的高温气体，使其水分与油分离出来，以防止输气管道冬季冻结。

由于后冷却器本身有阻力，会导致压力损失的增加，同时后冷却器的冷却水也消耗能量，所以，空压机是否需要安装后冷却器必须根据当地的具体条件、年平均气温及平均相对湿度来决定。否则，即使安装了后冷却器也达不到应有的要求，反而会造成浪费。

3. 润滑装置

在空压机中，零件相互滑动的部位都要注入润滑油进行润滑，以达到降低功率消耗、减少各部位摩擦阻力、延长零件寿命及降低摩擦表面温度的目的。

空压机的润滑装置分为传动机构的润滑和气缸的润滑两个独立的系统。两个系统所用的润滑油不同。用于气缸的润滑油应在高温下具有足够的黏性和稳定性，一般采用 HS-13 号和 HS-19 号压缩机油。传动机构的润滑油一般采用 HJ-30 号、HJ-40 号或 HJ-50 号等机油。

4. 储气罐（风包）

活塞式空压机必须配置储气罐，其主要作用是用来缓和由于排气不均匀和不连续而引起的压力波动。储气罐储备一定数量的压缩空气，以维持供需之间的平衡，分离空气中的油和水。

5. 安全保护装置

（1）安全阀。一级安全阀装在中间冷却器上，二级安全阀装在风包上。当各级空气压力超过额定压力时，安全阀就自动开启排气，使空气压力恢复到原定值。

（2）油压继电器。在传动机构的润滑系统中，装有油压继电器。当油泵压出的润滑油到一定压力时，推动耐油薄膜向上，膜片变形并压缩弹簧向上推动推杆，微动开关接通电气接点。当油压低到一定压力时，接点断开，使空压机的主电动机自动停车。

（3）断水开关。断水开关是一种监视冷却水中断的自动停机装置，一般安装于冷却水回水漏斗处。当空压机冷却系统开启后，各级气缸水套和中间冷却器或后冷却器的回水管中有水流过，流水经过漏斗时，重力加大，接通触点，线圈通电将衔铁吸下便可启动电动机。冷却水一旦中断，因漏斗中无水流过，重力变小，开关在弹簧作用下向上运动，接触点断开，线圈断电而停机。

这种断水开关适用于开启式冷却系统，闭式冷却系统则采用水流继电器。

（4）释压阀。为防止安全阀因故失效，储气罐内气压急速上升而发生爆炸，《煤矿安全规程》规定“在储气罐出口管路上必须加装释压阀”。常见的释压阀有杠杆式、膜板式和活塞式三种。

二、活塞式空压机的运行

（一）活塞式空压机的启动

先将电动机启动开关间断点动，察听空压机各运动部件有无异常声响。确认正常后方能启动电动机。电动机启动后，空压机应空载运行 5~6 min，然后逐步打开进气阀门，进入带负荷运行。

（二）运行中注意事项

（1）注意各部声响和振动情况。

（2）检查注油器油室的油量是否充足，机身油池内的油面是否在标尺规定的范围内，各部供油是否良好。

（3）检查电流表、电压表的读数是否正常。

（4）空压机运转后，每两小时将中间冷却器、后冷却器内的油水排放一次，每班将风包内的油水排放一次。

（5）注意检查各部分温度和压力表的读数。

①润滑油压力在 0.1~0.3 MPa 之间，不能低于 0.1 MPa。

②冷却水排出温度最高不超过 40 ℃。

③机身内油温不超过 60 ℃。

④各级排气温度不超过 160 ℃。

⑤各压力表读数在规定范围内。

（6）若发现冷却水中断、润滑油中断、排气压力突然上升、安全阀失灵、声响不正常及其他异常情况时，应立即停车处理。

（7）运转中应做到“五勤”“三认真”。

“五勤”：勤看各指示仪表（如各级压力表、油压表、油温表等）和润滑情况（如注油器、油箱及润滑点）及冷却水流动情况；勤听机器运转声音，可用听棍经常听各运动部位（气阀、活塞、十字头、曲轴轴承等）的声音是否正常；勤摸各部位（如吸气阀、轴承、电动机、冷却水等）的温度变化情况及机件紧固情况（但一定要注意安全，最好停车检查）；勤检查整个机器设备的工作情况是否正常；勤调整压缩机的工况（勤调整气压、油压、水温，勤放油水），使压缩机保持正常状况。

“三认真”：认真填写机器运转记录；认真搞好机房安全卫生工作，做交接班工作，禁止非工作人员进入机房；认真做好机房设备、原材料及辅助材料工具、建筑物的维护保养工作。

三、空压机排气量的调节方法

由于所使用的风动机械的台数不同，因而空压机排气量和压力也不同。当风动机械所需压气量大于空压机的排气量时，则输气管中的压力就降低，反之则压力升高。为了保证风动机械在一定压力下工作，则必须使空压机的排气量与压缩空气消耗量相适应。为此，在空压机上装设调节装置。目前常用的调节方法有以下三种。

（一）关闭吸气管法

关闭吸气管法是切断进气通路使空压机的排气量为零。这种调节方法主要是由装在吸气管上的卸荷阀和压力调节器来完成的。卸荷阀结构如图 5-12 所示。

图 5-13 中，压力调节器的一端与风包连通，另一端与卸荷阀连通，弹簧 4 通过拉杆 3 将阀 2 密闭于阀座 7 上。卸荷阀体内装有蝶形阀 1，阀的一端为活塞，装在活塞缸内。当风包内的压力超过规定值时，压气就推开压力调节器内的阀 2，进入卸荷阀的活塞缸 2 内，推动小活塞使蝶形阀 1 上移关闭卸荷阀，从而使空压机停止吸气而进入空转状态。当风包

的压力下降到低于规定值时，在弹簧的作用下通过拉杆 3 使压力调节器中的阀 2 关闭，切断了压气通往卸荷阀的通路，若卸荷阀活塞缸 2 内压力下降，弹簧 4 将蝶形阀 1 推开，空压机恢复吸气而进入正常工作状态。

压力调节器的动作压力可借调节螺管 5、6 调节弹簧力来调节。调节螺钉 1 可调节卸荷阀动作的灵敏度。一般开启压力不高于额定压力的6%，不低于规定的关闭压力的6%。

（二）压开吸气阀法

压开吸气阀法的调节原理是将吸气阀强制地压开，使空气自由地从吸气阀吸入和排出。压开吸气阀装置如图 5-14 所示。

空压机中的压力调节器的一端与风包连通，另

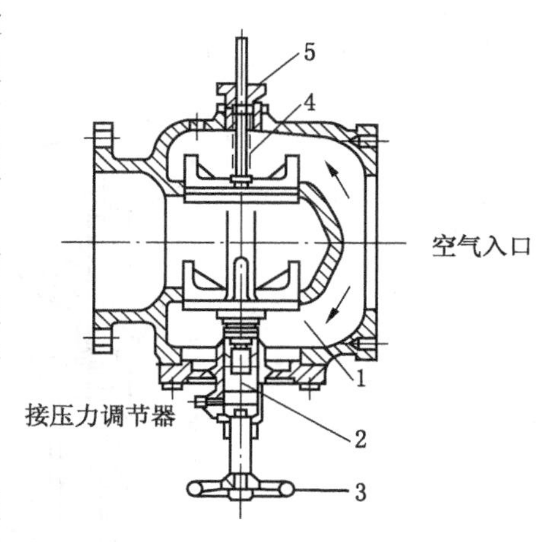

1—蝶形阀；2—活塞缸；3—手轮；
4—弹簧；5—调节螺母

图 5-12　卸荷阀

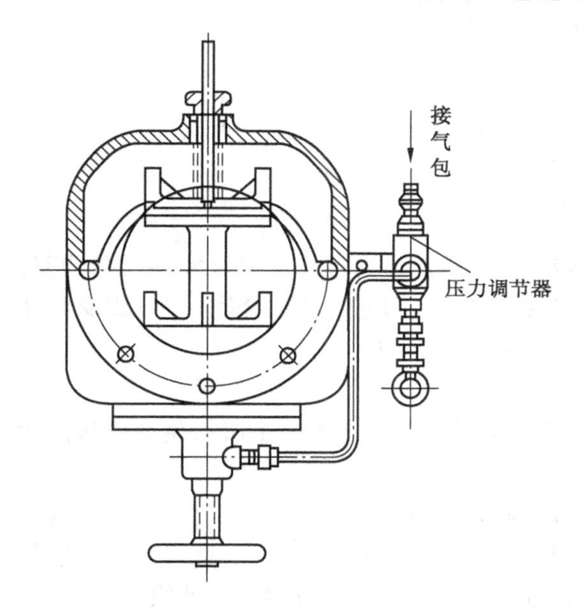

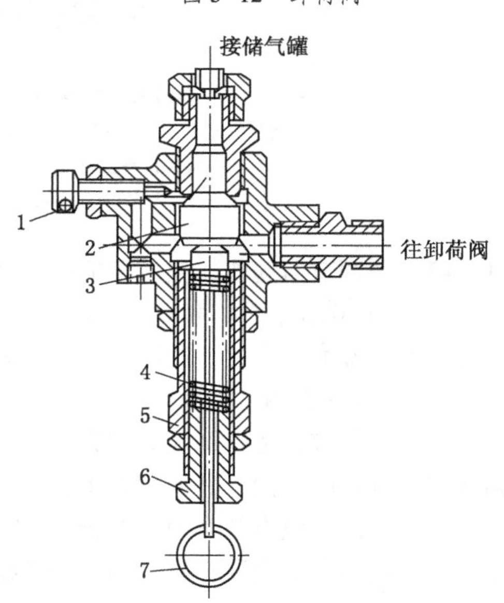

1—调节螺钉；2—阀；3—拉杆；4—弹簧；5、6—大小调节螺管；7—阀座

图 5-13　压力调节器

一端与压开吸气阀装置连通。当风包内的压力超过规定值时，压气通过调节器压开吸气阀装置推动小活塞，将压叉压下，顶开吸气阀阀片，使空压机空转。当风包内的压力低于规定值时，压力调节器关闭了压气通往压开吸气阀装置的通路，小活塞上部的空气通过压力调节器与大气相通，压叉借助弹簧的力而升起，阀片恢复到关闭的位置，空压机又进入正常运转状态。

两级空压机上一般装有两个压力调节器。当风包压力升高到 8.04 MPa 时，第一个调节器动作，一、二级气缸吸气阀各有两个打开，此时排气量减少 50%。当压力上升到 8.2 MPa

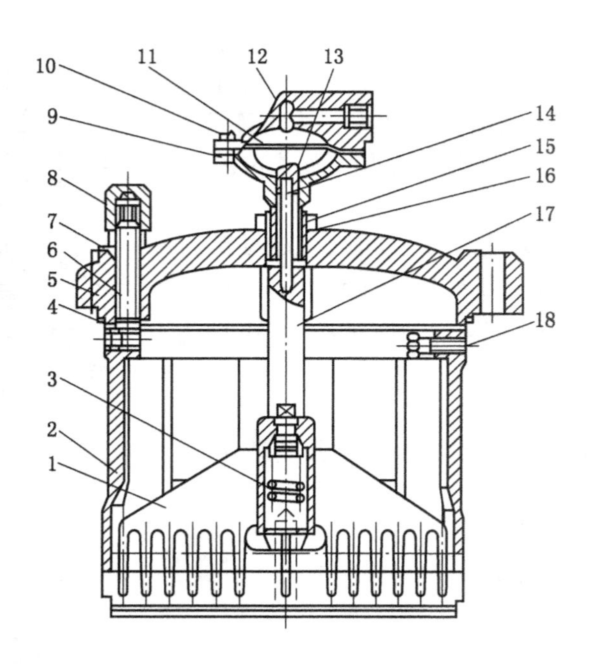

1—顶座；2—制动圈；3—弹簧；4、7、16—垫片；5—阀盖；6—气阀压紧螺钉；
8—气阀压紧螺母；9—接管下座；10—螺钉；11—膜片；12—接管上座；13—顶板；
14—顶杆；15—锁紧螺母；17—顶杆座；18—止紧螺钉

图 5-14　压开吸气阀装置

时，第二个调节器动作，空压机完全进入空转状态。因此，这种方法可以实现三级调节，即排气量为 100%、50%和 0。但这种调节装置结构复杂，而且密封性较差。阀片因受额外负荷而缩短寿命，因此，此法主要在大型和中型空压机中使用。

（三）改变余隙容积法

改变余隙容积法是加大余隙容积、降低气缸容积系数 λ，使气缸的吸入量减少从而达到调节排气量的目的，其原理如图 5-15 所示。

在空压机上设有几个附加容积 1，当风包内的压力超过规定值时，压气经管子 3 进入小气缸 4 使活塞 5 上移，打开阀 2，使附加容积 1 同气缸相通。在排气时就有一部分压气进入容积 1 中，排气时容积 1 中的压气膨胀，占据了气缸的一部分容积，使吸气量减少，从而达到调节排气量的目的。

利用改变余隙容积法调节排气量时，一般在气缸中设 4 个附加容积，其中任何一个附加容积与气缸相通时，空压机的排气量减少 25%。因此，此方法可以进行 5 级调节，即 100%、75%、50%、25%、0。

此种调节方法既完善又经济，但调节机构较复杂，因此，此法多用在大型空压机上。

【任务实施】

一、地点

实训教室。

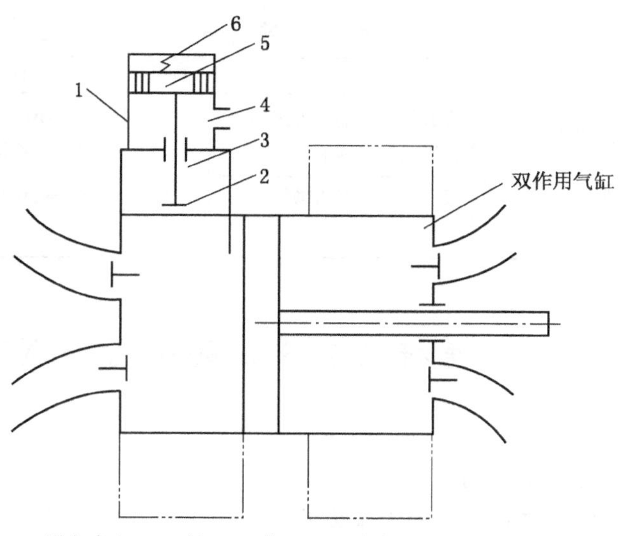

1—附加容积；2—阀；3—管子；4—小气缸；5—活塞；6—弹簧

图 5-15　改变余隙容积法原理示意图

二、器材

活塞式空压机。

三、内容

（1）说明活塞式空压机的结构。

（2）说明活塞式空压机运行时的注意事项。

（3）能正确操作活塞式空压机，保证正常运行。

四、实施方法

以 4~6 人为活动工作组，采用组长负责方式，实现小组自主学习，同学相互评分，教师巡回检查指导，完成学习任务。

五、建议学时

6 学时。

【任务考评】

考评内容及评分标准见表 5-2。

表 5-2　考评内容及评分标准

序号	考核内容	考核项目	配分	评分标准	得分
1	活塞式空压机的结构	说明活塞式空压机的组成	20	错一小项扣 2 分	
2	活塞式空压机的运行	运行时应检查的项目 “五勤”“三认真”的内容	20	错一小项扣 2 分	

表 5-2（续）

序号	考核内容	考核项目	配分	评分标准	得分
3	活塞式空压机的调节	能够使用三种方法完成空压机排气量的调节	50	错一小项扣 2 分 错一大项扣 10 分	
4	遵守纪律、文明操作	遵守纪律、文明操作	10	错一项扣 5 分	
合计					

任务二　螺杆式空压机的运行与调节

【知识目标】

（1）理解螺杆式空压机结构。

（2）熟悉螺杆式空压机排气量的调节方法。

（3）熟悉螺杆式空压机经济运行的措施。

【技能目标】

（1）能操作螺杆式空压机。

（2）能够对螺杆式空压机排气量进行调节。

【任务描述】

通过学习煤矿常用螺杆式空压机的结构，弄清楚空压机各部分组成，以便更好地操作、维护保养空压机，保证空压机高效、安全可靠地运转。

【任务分析】

一、螺杆式空压机的组成

螺杆式空压机包括空气流程和润滑油流程。主要组成部分有电动机、螺杆式空压机、空气过滤器、冷却器、油气分离器、进气阀、容调控制阀、油温控制阀、压力控制阀等组成，如图 5-16 所示。

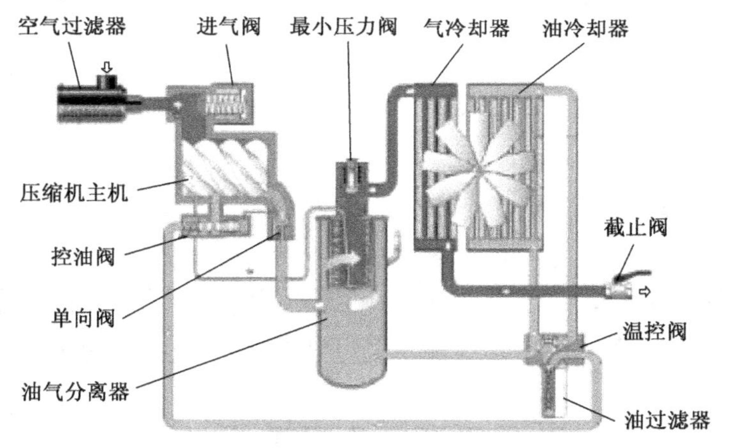

图 5-16　螺杆式空压机的组成及工作原理

1. 空气流程

空气由空气过滤器滤去尘埃后，经进气阀进入压缩机压缩并与润滑油混合后，经主机排气口排出进入油气桶，再经油气分离器、压力维持阀送入使用系统中。主气路各部件功能：

（1）空气过滤器。空气过滤器的主要功能是过滤空气中的尘埃和杂质。过滤精度在10 μm左右，气流先经粗分除去较大的粉尘颗粒，再通过滤纸或滤网过滤较小的粉尘颗粒，可得到较好的滤尘效果。当空气过滤器的压差达到压差开关设定值时，压差开关动作，控制面板提示报警，此时应清洗空气过滤器。

（2）进气阀。通过控制进气阀门，可使空压机空载运行和全载运行。容调的主要功能是根据系统压力控制进气阀的开启程度，从而控制空压机的进气量。当系统压力高于容调控制阀的设定压力时，开始容调，关小进气阀；反之，当系统压力降低时，开大进气阀，直至停止容调。容调控制实现空压机在工作中能随着实际压缩空气需求量的变化而自动调整。若容调动作之后，系统压力仍有上升，则由空、重车控制。当系统压力上升至制压阀所设定压力时，关闭进气阀，实现空车运转。

（3）排气温度开关。在喷油量不足或冷却器堵塞等情况下，均有可能导致排气温度开关动作而停机，温度开关一般设定在100 ℃，同时兼有温度表的作用。

（4）油气桶。油气桶侧装有观油镜，运行时油位应在二条刻线之间，油气桶底部装有排水阀，每天启动前略为拧开排水阀以排除油气桶内之凝结水，见到有油流出立即关上。桶上开有加油口，可供加油之用。由于油气桶的截面积较大，可使压缩空气流速减小，同时压缩空气在内做旋转运动，并与桶壁、衬桶相撞，可使较大油滴分离，此为油气的初分离。

（5）油气分离器。油气分离器是由多层细密的纤维织物制成，压缩空气中所含的雾状油气经油气分离器后几乎可被完全滤去，油颗粒大小可控制在0.1 μm以下，含油量可低于5 ppm。润滑油品质和环境粉尘含量对油气分离器寿命影响很大，如果环境粉尘大，其使用周期会缩短很多。油气分离器出口装有压力维持阀。油气分离器过滤的油集中在中央小凹槽内，由一回流管回流至机体，可避免被过滤的润滑油再随空气排出。在正常运转的情况下，油气分离器可使用4000 h。

（6）安全阀。当压力开关调节不当或失灵而使油气桶内的压力超过额定排气压力的1.1倍时，安全阀即会跳开泄压。安全阀于出厂前已经调整好，勿随意动它。

（7）压力维持阀。压力维持阀（最小压力阀）位于油气桶上方油气分离器出口处，开启压力设定于0.45 MPa左右。其功能：启动时优先建立润滑油所需的循环压力，确保机体润滑；当压力超过0.45 MPa时开启，可降低流过油气分离器的空气流速，除确保油气分离效果之外，还可保护油气分离器免因压差太大而受损；防止空车泄放时系统压力回流。

（8）气冷却器。使压缩后的压缩空气在冷却器内进行热交换，达到冷却效果。

2. 润滑油流程

油气桶内的压力，将润滑油压出，经过油温控制阀、油冷却器、油过滤器后分成二路：一路由机体下端喷入压缩室，冷却压缩空气；另一路通到机体后端，用来润滑轴承组及传动齿轮，而后（各部之润滑油）再聚集于压缩室底部排气口排出。与油混合的压缩空气经排气管进入油气桶，分离大部分的油，其余的含油雾空气再经过油气分离器滤去所余的油后，经压力维持阀、排气截止阀送至用气系统。油路上各组件功能：

（1）油冷却器。油冷却器有风冷与水冷两种形式。冷却润滑油，可使压缩机在最佳状态下工作。

（2）油过滤器。油过滤器功能是除去油中杂质，如金属微粒、油的劣化物等。油过滤器上装有一个压差开关，当油过滤器前后之压差达到压差开关设定值时，压差开关动作，表示过滤器严重堵塞，控制面板提示报警，此时必须更换油过滤器。

（3）油气分离器。参见空气流程中的油气分离器。

（4）油温控制阀。油温控制阀可使排气温度维持在压力露点温度以上。当润滑油温度较低时，在油温控制阀的作用下，润滑油不经冷却器直接经油过滤器进入压缩机。当润滑油温度达到设定温度时，在油温控制阀的作用下，润滑油经过冷却器后再经油过滤器进入压缩机。

二、螺杆式空压机的运行

（1）运行中定期检查观看指示面板上的信息，如排气压力、排气温度及各项指示灯状况，油位是否正常。

（2）检查机组冷凝液是否能自动排出。

（3）做好工作运行记录，经常检查排气压力、排气温度是否正常，如有反常现象应及时分析查找原因。

（4）当空气过滤器的压差达到压差开关设定值时，压差开关动作，控制面板提示报警，此时应清洗空气过滤器。

（5）当油气分离器前后的压差达到压差开关设定值时，压差开关动作，表示油气分离器堵塞，控制面板提示报警，此时必须更换油气分离器。

（6）当油过滤器前后的压差达到压差开关设定值时，压差开关动作，表示油过滤器堵塞，控制面板提示报警，此时必须更换油过滤器。

三、螺杆式空压机运转中注意事项

（1）经常观察各仪表读数是否正常：排气压力、润滑油压力、排气温度等。

（2）经常倾听空压机各部位运转声音是否正常。

（3）经常检查有无渗漏现象。

（4）在运转中如发现观油镜上看不到油位，应立即停机，待系统无压力后再补油。

（5）每隔一段时间（如 2 h）记录排气压力、排气温度、润滑油压力，供日后检修参考。

（6）保持空压机外表及周围场地干净，严禁在空压机上放置任何物件，如工具、抹布等。

（7）遇空压机有异常情况，按“停止”按钮，空压机停止运转。

四、螺杆式空压机排气量的调节

由于螺杆式空压机没有排气阀，也没有余隙容积，所以其排气量调节就只有改变转速调节、控制进气量调节和改变内容积比调节三种方法。

1. 改变转速调节法

由于螺杆式空压机的排气量与阳转子的转速成正比，故可通过改变驱动装置的转速来实现排气量的调节。目前大多数螺杆式空压机都采用变频调整装置来改变转速，从而实现排气量的调节。

2. 控制进气量调节法

（1）通断（ON/OFF）调节。这种调节通常靠螺杆压缩机进气管道上的碟阀来实现。碟阀靠随阀杆转动的圆形阀板打开或关闭进气管道，从而达到调节的目的。圆形阀板从全开到全关旋转的角度通常小于90°。通断调节原理如图5-17所示。机组运行中，压缩机排气压力达到压差计设定的上限值时，电磁阀失电动作，其阀芯上移，碟阀驱动气缸放气，活塞杆缩回，带动碟阀关闭进气管道；同时放空阀活塞右移打开放气，机组在卸载工况下工作。反之压力达到压差计设定的下限值时，电磁阀得电动作，其阀芯下移，碟阀驱动气缸进气，活塞杆伸出推动碟阀打开，并使放空阀活塞左移关闭，机组在负载工况下工作。

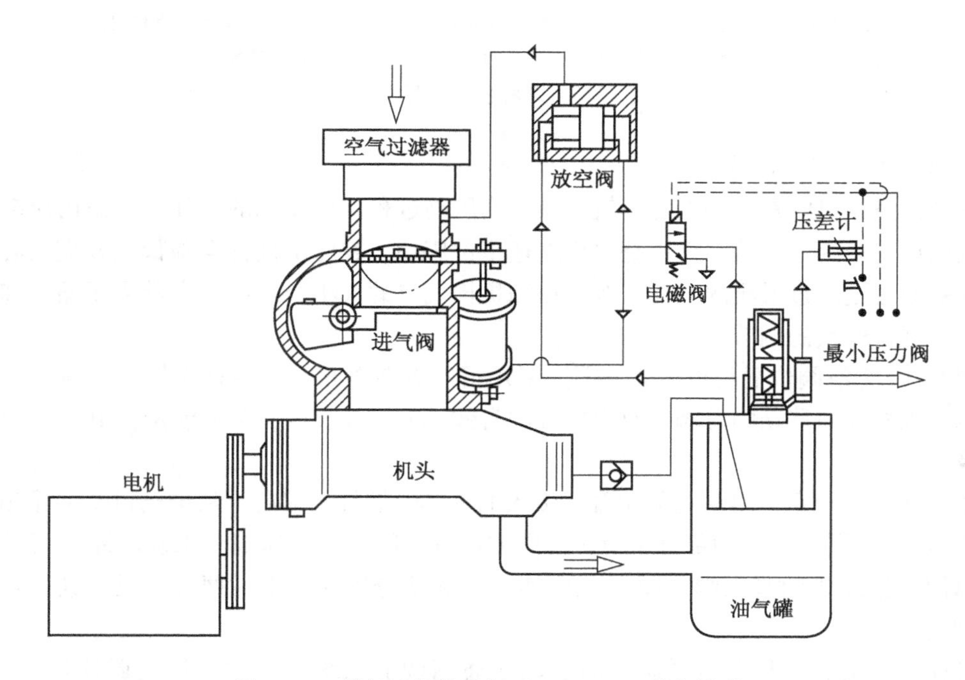

图5-17　螺杆压缩机通断（ON/OFF）调节原理

（2）无级（容调）调节。无级（容调）调节是由容调阀根据压缩机排气口压力的高低，去控制进气阀的开启度来实现的。当压力升高时，气体通过容调阀的进气口将其膜片顶开，从容调阀出口流出的气体经节流孔流向驱动气缸，推动驱动气缸活塞杆伸出，去推动进气阀逐渐关闭，使空压机排气量逐渐减少。当压力下降时，容调阀在弹簧力的作用下将膜片关闭，切断驱动气缸的进气，驱动气缸的活塞在弹簧力的作用下缩回，并带动进气阀逐渐打开，使空压机排气量又逐渐增加，如图 5-18 所示。

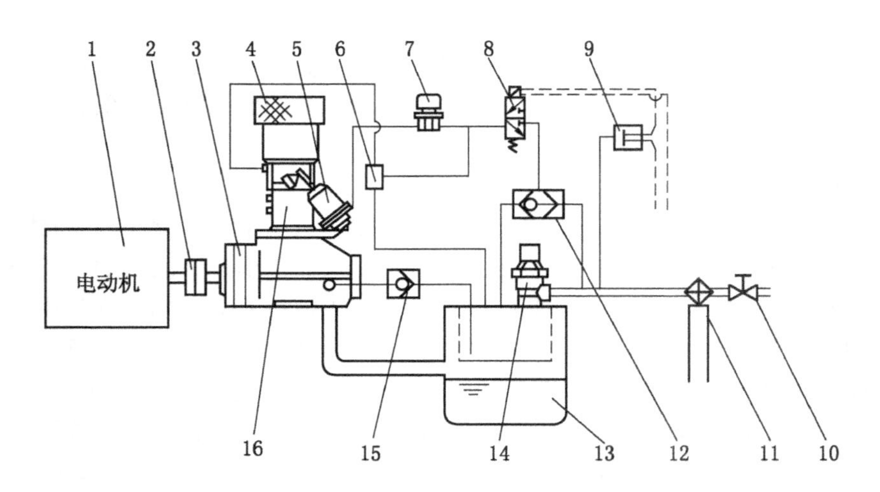

1—电动机；2—联轴器；3—压缩机；4—空气过滤器；5—驱动气缸；6—放空阀；7—容调阀；8—电磁阀；9—压力继电器；10—闸阀；11—冷却器；12—最大压力控制阀；13—油气分离器；14—最小压力阀；15—单向阀；16—进气阀

图 5-18 螺杆压缩机容调原理

3. 改变内容积比调节法

螺杆式空压机的重要特点之一就是具有内压缩过程，压缩机的最佳工况是内压缩比等于外压缩比，若两者不等，无论是欠压缩还是过压缩，其经济性都会降低。改变内容积比调节法的原理是通过滑阀的移动来改变压缩机排气口的大小，从而改变其内压缩比和内容积比，实现排气量的调节。

图 5-19 为滑阀位置与负荷关系图。采用滑阀调节参量，即在两个转子高压侧装有一个相对于螺杆轴向移动的滑阀，改变螺杆的有效轴向工作长度，可使能量在 10%~100%之间无级调节。

图 5-19a 为全负荷时滑阀的位置，吸入的气体经螺杆压缩后，从排气口全部排出，其能量为 100%；图 5-19c 为部分负荷时滑阀的位置，吸入的气体部分未被压缩，而是从旁通口返回到压缩机的吸入端。图 5-19b 实线和虚线分别对应上述两种工况，其循环如图 5-20 所示。

目前使用的有两种调节系统，即手动四通阀调节系统和三位四通电磁阀调节系统，如图 5-21 所示。这两种调节系统，都由操作人员根据生产实际需要，手动操作四通阀或开关三位四通电磁阀，通过调节活塞的移动来实现螺杆压缩机能量滑阀的“加载”“减载”“停止”三种状态，以达到控制排气量及排气压力的目的。图示为滑阀正在“加载”。

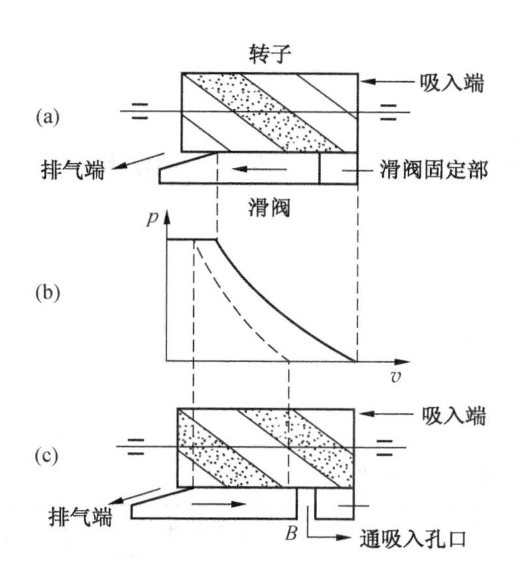

图 5-19　滑阀位置与负荷关系

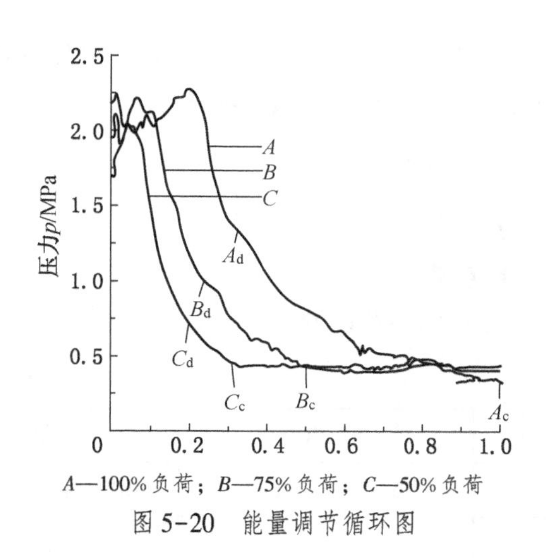

图 5-20　能量调节循环图

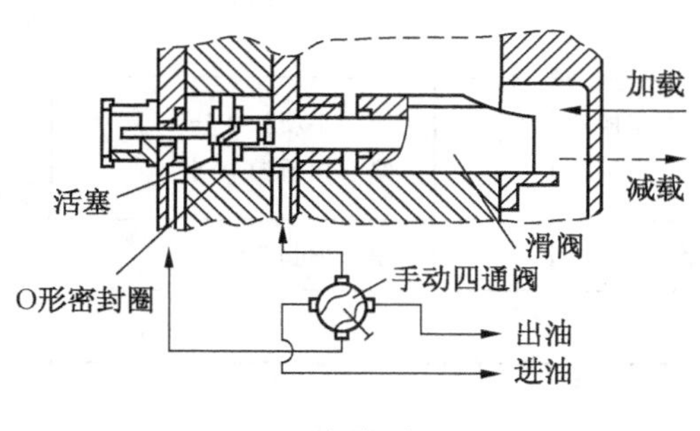

(a) 四通阀能量调节系统

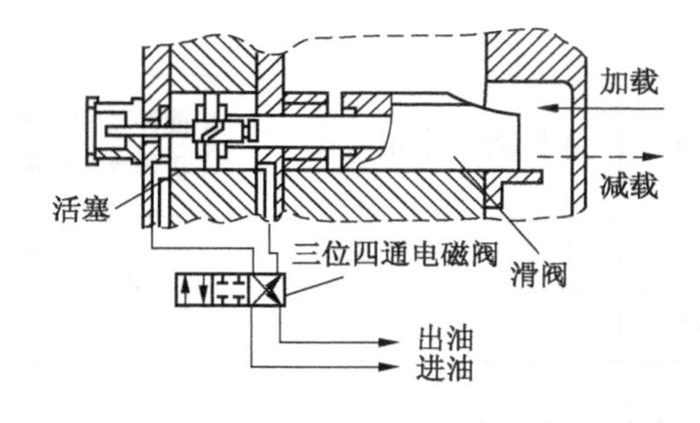

(b) 三位四通电磁阀能量调节系统

图 5-21　两种调节系统

【任务实施】

一、地点

实训教室。

二、器材

螺杆式空压机。

三、内容

（1）说明螺杆式空压机的结构。

（2）说明螺杆式空压机和运行时的注意事项。

(3) 能正确操作螺杆式空压机，保证正常运行。

四、实施方法

以4~6人为活动工作组，采用组长负责方式，实现小组自主学习，同学互评分，教师巡回检查指导，完成学习任务。

五、建议学时

6学时。

【任务考评】

考评内容及评分标准见表5-3。

表5-3 考评内容及评分标准

序号	考核内容	考核项目	配分	评分标准	得分
1	螺杆式空压机的结构	说清螺杆式空压机的组成	10	错一小项扣2分	
2	螺杆式空压机的运行	1. 运行时应检查的项目 2. 空压机运行中的注意事项	40	错一小项扣2分 错一大项扣10分	
3	螺杆式空压机的调节	能够使用三种方法完成空压机排气量的调节	40	错一小项扣2分 错一大项扣10分	
4	遵守纪律、文明操作	遵守纪律、文明操作	10	错一项扣5分	
合计					

【综合训练题2】

一、填空题

1.（　　）是空气压缩机中组成压缩容积的主要部分。（　　）和（　　）组成了压缩空间的主要部分。

2. 活塞组件由（　　）、（　　）、（　　）及（　　）等组成。整个活塞组件的作用是（　　），形成压缩空间。

3.（　　）是空压机上重要的也是容易损坏的部件。它安装的好坏、寿命的长短对空压机的经济运转有很大影响。所以对气阀提出下列要求：（　　　　　　　　）；（　　　　　　　　）；（　　　　　　　　）。

4. 滤风器的作用是防止空气中的（　　）和（　　）进入气缸。

5. 中间冷却器的作用是（　　　　　　），（　　　　　　）。

6. 空压机的润滑装置分为（　　　　　　）和（　　　　　　）两个独立的系统。

7. 一级安全阀装在（　　）上，二级安全阀装在（　　）上。

8. 活塞式空压机运转中应做到的“五勤”是指：(　　　　　　　　　　　　　　　)；(　　　　　　　　　　　　　　　)；(　　　　　　　　　　　　　　　)；(　　　　　　　　　　　　　　　)；(　　　　　　　　　　　　　　　)。

9. “三认真”是指：(　　　　　　　　　　)；(　　　　　　　　　　)；(　　　　　　　　　　)。

10. 空压机排气量的调节方法：(　　　　　　　　)，(　　　　　　　　)，(　　　　　　　　)。

11. 螺杆式空压机包括（　　　　　　　）和（　　　　　　　）。

12. 螺杆式空压机排气量的调节：(　　　　　　　　)、(　　　　　　　　)。

二、判断题

(　　) 1. 中间冷却器的作用是增高功率消耗，净化压缩空气。

(　　) 2. 当油压高到一定压力时，接点断开，使空压机的主电动机自动停车。

(　　) 3. 气阀是空压机上重要的也是容易损坏的部件。

(　　) 4. 一级安全阀装在中间冷却器上，二级安全阀装在风包上。

(　　) 5. 螺杆式空压机的运行中不需要定期检查观看指示面板上的信息。

(　　) 6. 螺杆式空压机需要经常检查有无渗漏现象。

(　　) 7. 后冷却器装在空压机排气管与风包之间，以防止输气管道冬季冻结。

(　　) 8. 活塞式空压机各级排气温度不超过 150 ℃。

(　　) 9. 空气压缩机运转中应做到“五勤”“三认真”。

(　　) 10. 螺杆式空压机没有进气阀和排气阀，只有改变转速调节、控制进气量和改变内容积比调节三种方法。

三、简答题

1. 活塞式空压机运行时，工作人员应做到“五勤”“三认真”，“五勤”“三认真”是指什么？

2. 活塞式空压机有哪几种调节方法？其调节过程如何？

3. 螺杆式空压机有哪几种调节方法？其调节过程如何？

4. 什么叫余气（隙）容积？它对活塞式空压机有何影响？

5. 活塞式空压机运行时应注意检查哪些方面的内容？

情境三　空压机的维护与故障处理

任务一　活塞式空压机的维护与故障处理

【知识目标】

(1) 熟悉活塞式空压机维护检修内容。

(2) 熟悉活塞式空压机完好标准。

(3) 熟悉活塞式空压机常见故障原因。

【技能目标】

(1) 能维护活塞式空压机。

(2) 能够对活塞式空压机常见故障进行分析和处理。

【任务描述】

为了使活塞式空压机能够稳定、高效、正常地工作，就要掌握活塞式空压机的结构，按规定对其进行维护保养，以减少故障的发生。当设备出现故障时，能够正确分析故障的原因，找到解决处理的方法，迅速进行修复，尽量减少对生产造成的影响。

【任务分析】

一、活塞式空压机的维护检修

为使空压机正常工作和延长其使用寿命，应保持空压机及周围的清洁，严格遵守操作规程。每班都要详细地记录运转日志，发现故障及时处理。同时对定检项目定期进行检修。下面介绍空压机工作一定时间后的一般维护和检修内容。

(一) 工作 50 h 后

(1) 检查机身内的油面。

(2) 清洗润滑油过滤器芯。

(二) 工作 300~500 h 后

(1) 清洗吸、排气阀，检查阀片和阀座的密封性。

(2) 检查安全阀，修复阀上轻微伤痕，检查安全阀弹簧是否回缩。

(3) 检查或清洗滤风器。

(三) 工作 2000 h 后

(1) 清洗油池、油路、油泵，更换新油。

(2) 清洗注油器系统，并检查油路各止回阀的严密性。

(3) 吹洗油、气管路，校正压力表，检查安全阀的灵敏度。

(4) 检查填料箱磨损情况，检查并清洗活塞、活塞环。

(5) 拆洗压力调节器并重新校正。

(6) 检查连杆大、小头和十字头各摩擦面磨损情况。

(四) 工作 4000~4500 h 后

(1) 拆洗曲轴及轴承，并检查其精度、粗糙度，根据实际情况修复或更换。

(2) 清洗排气管、冷却器和油冷器，并进行水压试验。

(3) 检查十字头与机身滑道间的间隙和粗糙度，根据情况进行修复。

(五) 工作 8000 h 后

(1) 分解气缸，清除油垢焦渣。

(2) 用苛性苏打水溶液清洗气缸水套内水垢和冷却器水管中的积垢。

(3) 清洗并组装气缸后进行试压，试压按工作压力的 1.5 倍计算。

(4) 其余检查同前各项。

二、矿用活塞式空压机的完好标准

矿用活塞式空压机的完好标准见表5-4。

表5-4 矿用活塞式空压机的完好标准

检查项目	完 好 标 准	备 注
螺栓、螺母、垫圈、开口销、护罩	齐全、完整、坚固	
气缸与阀室	1. 气缸无裂纹，不漏风 2. 排气温度：单缸不超过190 ℃；双缸不超过160 ℃ 3. 阀室无积垢和炭化油渣 4. 阀片无裂纹、与阀座结合严密、弹簧压力均匀 5. 阀片行程一般为2~3.5 mm或符合厂家规定 6. 活塞、气缸和活塞环的磨损量以及气缸的余隙应符合如下标准： （1）活塞和气缸的间隙和磨损量规定见表5-5 （2）活塞环侧面间隙为0.05~0.1 mm，装入气缸内其切口的间隙应为气缸直径的0.4%~0.6% 活塞环不允许有下列情况之一：①断裂或经过猛烈的烧灼；②侧面间隙比规定大到2~2.5倍；③切口间隙比规定大到1.5~2.0倍 （3）活塞和气缸的余隙，一般不得大于表5-6规定（或按设备厂家出厂的规定）	1. 盛水试验时，阀座和阀片应保持原运行状态，盛水持续3 min渗水不超过5滴为合格 2. 检查记录有效期一年
十字头与滑板	最大间隙不超过0.6 mm，接触面积不小于60%	
轴承	1. 主轴的水平度偏差不大于0.1‰ 2. 轴承最大间隙不得超过表5-7规定 3. 滑动轴承温度不超过65 ℃，滚动轴承温度不超过75 ℃ 4. 滑动轴承沿轴向接触不小于轴瓦长的3/4，在轴瓦中部接触弧面应为90°~120°	
传动装置	1. 弹性联轴节端面间隙比轴最大窜量大2~3 mm，径向位移不大于0.15 mm，端面倾斜不大于1.2‰，胶圈外径与孔径差不大于2 mm，皮带轮平行对正，两皮带轮轴向错位不超过2 mm，端面偏摆不大于轮径的2‰，皮带松紧适宜 2. 三角皮带和轮槽底部应有间隙，皮带根数符合厂家规定	其他类型联轴节端面间隙以厂家规定为准

表 5-4（续）

检查项目	完好标准	备注
冷却系统	定期清洗中间冷却器、气缸水套，水套水垢厚度不超过 1 mm，水泵符合一般水泵完好标准，冷却系统不漏水，冷却水压力不超过 2.45×10^5 N/m^2，出水温度不超过 40 ℃	
润滑系统	1. 气缸必须使用压缩机油，油质合格 2. 有十字头的曲轴箱，油温不大于 60 ℃；无十字头的曲轴箱，油温不大于 70 ℃ 3. 不漏油，油压为（0.785～2.943）$\times10^5$ N/m^2	1. 压缩机油的闪点不低于 215 ℃ 2. 压缩机油应有化验单
安全装置与仪表	1. 压力表、温度计、电流表、电压表、安全阀齐全、可靠，并定期校验 2. 风包上必须装安全阀，风包和空气压缩机间装闸阀，阀前必须装安全阀 3. 安全阀动作压力不超过使用压力的 10% 4. 压力调节器动作可靠 5. 水冷却式空气压缩机有断水保护或断水信号	1. 记录有效期为一年 2. 安放温度计的套管插入出风管内深度不小于管径的 1/3 或厂家规定位置
风包与滤风器	1. 风包及空气压缩机进出管路清理间隔期不大于一年 2. 风包设置有人孔和放水阀 3. 滤风器要定期清扫，间隔期不大于三个月	运转时间短的管路清理时间适当延长
电气	1. 电动机与开关柜符合其完好标准 2. 接地装置合格 3. 有盘车装置的压缩机要和电气启动系统有闭锁	
设备出力	1. 排气压力达到铭牌规定 2. 排气量不低于铭牌规定的 85%	测定记录有效期一年
整洁与资料	1. 设备与机房整洁，工具、材料、备件存放整齐 2. 有运转日志和检查、检修记录	

表 5-5 活塞和气缸的间隙和磨损量 mm

气缸直径	标准间隙	最大磨损量
80～120	0.12～0.25	0.5
＞120～180	0.15～0.30	0.6
＞180～260	0.18～0.35	0.7
＞260～360	0.21～0.40	0.9
＞360～500	0.25～0.46	1.05
＞500～630	0.30～0.52	1.2

表5-6　活塞和气缸的余隙

空气压缩机容量/($m^3 \cdot min^{-1}$)	10以下	20	40及以上
曲轴端/mm	1.2~2.2	1.5~2.5	2.5~4.5
曲轴他端/mm	1.5~2.5	2.0~3.5	3.0~5.5

表5-7　轴承最大间隙

mm

轴颈	滑动轴承	滚动轴承
30~50	0.16	0.12
>50~80	0.20	0.17
>80~120	0.24	0.20
>120~180	0.30	0.25
>180~260	0.36	0.30

三、空压机的经济运行

空压机的经济性常用效率 η 和比功率 P_b 来评价。效率 η 愈高，比功率 P_b 愈低，经济性愈好。若想得到较高的 η 和较低的 P_b，就必须降低轴功率 P，提高排气量 Q。提高空压机效率的主要措施如下。

1. 降低吸、排气系统阻力

吸、排气阻力，不仅使功耗增加，排气量减小，而且使排气温度增加。因此，应努力降低吸、排气阻力。

由于气缸内的温度高、压力大，润滑油易于氧化形成积炭。这些积炭与随着空气进入缸内的尘土，容易堵塞气阀通道和压力管道，增大流动阻力，使循环功和排气温度增加。因此，应及时将气阀拆下，放入煤油中清洗，清除积炭。经常清洗阀片、阀座密合面及气流通道上的秽污；安装吸、排气管道时，尽量取直少转弯；滤风器宜放在室外阴凉通风的地方，以保证空压机吸入温度低、湿度小的空气。定期清洗滤风器，清洗滤风器常用的方法：将滤芯取出并放入5%~10%的苛性钠热溶液中洗刷，然后用热清水冲净并烘干，再组装并涂上符合要求的黏性油。其清洗间隔不大于3个月。

2. 提高冷却效果

空压机冷却效果的好坏，与功率消耗、排气量和排气温度有很大关系。提高冷却效果的途径主要有3条：一是尽量降低冷却水的进水温度，如改变冷却系统、设置高效能的冷却设备（冷却塔）；二是定期酸洗水套、中间冷却器和后冷却器的冷却芯，铲除其水垢，在总进水管上安装磁水器避免产生水垢；三是严格控制水质，必要时应经过处理。

3. 保持良好润滑

保持空压机的良好润滑可提高机械效率。为此应按规定的牌号选用合格的润滑油，切勿用质量低劣的油；用油量要合理，不可过量，否则，既浪费又增加产生爆炸的条件；要定期清洗油池、油管、油过滤器及注油器等，保证油路畅通；油压、油温应符合规定，并定期检查油质及更换润滑油。

在高温高压下，润滑油容易氧化而形成积炭。积炭的存在不仅会增大气流阻力，而且容易自燃和爆炸，成为安全的隐患。为此，可用填充聚四氟乙烯替代铸铁制作活塞环和密封圈，并除去注油器，将气缸的有油润滑变为无油润滑。

在有油润滑改为无油润滑的初期，由于气缸镜面上尚未形成填充聚四氟乙烯转移膜，其摩擦、磨损和泄漏都将增加。因此，应向缸内注入 2~3 滴润滑油，待缸壁形成薄膜后，再停止供油。

4. 减少泄漏损失

泄漏主要发生在有相对运动的构件接合部位，例如：气缸和活塞环之间，或因磨损过度，或因磨损不均，或因活塞环的切口位置没有错开造成气缸两腔窜气；活塞杆与填料环之间，由于填料密封不好而造成的漏气；阀片与阀座的接合面磨损，或因粘附油垢或焦渣，致使关闭不严；弹簧力过强或疲劳断裂等，以及级间管道、冷却器等连接部位密封不严等，都会引起漏气，造成能量损失，因此，要定期检查、维修直至更换零件。

5. 合理调整余隙容积

余隙容积越大，空压机的一次吸气量就越小，吸气终了温度也越高，因而空压机的排气量减小。但余隙过小，可能使活塞与气缸相撞，造成机械事故。因此，必须将余隙容积调整在合理的范围内。

四、活塞式空压机常见故障的分析与处理

1. 传动机构润滑系统故障

（1）油压突然下降。处理办法：①更换失灵的油压表；②向油池内加油；③检修油泵；④检查止回阀或通油管。

（2）油压逐渐下降。处理办法：①清洗滤油器；②检修油管漏油处；③检查轴瓦间隙是否合乎规定；④检查油泵是否正常，如有异常应修理。

（3）油温过高。处理办法：①检查油池油量并加注润滑油；②检查油质是否清洁，若不清洁应更换润滑油；③检查冷却器是否污垢太多，并加以清洗；④检查各部分间隙是否正常，若不正常应重新调整。

2. 气缸润滑系统故障

（1）气缸进油少。处理办法：检查逆止阀的密封性是否良好，若不密封应重新密封。

（2）注油器供油不良。处理办法：①检查柱塞的磨损情况；②检查管路是否有漏油；③检查气缸、活塞、吸气阀、排气阀、柱塞泵行程等是否有异常现象，如有异常应进行修理。

3. 冷却水系统故障

（1）管路漏水。处理办法：修理更换漏水管件。

（2）气缸内有水。处理办法：检查中间冷却器、缸盖、石棉垫等是否正常，若不正常应修理或更换。

（3）排水温度未超限但排气温度超限。处理办法：清洗冷却水套和中间冷却器。

4. 空压机有不正常的声音

如有金属碰击声，则应：①检查气缸盖或气缸座与活塞间有无金属碎片；②检查活塞螺母或十字头活塞杆连接处的螺母是否松动，造成气缸余隙太小。

如发出闷声，则应：①检查连杆瓦磨损间隙、轴颈椭圆度等；②检查十字头与滑道的间隙。

5. 气阀漏气

气阀漏气，应检查阀片、弹簧有无损坏现象，若发现损坏应立即更换；或检查阀片与阀座是否严密，若不严密应更换阀片或研磨修理。

6. 填料漏气

填料漏气，应检查密封圈磨损量，若发现超限则应进行处理。

7. 活塞环磨损过快

活塞环磨损过快的处理办法：①改变活塞质量；②改善油质，增加油量；③检查气缸镜面是否光滑。

8. 摩擦面过热

（1）供油不足、油质太脏、油中含水过多，可根据情况处理。

（2）摩擦面有拉毛时，可用油石研磨。

（3）若大头瓦过紧时，则可调垫以达到规定值。

9. 各级压力分配失调

压力分配失调主要是由吸、排气阀引起的，因此，应对有关吸、排气阀进行检查修理。

10. 安全阀

如安全阀开启不准，应重新调整，并每年校验一次。

如安全阀漏气，可洗去污物或重新研合密封面。

如安全阀开启后压力还继续升高，应拆开清洗，重新安装。

【任务实施】

一、地点

实训教室。

二、器材

活塞式空压机。

三、内容

（1）说明活塞式空压机的完好标准。

（2）能够进行活塞式空压机的日常维护和保养。

（3）能够对活塞式空压机的常见故障进行原因分析并处理，保证设备正常运行。

四、实施方法

以4~6人为活动工作组，采用组长负责方式，实现小组自主学习，同学相互评分，教师巡回检查指导，完成学习任务。

五、建议学时

6学时。

【任务考评】

考评内容及评分标准见表5-8。

表5-8 考评内容及评分标准

序号	考核内容	考核项目	配分	评分标准	得分
1	空压机的完好标准	说明活塞式空压机的完好标准	10	错一小项扣2分	
2	日常维护	说明空压机日常维护的内容	10	错一项扣2分	
		完成对活塞式空压机的日常维护	25	错一小项扣3分 错一大项扣10分	
3	故障分析及处理	说明活塞式空压机的常见故障类型	15	错一项扣2分	
		分析活塞式空压机的故障原因并排除故障	30	错一小项扣3分 错一大项扣10分	
4	遵章守纪，文明操作	遵章守纪，团结合作	10	错一项扣5分	
合计					

任务二 螺杆式空压机的维护与故障处理

【知识目标】

（1）清楚螺杆式空压机维护检修内容。

（2）熟悉螺杆式空压机常见故障原因。

【技能目标】

（1）能够维护螺杆式空压机。

（2）能够对螺杆式空压机常见故障进行分析和处理。

【任务描述】

螺杆式空压机属于容积型旋转式压缩机，具有零件少、结构紧凑、体积小、运转平稳、寿命长、维护管理简单等优点。目前，螺杆式空压机已广泛应用于矿山、化工、动力、冶金、建筑等工业部门。为了使压气设备能够稳定、高效的工作，需要按规定对其进行维护保养，以减少故障的发生。当设备出现故障时，能够正确分析故障的原因，找到解决处理的方法，尽量减少对生产造成的影响。

【任务分析】

一、螺杆式空压机的维护保养

1. 准备工作

在维护之前，应做好以下准备工作：

（1）切断主机电源并在电源开关处挂上标志。

（2）关闭通向供气系统的截止阀以防压缩空气倒流回被检修的部分。决不依靠单向阀来隔离系统。

（3）打开手动放空阀，排空系统内的压力，保持放空阀处于开启状态。

（4）对于水冷机器，必须关闭供水系统，释放水管路压力。

（5）确保压缩机组已冷却，防止烫伤、灼伤。

（6）擦净地面油痕、水迹以防滑倒。

2. 日常维护的内容

1）每天保养内容

（1）检查空滤芯和冷却剂液位。

（2）检查软管和所有管接头是否有泄漏情况。

（3）检查易耗件情况，达到更换周期的必须停机予以更换。

（4）检查主机排气温度，达到或接近 98 ℃，必须清洗油冷却器。

（5）检查分离器压差，达到 0.06 MPa 以上（极限 0.1 MPa）时应停机更换分离芯。

（6）检查冷凝水排放情况，若发现排水量太小或没有冷凝水排放，必须停机清洗水分离器。

（7）检查空气压缩机是否有不正常响声。

2）每月保养内容

（1）检查冷却器，必要时予以清洗。

（2）检查所有电线连接情况，并予以紧固。

（3）检查交流接触器触头。

（4）清洁电机、风扇吸风口表面和壳体表面的灰尘。

（5）清洗回油过滤器。

3）每季度保养内容

（1）清洁主电机和风扇电机。

（2）更换油过滤芯。

（3）清洁冷却器。

（4）检查最小压力阀、安全阀。

（5）检查传感器。

4）每年保养内容

（1）更换润滑油及油气分离器滤芯。

（2）更换空气过滤器滤芯、油过滤器滤芯。

（3）安全阀校准。

（4）检查弹性联轴器连接情况。

（5）检查冷却风扇。

（6）清洗自动排污阀。

（7）补充或更换电动机润滑油脂。

（8）检查、更换润滑油。

润滑油对螺杆式空压机的性能具有决定性的影响，切记不要让润滑油超期使用，否则油质下降，润滑不佳，容易造成超温停机，且较脏的油品也易造成油路堵塞，使零部件损坏，甚至可能引发火灾。某些环境（如通风不良，环境温度高；高湿度或雨季；灰尘多）都会影响润滑油的换油时间，润滑油的换油时间要酌情缩短。

换油步骤：

①将空压机运转，使油温上升，以利排放，然后按下“停止”按钮，使空压机停止运转。

②打开油气桶底部的排污阀，如油气桶内有残压时，泄油速度很快，容易喷出，应慢慢打开，注意应将系统内（如管路、冷却器、油气桶等）所有润滑油放净。

③润滑油放净后，关闭排污阀，打开加油口盖注入新油。注意，因开机后部分油会留在管路之中，故空压机加油应加至观油镜上面一个紧固螺丝处，即充满整个观油镜。开机后油面会下降较多，故应确保空压机正常运转时油位在观油镜上下红线之间，不足应停机补油。

二、螺杆式空压机常见故障的分析与处理

1. 无法启动

可能原因及处理方法如下：

（1）热控阀、油滤压差开关故障。检查修复或更换。

（2）线路接点松脱。检查修复。

（3）磁力起动器故障。参见磁力起动器说明书。

（4）电动机故障。参见电动机说明书。

2. 排气量不足、排气压力下降

可能原因及处理方法如下：

（1）空滤器堵塞。清洗或更换。

（2）进气阀动作不良。拆卸或更换。

（3）泄放（电磁）阀失效泄漏。检查、修复或更换。

（4）油气分离器堵塞。清洗或更换。

（5）用气量太大。检查用气工具。

（6）容调不当。重新设定。

（7）制压阀调整不当。重新设定。

3. 安全阀无法动作

可能原因及处理方法如下：

（1）制压阀调整不当。重新设定。

（2）进气阀动作不良。拆卸清洗。

（3）泄放阀失效。检查、修复或更换。

（4）容调阀调整不当。重新设定。

（5）泄放管路堵塞。检查、修复或更换。

4. 无法重车

可能原因及处理方法如下：

（1）制压阀调整不当。重新设定。

（2）进气阀动作不良。拆卸清洗。

（3）泄放阀失效。检查、修复或更换。

（4）容调阀调整不当。重新设定。

5. 排气温度过高（超过 100 ℃），空压机跳闸

可能原因及处理方法如下：

（1）润滑油量不足。检查油位，过低停车加油。

（2）喷油量少。开大油流量调整阀。

（3）油气分离器堵塞。更换。

（4）油冷却器蒙尘太多。清洗。

（5）润滑油规格不正确。检查牌号、更换油品。

（6）热控阀故障。检查油是否流过冷却器，如无更换热控阀。

（7）温度开关故障。更换。

6. 排气温度过低（低于 70 ℃）

可能原因及处理方法如下：

（1）环境温度过低。关小油流量调整阀。

（2）喷油量大。关小油流量调整阀。

（3）温度指示不正确。更换。

（4）热控阀故障。更换。

（5）温度开关故障。更换。

7. 排气含油量高、油耗大

可能原因及处理方法如下：

（1）油面太高。停机检查，排放至正常油位。

（2）回油管堵塞。拆卸、清洗。

（3）油气分离器破损。更换。

8. 空重车频繁

可能原因及处理方法如下：

（1）管路泄漏。检查并锁紧。

（2）制压阀压差太小。重新设定。

（3）用气量不移稳定。用气系统尽可能重新安排。

【任务实施】

一、地点

实训教室。

二、器材

活塞式空压机和螺杆式空压机设备各一套。

三、内容

（1）能够进行螺杆式空压机的日常维护和保养。

（2）能够对螺杆式空压机的常见故障进行原因分析并处理，保证设备正常运行。

四、实施方法

以4~6人为活动工作组，采用组长负责方式，实现小组自主学习，同学互评分，教师巡回检查指导，完成学习任务。

五、建议学时

8学时。

【任务考评】

考评内容及评分标准见表5-9。

表5-9 考评内容及评分标准

序号	考核内容	考核项目	配分	评分标准	得分
1	日常维护	说明螺杆式空压机日常维护的内容	15	错一项扣2分	
		完成对空压机的日常维护	30	错一小项扣3分 错一大项扣10分	
2	故障分析及处理	说明螺杆式空压机的常见故障类型	15	错一项扣2分	
		分析空压机的故障原因并排除故障	30	错一小项扣3分 错一大项扣10分	
3	遵章守纪，文明操作	遵章守纪，团结合作	10	错一项扣5分	
合计					

【综合训练题3】

一、填空题

1. 煤矿常用的压缩空气设备主要有（　　）空压机和（　　）空压机两种。

2. 空气压缩机必须有（　　）和（　　）。

3. 活塞式空压机是通过（　　）在气缸内不断做往复直线运动，使气缸工作容积产生变化来进行工作的。活塞在气缸内每往复动一次，一次完成（　　）、（　　）、（　　）三个过程，即完成一次工作循环。

4. 螺杆式空气压缩机的核心部件是（　　），它是（　　）压缩机的一种。

5. 螺杆式空气压缩机在启动前应检查确认系统内（　　）压力。

6. 螺杆式空压机正常停机，应先将手动阀拨至（　　）位置将空压机卸载，20 s左右后，再按下（　　）按钮，电机停止运转。

7. 5L-40/8型空压机的额定排气压力为（　　），排气量为（　　）。

8. L型空压机的滤风器作用是防止（　　）和（　　）进入气缸。

9. 调节空压机排气量时，关闭吸气管法主要是由装在吸气管上的（　　）和（　　）来完成的。

10. 螺杆式空压机包括（　　）流程和（　　）流程。

11. 活塞式空压机风包上必须装（　　），风包和空气压缩机间装闸阀，阀前必须装（　　）。

12. 活塞环磨损过快的处理办法有：①（　　）；②（　　）；③（　　）。

13. 螺杆式空压机维护之前，应关闭通向供气系统的（　　）以防（　　）倒流回被检修的部分。决不要依靠单向阀来隔离系统。

二、判断题

（　　）1. 活塞式空压机的理论工作循环示功图与实际工作循环的示功图基本一致。

（　　）2. 活塞式空压机电动机启动后应立即打开减荷阀，使空压机进入正常运转。

（　　）3. 螺杆式空压机第一次开机或停用很久又开机，应先拆下空滤器盖，从进气口内加入0.5 L左右之润滑油，以防止启动时空压机内失油烧损。

（　　）4. 紧急停机时，应先卸载，再按下“停止”按钮。

（　　）5. 改变余隙容积法通过加大余隙容积、升高气缸容积系数λ，使气缸的吸入量减少，从而达到调节排气量的目的。

（　　）6. 螺杆式空压机运行过程中，当压力开关调节不当或失灵，而使油气桶内之压力超过额定排气压力的1.1倍时，安全阀即会跳开泄压。

（　　）7. 大多数螺杆式空压机都采用变频调整装置来改变转速，从而实现排气量的调节。

（　　）8. 提高空压机冷却效果的途径之一是尽量提高冷却水的进水温度。

（　　）9. 如安全阀开启不准，应重新调整，并每年校验一次。

（　　）10. 润滑油对螺杆空压机的性能具有决定性的影响，切记不要让润滑油超期使用，而应按时更换。

三、选择题

1. 矿用活塞式空压机多为（　　）压缩。

A. 一级　　B. 两级　　C. 三级　　D. 四级

2. 螺杆式空压机在工作时应（　　）放置

A. 水平　　B. 垂直　　C. 倾斜　　D. 随意

3.（　　）是空压机上最重要的部件之一，也是最容易损坏的部件。

A. 活塞　　B. 曲轴　　C. 十字头　　D. 气阀

4.（　　）是用于监视冷却水中断的一种自动停机装置。

A. 安全阀　　B. 断水开关　　C. 油压继电器　　D. 释压阀

5. 当风动机械所需压气量大于空压机的压气量时，则输气管中的压力（　　）。

A. 升高　　B. 降低　　C. 不变

6. 矿用活塞式空压机盛水试验时，阀座和阀片应保持原运行状态，盛水持续 3 min 渗水不超过（　　）为合格。

A. 3 滴　　B. 5 滴　　C. 8 滴　　D. 10 滴

四、简答题

1. 空压机的作用是什么？
2. 空压机在运转中应做到“五勤”“三认真”的内容是什么？
3. 活塞式空压机的启动顺序和停止顺序是什么？
4. 螺杆式空压机运转中应注意哪些事项？
5. 活塞式空压机有哪几种调压方法？
6. 螺杆式空压机运行中，哪些元件堵塞了会报警？

项目六 煤矿瓦斯抽采设备

煤矿瓦斯是与煤共生共储的气体，又称煤层气，以甲烷为主要成分。一方面，瓦斯会引发窒息、爆炸、瓦斯喷出、煤与瓦斯突出等灾害；另一方面，煤层气也是一种清洁、高效的新能源，1 m^3 煤层气热值相当于1.13 L汽油和1.22 kg标准煤。开发利用煤层气（煤矿瓦斯），有利于保障煤矿安全生产，增加清洁能源供应，促进生态环境保护。《煤矿安全规程》《煤矿瓦斯抽放规范》对高瓦斯矿井、煤与瓦斯突出矿井建设地面永久抽采瓦斯系统、井下临时抽采瓦斯系统都作出了规定，本项目主要介绍瓦斯抽采的相关知识和瓦斯抽采设备。

情境一 瓦斯抽采相关知识和瓦斯泵

任务一 瓦斯抽采相关知识

【知识目标】

(1) 掌握瓦斯的性质。

(2) 了解瓦斯抽采系统及瓦斯抽采基本参数。

(3) 了解瓦斯的利用。

【技能目标】

对瓦斯抽采设备有一定的感性了解和认识。

【任务分析】

一、瓦斯

矿井瓦斯就是在采掘过程中从煤层、岩层、采空区释放出的和生产过程中产生的各种气体的总称。煤矿井下的有害气体有：甲烷（沼气）、乙烷、一氧化碳、二氧化碳、硫化氢、二氧化硫、氮氧化物、氢、氨等，其中甲烷所占比重最大（80%以上），所以矿井瓦斯习惯上又单指甲烷。

二、瓦斯抽采系统

煤矿瓦斯抽采系统是指借助钻孔、巷道或采空区埋管等收汇瓦斯源，经管路和瓦斯泵等装备进行安全抽采、压送系统的总称，主要由瓦斯泵、管路系统、监测监控及安全装置组成。瓦斯抽采设备就是利用瓦斯泵的负压抽吸作用，将瓦斯从煤、岩层中抽出再利用瓦斯泵的正压鼓风作用将瓦斯安全输送到地面上来的机械设备。瓦斯抽采系统分为地面永久抽采系统与井下移动泵站瓦斯抽采系统两种。瓦斯抽采系统可用方框图 6-1 表示。

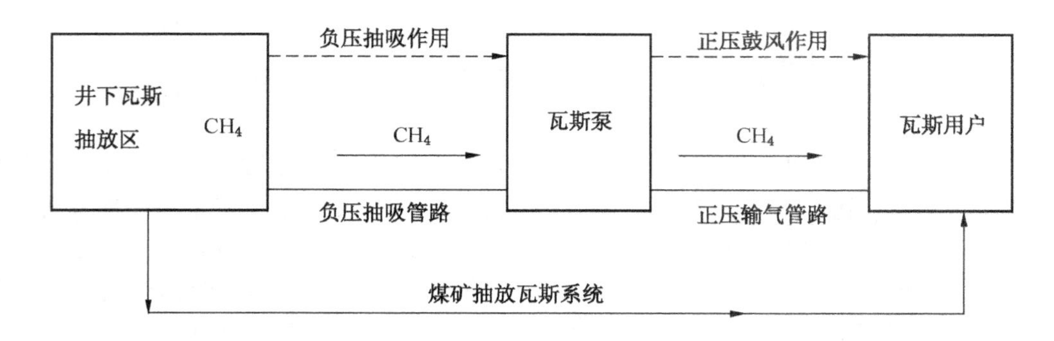

图 6-1 瓦斯抽采系统方框图

三、瓦斯抽采基本参数

矿井应提前 3~5 年制定抽采与利用瓦斯规划，每年年底前编制下年度的瓦斯抽采与利用计划，以确保采掘工作面的正常衔接，做到“抽、掘、采”平衡。瓦斯抽采基本参数是抽采与利用瓦斯规划、设计和技术管理的基本科学依据与基础，应保证参数的真实性。

1. 瓦斯压力

煤层瓦斯压力是煤层中游离瓦斯分子热运动撞击所形成的压强。未受采动影响区域的瓦斯压力称为原始瓦斯压力；受采动影响已排放瓦斯区域的煤层瓦斯压力称为残存瓦斯压力。煤层瓦斯压力测定方法有直接测定法和间接测定法两种：直接测定法分打钻、封孔、测压 3 个步骤；间接测定法是测定出煤层瓦斯含量后，通过公式计算瓦斯压力。瓦斯压力是标志煤层瓦斯流动特性和赋存状态的一个重要参数。在研究煤和瓦斯突出、瓦斯涌出和瓦斯抽采时，瓦斯压力是重要的基本参数之一。

2. 煤层瓦斯含量

煤层瓦斯含量是指煤层或岩层在自然条件下，单位重量或单位体积煤体中所含有的瓦斯量。瓦斯含量包括游离瓦斯和吸附瓦斯两部分，影响瓦斯含量的因素有煤的吸附能力、瓦斯压力、温度等，可采用直接法测定或用间接法计算测定。煤层瓦斯含量是决定煤层瓦斯储量、瓦斯涌出量和突出危险性大小的主要因素之一。

3. 煤层透气性系数

煤层透气性系数是煤层瓦斯流动难易程度的标志量。

4. 钻孔瓦斯流量衰减系数

钻孔瓦斯流量衰减系数，是指不受采动影响条件下煤层内钻孔瓦斯流量随时间呈衰减变化的特性系数。钻孔瓦斯流量衰减系数是衡量煤层预抽瓦斯难易程度的一种指标。煤层抽采瓦斯难易程度分类见表 6-1。

表 6-1　煤层抽采瓦斯难易程度分类

类别	钻孔流量衰减系数/d^{-1}	煤层透气性系数/($m^2 \cdot MPa^{-2} \cdot d$)
容易抽采	0.003	10
可以抽采	0.003~0.05	10~0.1
较难抽采	>0.05	<0.1

5. 矿井瓦斯储量

是指煤田开发过程中，受采动影响能够排放瓦斯的煤层和岩层（包括不可采煤层）所储存的瓦斯量。

$$W = W_1 + W_2 + W_3$$

式中　W——矿井瓦斯储量，Mm^3；

W_1——矿井可采煤层瓦斯储量，Mm^3；

W_2——受采动影响后能够向开采空间排放的各不可采煤层的瓦斯储量，Mm^3；

W_3——受采动影响后能够向开采空间排放的围岩瓦斯储量，Mm^3。

6. 矿井瓦斯抽放量（纯瓦斯抽放量）

矿井抽出瓦斯气体中的甲烷含量。

7. 矿井可抽瓦斯量

瓦斯储量中在当前技术水平下能被抽出来的最大瓦斯量。

8. 瓦斯抽放率

矿井、采区或工作面等的抽放瓦斯量占其抽排瓦斯总量的百分比。

四、瓦斯利用

抽采瓦斯的矿井必须加强瓦斯利用工作，变害为利，保护环境，开发资源，以用促抽，以抽保用。年抽采量在 100 m^3 的矿井，应开展瓦斯利用工作。

瓦斯用途目前主要分为两大类：一是作燃料，二是作化工原料。现有煤矿瓦斯利用以民用和工业燃气为主，瓦斯发电是主导发展方向，瓦斯化工也具有广阔的市场前景。

任务二　瓦斯泵的初步认识和基本操作

【知识目标】

(1) 认识瓦斯泵的种类及其特点。

(2) 熟悉水环真空压缩机的组成与工作原理。

【技能目标】

(1) 了解瓦斯抽放设备。

(2) 能够完成水环泵的启动与停止操作。

【任务描述】

常用的瓦斯泵有水环真空压缩机、离心式鼓风机和回转式鼓风机。各种类型瓦斯泵的优缺点及适用条件见表6-2。

表6-2 各种类型瓦斯泵的优缺点及适用条件

类型	优　点	缺　点	适用条件
水环真空压缩机	1. 真空度高，且可正压输出 2. 抽吸或压送易燃、易爆的气体时，不易发生危险，安全性好 3. 结构简单，运转可靠、平稳，供气均匀 4. 负压抽出与正压输送合二为一，一般不需另设正压输送设备	需要提供工作水	1. 单机瓦斯抽出量为1.8~450 m^3/min，适用范围广；煤层透气性低，管路阻力大，需要高负压抽采的矿井 2. 适用于负压抽出瓦斯 3. 适用于瓦斯浓度经常变化的矿井，特别适用于浓度变化较大的邻近层抽采矿井
离心式鼓风机	1. 运行平稳，供气均匀，便于维修、保养，不容易出故障，使用寿命长 2. 流量大，最大可达1200 m^3/min	1. 工作效率低，两台并联运转，性能较差 2. 相同的功率、流量、压力与回转式鼓风机相比，成本高1.25~1.5倍	1. 适用于瓦斯流量（80~120 m^3/min），负压要求不高（4000~50000 Pa）的抽采瓦斯矿井 2. 可作为正压鼓风输往用户，同时又可作为负压抽出瓦斯
回转式鼓风机	1. 流量接近一个常数，不受阻力变化的显著影响 2. 运行稳定，供气均匀，效率高，便于保养 3. 相同功率、流量和压力的瓦斯泵成本只是离心式鼓风机的70%~80%	1. 检修工艺复杂、机械加工要求较高 2. 运转中噪声大 3. 压力高时，气体漏损较大、磨损较严重 4. 转子表面易粘灰尘，需定期清洗	1. 因压力改变时流量不变，故适用于用户要求流量稳定的工艺过程 2. 适用于瓦斯流量大（1~600 m^3/min），负压较高（20000~90000 Pa）的抽采瓦斯矿井 3. 空气冷却的鼓风机适用于缺水地区

一、水环真空压缩机的组成与工作原理

水环真空压缩机也叫水环真空泵，简称水环泵，是一种输送气体的流体机械。水环泵用于煤矿抽采瓦斯时，其抽吸口、压出口均与瓦斯管路连接，借其真空特性抽吸煤体中瓦斯，借其压缩特性再将瓦斯压入地面输气管路，供给用户。所以，水环泵既作真空泵用，又作压缩机用。

1. 水环泵的组成及工作原理

图6-2所示为水环泵的结构示意图，水环泵由叶轮5、泵体8、配气圆盘（图中未画出）、水在泵体内壁形成水环6、吸气口4、排气口1、辅助排气阀（球阀孔）3等组成。叶轮5被偏心地放在泵体8中，启动时向泵内注入一定高度的水作为工作液，当叶轮按顺时针方向旋转时，由于离心力的作用，装入水环泵泵体的水被叶轮抛向四周，形成了一个与泵腔形状相似的等厚度的封闭的水环6。水环的上部内圆表面恰好与叶轮轮毂相切，水环的下部内圆表面刚好与叶片顶端接触（实际上，叶片在水环内有一定的插入深度）。这样，叶轮轮毂与水环之间形成了一个月牙形空间，而这一空间又被叶轮分成与叶片数目相等的若干个小腔。

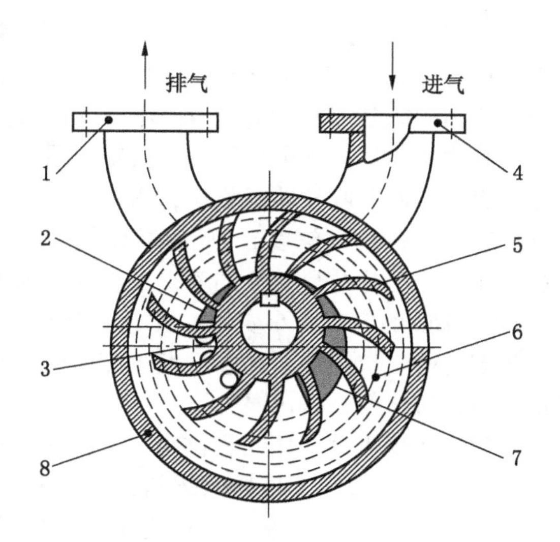

1—排气口；2—排气孔；3—球阀孔；4—进气口；5—叶轮；6—水环；7—吸气孔；8—泵体

图 6-2　水环泵的结构示意图

在水环泵中，辅助排气阀的作用是消除泵在运转过程中产生的过压缩与压缩不足的现象，这两种现象都会引起过多的功率消耗。因为水环泵没有直接的排气阀，其压缩比决定于进气口的终止位置和排气口的起始位置，而这两个位置是固定的，因而其排气压力始终是固定的，不适应吸气压力变化的需要。为解决这一问题，一般在排气口下方设置橡皮球阀，当泵腔内压力过早达到排气压力时，球阀自动打开，气体排出，消除了过压缩现象。一般在设计水环泵时都以最低吸入压力来确定压缩比，以此来确定排气口的起始位置，这样就解决了压缩不足的问题。

2. 单级单作用水环泵工作原理

单级是指只有一个叶轮，单作用是指叶轮每旋转一周，吸气、排气各进行一次。

如图 6-3 所示，单级单作用水环泵由泵体、泵轴、叶轮、侧盖等组成。泵体 3 内部有一个圆柱形空间，叶轮与泵体呈偏心布置，叶轮 4 偏心地安装在泵体内，且用键固定在泵

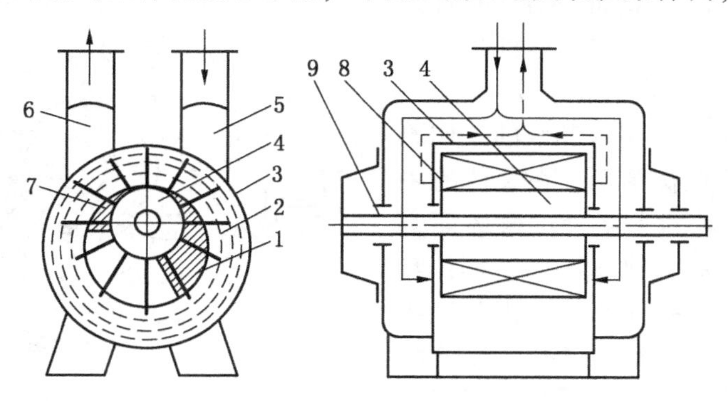

1—吸气孔；2—水环；3—泵体；4—叶轮；5—抽吸口；6—压出口；7—排气孔；8—侧盖；9—泵轴

图 6-3　单级单作用水环泵结构示意图

轴9上，泵体两端用侧盖8封住。叶轮4由叶片和轮毂组成，两者为整体浇铸或焊接结构。侧盖上开有吸气孔1和排气孔7，它们分别与泵的抽吸口5和压出口6相通。

水环泵启动前首先向泵体内装入适量的水作为工作液。当叶轮按顺时针方向旋转时，水被叶轮抛向四周，由于离心力的作用，水形成了一个决定于泵腔形状的近似于等厚度的封闭圆环。水环的上部分内表面恰好与叶轮轮毂相切，水环的下部内表面刚好与叶片顶端接触（实际上叶片在水环内有一定的插入深度）。此时叶轮轮毂与水环之间形成一个月牙形空间，而这一空间又被叶轮分成叶片数目相等的若干个小腔。如果以叶轮的上部0°为起点，那么叶轮在旋转前180°时小腔的容积由小变大，且与端面上的吸气口相通，此时气体被吸入，当吸气终了时小腔则与吸气口隔绝；当叶轮继续旋转时，小腔由大变小，气体被压缩；当小腔与排气口相通时，气体便被排出泵外。

水环泵靠泵腔容积的变化来实现吸气、压缩和排气，因此它属于容积式真空泵。

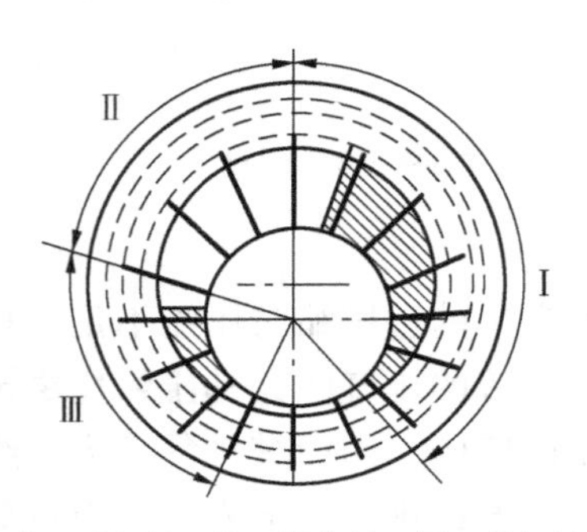

Ⅰ—吸气区；Ⅱ—压缩区；Ⅲ—排气区

图6-4 水环能量传递过程

水环泵是如何进行能量转换的呢？水环泵的能量传递是以工作液（水）为媒介进行的。每个工作空间中的液体时而远离叶轮，时而靠近叶轮，犹如一个液体活塞在工作空间中作往复运动。从水环泵的工作过程可知，水环泵的工作空间分为吸气区、压缩区和排气区，如图6-4所示。吸气区（Ⅰ区）工作液体自旋转的叶片得到机械能，并从叶片根部流向叶片外缘，使圆周速度增加，工作液体（水）的动能增加。在压缩区（Ⅱ区）和排气区（Ⅲ区）工作液体又逐渐流回到叶片根部，使圆周速度下降，工作液体（水）的动能又转化为压力能，对气体进行压缩和排气。由此可见，在水环泵整个工作过程中工作液体起着传递能量的作用。

工作液体除传递能量外，还起密封工作容积和冷却气体的作用。水环泵工作时，必须不断向泵体内注入一定量的新工作液体，以补充随排气带走的液体。

3. 单级双作用水环泵的工作原理

单级水环泵做成双作用式，不仅在同转速和尺寸下泵的流量增加一倍，而且泵内径向力能自行平衡。双作用是指叶轮每旋转一周，吸气、排气各进行二次。

图6-5所示为双作用水环泵的工作原理示意图，泵体近似椭圆形，在泵体的中心装有叶轮3，叶轮对上半椭圆泵体而言是偏心的，有吸气孔和排气孔，同样，叶轮对下半椭圆而言也是偏心的（因此又叫双偏心），也有吸气孔和排气孔，环筒状分配器4装在叶轮轮毂中心圆孔内固定不动，两端与设有吸排气通道（分别和进、排气口1、6连接）的泵体侧盖连接。

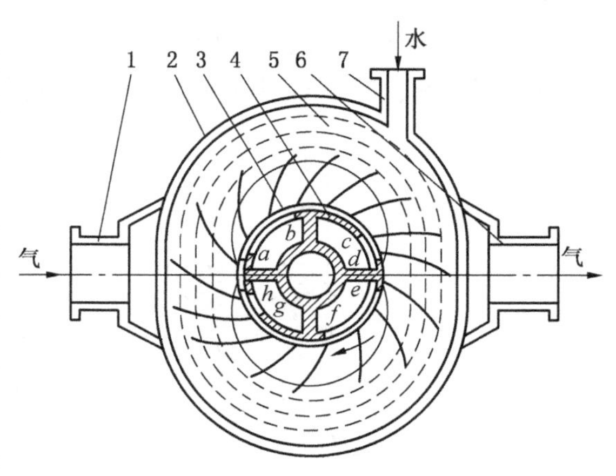

1—进气口；2—泵体；3—叶轮；
4—分配器；5—水环；6—排气口；7—补水管

图6-5 单级双作用水环泵工作原理图

泵启动时，首先向泵体内注入一定量的水，叶轮在电动机带动下以一定的转速顺时针旋转时，因离心力作用，水被甩向泵体内壁，形成一个与泵体内表面形状一致的椭圆形旋转水环。这样在水环内表面、叶轮轮毂及两侧盖之间形成上、下两个月牙形工作空间，并由叶片分隔成若干密闭小室。当某小室从 a 点起随叶片转至 b 点时，始终与吸气孔相通，且容积由小变大，进行吸气；当从 b 点转向 c 点过程中，与吸、排气孔隔绝，容积由大变小，进行压缩；当从 c 点转向 d 点过程中，与排气孔相通，进行排气；同理，在转向下半周时，ef 区间吸气，fg 区间压缩，gh 区间排气。可见，这种水环泵转子每转一转，各封闭小室分别完成两次吸气、压缩、排气过程，故称为双作用式。在相同的抽速条件下，双作用水环泵比单作用水环泵大大减少尺寸和重量。由于工作腔对称分布于泵轮毂两侧，改善了作用在转子上的载荷，故而这种泵的抽速较大，效率也较高，但极限真空较低。

二、水环泵的启动和停止操作

（一）水环泵的启动

1. 启动前的检查

（1）检查机械、电气部分连接情况是否牢固，并用手转动泵联轴器盘车数周，以确认泵内无卡住或其他损坏现象后方可启动，启动前还应根据泵上的旋转箭头方向，确认电动机的转向是否正确。

（2）检查瓦斯含量，不得低于 30%。

（3）检查电压，不得低于额定电压的 5%。

2. 准备工作

（1）向气水分离器注水。水位不得低于刻线以下 10 mm。

（2）打开排气闸门，关闭进气闸门，打开减压闸门。

3. 启动操作顺序

（1）启动电动机（首次启动应注意电动机的转向是否正确）；若泵为机械密封，应先给机械密封加水后再启动电动机。

（2）打开供水管路上的阀门，逐渐增加供水量，至达到要求为止。

（3）当泵达到极限真空压力时，关闭减压阀门，逐渐打开进气管路上的闸阀，泵开始正常工作。

（4）在运转过程中，注意调节填料压盖，不可有大量的水往外滴。

（5）泵在极限真空压力（低于-0.092 MPa）下工作时，泵内可能由于汽蚀作用而发生爆炸声，可调节进气管路上的阀门增加进气量，爆炸声即可消失。若不能消失，且功率消耗增大，则表明泵已发生故障，应立即停车检修。

（二）水环泵的停止

停止操作顺序：

（1）关闭进气管上的阀门（作压缩机使用时应先关闭排气管上的阀门，然后关闭进气阀）。

（2）关闭供水管路上的闸阀，停水后，不应立即停泵，应使泵继续运转 1~2 min，排除部分工作液。若泵为机械密封，机械密封的冷却水不能关闭。

(3) 关闭电动机，再关闭机械密封冷却水。

(4) 断开空气开关。

(5) 如果停车时间超过一天，必须将泵及气水分离器内的水放掉，以防锈蚀。

工作中遇到下列情况时应立即停泵：

①瓦斯含量低于 30%。

②机器发现异常振动和声音。

③电机过负荷，电流超过额定值，电机轴承超温。

④盘根过热，不能消除或断水时。

【任务实施】

一、场地

实训教室。

二、设备

水环真空压缩机一台。

三、内容

(1) 了解水环真空压缩机的工作原理。

(2) 分组识读水环真空压缩机的铭牌参数，并说明其意义。

(3) 完成水环真空压缩机的启动和停止操作。

四、实施方式

以 5~8 人为活动工作组，组长负责，小组自主学习和互相评分，教师巡回检查指导。

五、建议学时

6 学时。

【任务考评】

表6-3 考评内容及评分标准

序号	考核内容	考核项目	配分	评分标准	得分
1	瓦斯的基本概念	说清瓦斯的基本组成及概念	10	错一小项扣 2 分	
2	瓦斯抽采基本参数	描述瓦斯抽采的各项基本参数	10	错一项扣 5 分	
3	瓦斯的利用	瓦斯的利用方法	10	错一项扣 2.5 分	
4	水环泵的组成及原理	说明水环泵的结构及工作原理	30	错一项扣 5 分	

表 6-3（续）

序号	考核内容	考核项目	配分	评分标准	得分
5	水环泵的启动、停止	1. 启动前的检查和准备 2. 正确启动水环泵 3. 水环泵的停止操作	30	错一小项扣 2 分 错一大项扣 10 分	
6	遵守纪律、文明操作	遵守纪律、文明操作	10	错一项扣 5 分	
合计					

【综合训练题 1】

一、填空题

1. 矿井瓦斯就是在（　　）过程中从煤层、岩层、采空区释放出的和生产过程中产生的（　　）的总称。

2. 抽采系统分为（　　）与（　　）系统两种。

3. 煤层透气性系数是（　　）的标志量。

4. 常用的瓦斯泵有（　　）、（　　）和（　　）。

5. 水环泵中，（　　）的作用是消除泵在运转过程中产生的（　　）与（　　）的现象，这两种现象都会引起过多的功率消耗。

6. 水环泵是靠（　　）的变化来实现（　　）、（　　）和（　　）的，因此它属于（　　）真空泵。

7. 水环真空压缩机简称（　　），是一种（　　）的流体机械。

8. 水环真空泵用于煤矿抽采瓦斯时，其（　　）、（　　）均与瓦斯管路连接，借其（　　）特性抽吸煤体中瓦斯，借其（　　）特性再将瓦斯压入（　　），供给（　　）。所以，它既作（　　）用，又作（　　）用。

9. 水环的上部分内圆表面恰好与（　　）相切，水环的下部内圆表面刚好与（　　）顶端接触。

10. 水环泵工作时，（　　）与（　　）之间形成一个（　　），而这一空间又被（　　）分成（　　）相等的若干个（　　）。

11. 水环内（　　）和（　　）表面及两端侧盖之间形成一个（　　），它被叶片分隔成若干个（　　）不等，互不连通的封闭工作空间。

二、判断题

（　　）1. 煤矿井下的有害气体有：甲烷（沼气）、乙烷、硫化氢、二氧化硫、氮氧化物、氢、氨等，其中甲烷所占比重最大，在 60% 以上。

（　　）2. 瓦斯抽采设备就是利用瓦斯泵的正压抽吸作用，造成一定正压将瓦斯从煤、岩层中排出，再利用瓦斯泵的负压鼓风作用将瓦斯安全输送到地面上来的机械设备。

（　　）3. 煤层瓦斯压力测定方法有直接测定法和间接测定法两种，直接测定法分为打钻、封孔、测压 3 个步骤。

（　　）4. 煤层透气性系数是煤层瓦斯流动难易程度的标志量。

（　　）5. 矿井瓦斯储量是指煤田开发过程中受采动影响能够吸收瓦斯的煤层和岩层

（包括不可采煤层）所储存的瓦斯量。

（　　）6. 水环泵中，辅助排气阀的作用是消除泵在运转过程中产生的过压缩与压缩不足的现象，这两种现象都会引起过多的功率消耗。

（　　）7. 双级双作用水环泵由泵体、泵轴、叶轮、侧盖等组成。

（　　）8. 水环泵的能量传递是以工作液为媒介进行的。

（　　）9. 工作液体除传递能量外，还起密封工作容积和冷却气体的作用。

（　　）10. 水环泵工作时，必须不断向泵体内注入一定量的新工作液体，以补充随排气带走的液体。

三、简答题

1. 水环泵的作用是什么？
2. 瓦斯抽采系统的组成及工作过程如何？
3. 简述水环泵的组成及原理。
4. 水环泵的启动、停止如何操作？

情境二　水环泵的日常维护与故障处理

任务一　水环泵的结构、安装及维护

【知识目标】

（1）熟悉水环真空压缩机结构组成及作用。

（2）熟悉水环泵日常维护的内容。

【技能目标】

（1）会正确使用工具合作完成水环泵拆卸和装配。

（2）能对水环泵进行日常维护。

【任务描述】

目前我国最常用的瓦斯泵是水环泵。水环泵既可作为固定设备放在煤矿瓦斯抽采泵房，与其他附属装置组成地面矿用固定瓦斯抽采泵站，用于全矿井采用钻孔预抽法抽采煤层钻孔钻场里的瓦斯；也可作为矿用移动式瓦斯抽采泵站使用，用于煤矿井下硐室或巷道、采空区、隅角或邻近层及本煤层等的瓦斯抽采。

【任务分析】

一、水环泵种类及结构

1. 水环泵的种类及型号

水环泵种类很多。根据《真空技术　真空设备型号编制方法》（JB/T 7673—2011）的规定，真空泵的型号由基本型号和辅助型号两部分组成，两者之间为一横线。其表达形式为□□□-□□□。前三格中字母表示基本型号，后三格中字母表示辅助型号。

国产真空泵的型号通常以表 6-4 中的汉语拼音字母来表示。若在拼音字母前冠以

"2"字，则表示泵在结构上为双级泵。

表 6-4　常用真空泵的汉语拼音代号及名称

代号	名　称	代号	名　称
W	往复真空泵	Z	油扩散喷射泵（油增压泵）
D	定片真空泵	S	升华泵
X	旋片真空泵	LF	复合式离子泵
H	滑阀真空泵	GL	锆铝吸气剂泵
ZJ	罗茨真空泵（机械增压泵）	DZ	制冷剂低温泵
YZ	余摆线真空泵	DG	灌注式低温泵
L	溅射离子泵	IF	分子筛吸附泵
XD	单级多旋片式真空泵	SZ	水环泵
F	分子泵	PS	水喷射泵
K	油扩散真空泵	P	水蒸气喷射泵

某些真空泵系列以抽气速率来分档，其单位为 L/s，共分 18 个等级，分别为 0.2、0.5、1、2、4、8、15、30、70、150、300、600、120、2500、5000、10000、20000、40000。真空泵系列有时也可用泵的入口尺寸来表示，其单位是 mm。由于泵的种类较多，选用时应参阅不同生产厂家的产品说明书或样本。

2. 单作用水环泵

1）SZ 型水环泵

SZ 系列水环泵是用来抽吸或压缩空气和其他无腐蚀性、不溶于水、不含有固体颗粒的气体，以便在密闭容器中形成真空和压力，吸入气体中允许混有少量液体。由于在工作过程中，气体的压缩是等温的，所以在压缩和抽吸易燃易爆气体时，不易发生危险，应用广泛。图 6-6 为 SZ 系列水环泵的外形。

图 6-6　SZ 系列水环泵外形

图 6-7 所示为 SZ-3(4) 型水环泵结构。叶轮 8 用键 11 与泵轴 9 联接，两端用轴套 5 和 15 定位，并用螺母 3 顶紧构成泵的转子部分。转子偏心地装于泵体 10 内，并且通过联轴器与电动机联接，轴的两端用滚动轴承支承。泵体两端用左、右侧盖 13 和 7 封住，侧盖内腔用隔板分为吸气腔和排气腔，分别与吸、排气口连通。在泵体的侧壁上开有吸气孔和排气孔，与泵内工作容积和气腔的气流通道相连通。为防止外界大气进入泵内和泵内气

体泄漏，在轴套与填料箱 6 之间装有填料 14，并用压盖 4 压紧。进水管 16 与气水分离器或其他外部水源相接，向泵内补水。水封管 12 向填料箱引水，对填料箱起润滑、冷却作用，同时对间隙 A 进行密封。

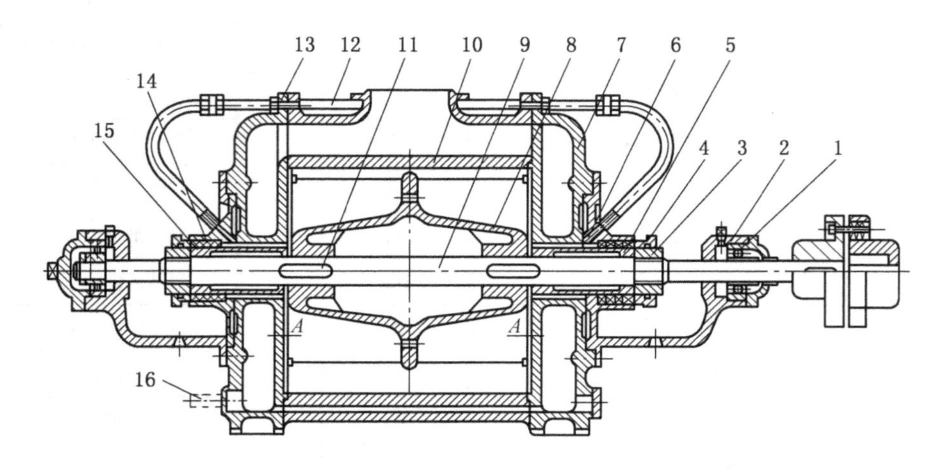

1—轴承；2—轴承架；3—锁紧螺母；4—压盖；5、15—轴套；6—填料箱；7、13—侧盖；8—叶轮；9—轴；10—泵体；11—键；12—水封管；14—填料；16—进水管

图 6-7　SZ-3(4) 型水环泵结构图

图 6-8 所示为 SZ-3(4) 型单作用水环泵的侧盖结构图。侧盖上小孔 5 是为防止过压缩而设置的。当泵内气体未进入排气状态而压力 p 超过排气口内压力 p_2（系统压力）时，橡皮球因压力差作用而变形，小孔与排气孔连通，使泵内压缩区气体提前排气，从而避免了过压缩现象。

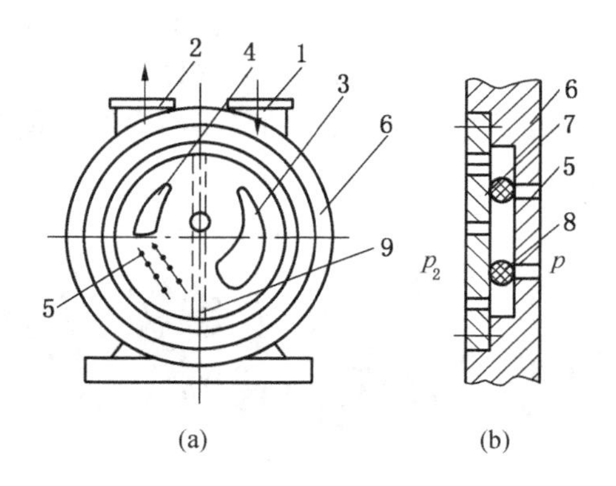

1—进气口；2—排气口；3—吸气孔；4—排气孔；5—小孔；6—侧盖；7—压板；8—橡皮球；9—隔板

图 6-8　SZ-3(4) 型单作用水环泵侧盖结构图

2）2BE3 型水环泵

2BE3 系列泵叶轮与泵轴采用热装过盈配合，性能可靠，运转平稳；采用焊接叶轮，叶片一次冲压成型；自带气水分离器，泵盖设有排气阀检修窗口，叶轮与分配板间隙通过定位轴两端压盖调整，安装使用方便，操作简单，便于维修。图 6-9 所示为 2BE3 系列水

环泵外形，图 6-10 所示为 2BE3 水环泵结构。

图 6-9　2BE3 系列水环泵外形

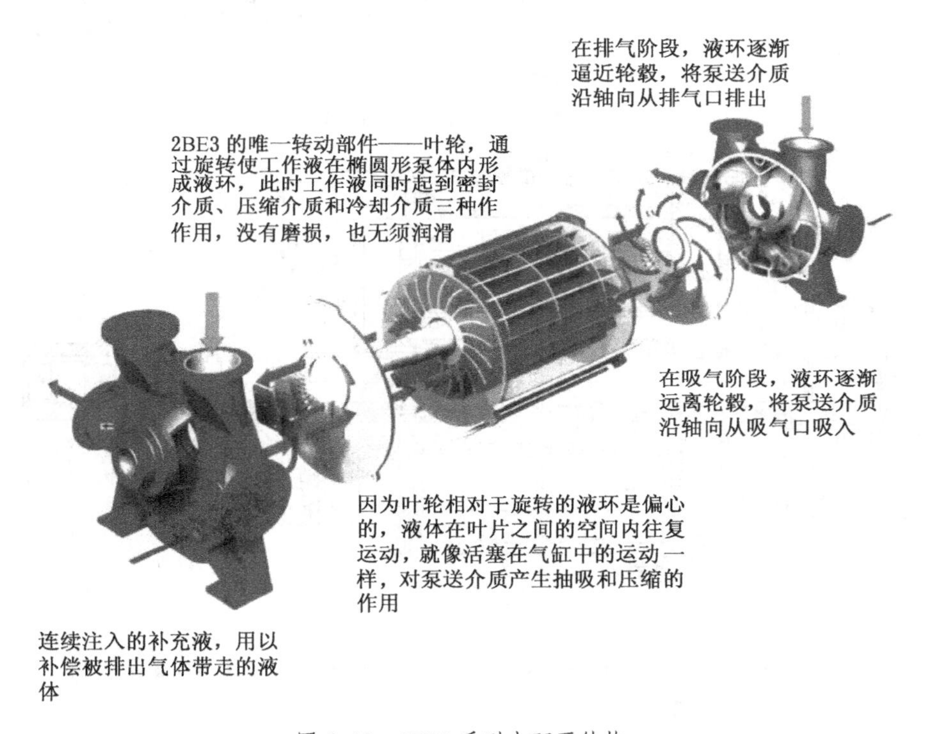

图 6-10　2BE3 系列水环泵结构

3. 双作用水环泵

图 6-11 所示为 SK 双作用水环泵外形。

图 6-12 所示为 SK 型双作用水环泵结构图。由叶轮 7 和泵轴 6 组成的泵转子安装在椭圆形泵体 8 内，轴两端用轴承箱 1 支承，通过联轴器与电动机出轴联接。左、右分配器 9、5 分别套装在泵轴两侧，其内端伸入叶轮轮毂内孔中，另一端借法兰盘与封闭泵体两侧的左、右侧盖 11、4 固定在一起。左、右侧盖，左、右分配器及泵体构成了泵的定子。侧盖内有两层空腔 a 和 f，分别和泵的进、排气口（进、排气口在泵两侧，图中未画出）相通，

图 6-11　SK 双作用水环泵外形

分配器上的吸气通道 b 又与侧盖 a 腔相通，其排气通道 e 和侧盖 f 腔相通。

双作用水环泵的进气路线：泵进气口→侧盖 a 腔→分配器 b 腔→泵内吸气区 c 腔；泵的排气路线：泵内排气区 d→分配器 e 腔→侧盖 f 腔→泵排气口。

双作用水环泵上方进水管 10 用于启动前向泵内注水及运转中向泵内补充水。此外。泵体上还有一回水管，它的作用是将水环外部压力水引向分配器左、右两侧，使双偏心的上、下工作腔隔开，起到密封作用，以防相互窜气。

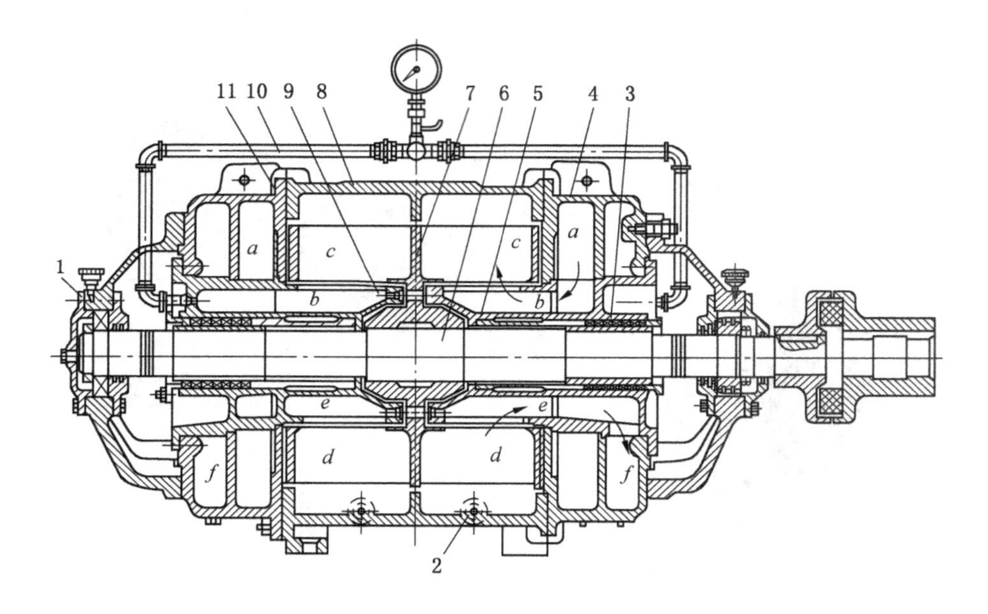

1—轴承箱；2—放水管；3—填料箱；4—右侧盖；5—右分配器；6—泵轴；
7—叶轮；8—泵体；9—左分配器；10—进水管；11—左侧盖

图 6-12　SK 型双作用水环泵结构图

二、真空泵的安装

1. 泵和电动机的安装

在安装真空泵前，先用手转动一下联轴器，以检查泵内是否有卡阻及其他损坏现象。整套设备运抵安装地点，包装已损坏或存放时受潮湿，以及泵在出厂后 6 个月进行安装使用时，应在安装前全部拆开检查修理。如果真空泵运转正常，将泵安装在泵座上。电动机固定在泵座上以前，应校正电动机轴与泵轴的同轴度，因为电动机与泵轴即使是极小的倾斜也会引起轴承发热和零件的严重磨损等后果。同轴度检查如图 6-13 所示，将直尺平行放在联轴器上，在整个圆周的任何位置都与联轴器圆周密合没有间隙，且联轴器的轴向间隙都相等，则达到了所要求的同心度。

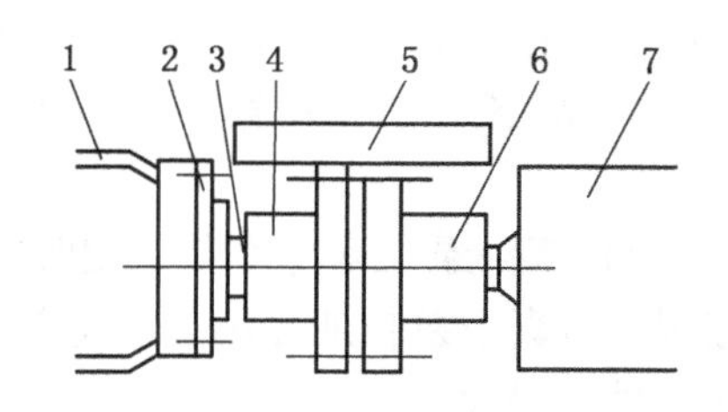

1—真空泵轴承架；2—轴承压盖；3—泵轴；4—轴联轴器；5—直尺；6—电动机联轴器；7—电动机

图 6-13　电动机轴与泵轴的同轴度的检查

2. 气水分离器的安装

气水分离器安装在地基上。若改变安装位置时，应注意分离器与泵的连接不得过长，转弯不得过急，否则气水混合物在管路中流动损失必将增加，增大了排气阻力，会降低流量和真空度，增加功率消耗。气水分离器的进气口法兰与泵排气口法兰之间由弯管连接，气水分离器底部有一管路与泵相连，由此供给泵在正常工作所需水量，供水量大小由管路上的阀门调节，气水分离器还有一管路，管路上装阀门，消耗的工作水由此补充。

3. 泵与气水分离器间的管路安装

真空泵的排气管与气水分离器的进气管相连，当作为压缩机使用时，气水分离器的排气管与利用压缩气体的系统相连，一般情况下，管路不得过长，转弯不得过急。当作真空泵用时，气体由气水分离器的排气口排至大气，若为改善工作环境，可将气体通过管路排至工作地点以外。

管路法兰盘连接处，应用垫片可靠密合。泵的进气管路稍不严密，就不能达到预定的真空度。真空泵或压缩机的进气管上应装有闸阀，以便在停车时，先行关闭，防止真空泵或压缩机内的水在排气管的压力作用下返回系统。为方便工作，最好在进气口与阀门之间安装一只真空表，以便随时检查真空泵的工作情况是否正常。另外，管路应加装网式过滤装置（其孔径不大于 0.5 mm），防止杂物进入泵内，对泵产生损坏。

三、水环泵的保养与维护

（1）不得采用人为关小阀门的方法控制抽气率和真空度。

（2）经常检查真空度波动和泵体振动情况。

（3）运行中检查填料箱盒是否发热并及时处理。

（4）检查泵运转时有无杂音，发现异常情况应及时处理。

（5）检查冷却水是否堵塞，水温不得超过 40 ℃。

（6）保持真空泵安装处清洁、干燥、通风良好。注意保持泵体及附件的整洁。

（7）检查各部螺栓与基础的地脚螺栓有无松动，发现松动及时处理。

（8）经常调整填料压盖，保证填料室内的滴漏情况正常（以成滴漏为宜）。应定期压紧填料，若填料不能满足密封要求，应及时更换。

（9）运行中经常检查滚动轴承温度。轴承温度不能超过环境温度 35 ℃，最高温度不得超过 80 ℃，滚动轴承应润滑良好。

（10）定期检查轴套的磨损情况，磨损超过规定的应及时更换。

（11）正常工作时轴承每年装油 3～4 次，每年至少清洗轴承 1 次，并全部更换润滑油。真空泵在工作第一个月内，每 100 h 更换润滑油 1 次，以后每 500 h 换油 1 次。

（12）真空泵在寒冬季节使用时，停车后需将泵体下部放水螺塞拧开将介质放净，防止冻裂。若真空泵长期停用，需将泵全部拆开，擦干水分，将转动部位及结合处涂以油脂装好，妥善保存。

【任务实施】

一、地点

实训教室。

二、器材

水环泵。

三、内容

（1）水环泵的安装。

（2）水环泵的日常维护。

四、实施方式

采用集中讲解与分组学习的方式。以 5～8 人为活动工作组，采用组长负责方式，实现小组自主学习，同学互评分，教师巡回检查指导，完成学习任务。

五、建议学时

4 学时。

【任务考评】

考评内容及评分标准见表 6-5。

表 6-5　考评内容及评分标准

序号	考核内容	考核项目	配分	评分标准	得分
1	结构	说明常用的几种水环泵的结构	20	错一项扣 5 分	
2	水环泵与气水分离器的安装	水环泵的安装 气水分离器的安装 泵与气水分离器的管路连接	40	错一项扣 5 分	
3	水环泵的保养与维护	保养维护的内容	30	错一项扣 5 分	

表 6-5（续）

序号	考核内容	考核项目	配分	评分标准	得分
4	遵章守纪，文明操作	遵章守纪，团结合作	10	错一项扣 5 分	
合计					

任务二　水环泵的检修和故障处理

【知识目标】

（1）熟悉水环泵的检修内容。

（2）了解水环泵的常见故障类型。

【技能目标】

（1）能够完成水环泵的检修。

（2）能够排除水环泵的常见故障。

【任务分析】

一、水环泵的检修内容

1. 小修

小修的内容如下：

（1）检查，紧固各连接螺栓。

（2）检查密封装置，压紧或更换填料。

（3）检查更换润滑油（脂）。

（4）检查、更换轴承，调整间隙和调校联轴器同轴度或皮带轮。

（5）检查、修理或更换易损件。

（6）检查、补充或更换循环水。

2. 大修

大修除包括小修内容外，还包括以下内容：

（1）解体检查各零件磨损、腐蚀和冲蚀程度，必要时进行修理或更换。

（2）检查泵轴，校验轴的直线度，必要时予以更换。

（3）检查叶轮、叶片的磨损、冲蚀程度，必要时测定叶轮平衡，检修或更换叶轮轴套。

（4）检查、调整叶轮两端与两侧压盖的间隙。

（5）测量并调整泵体水平度。

（6）按规定检查校验真空表。

（7）清洗循环水系统。

（8）检查泵体、端盖、隔板的磨损情况，调整、修理或更换。

（9）机器表面做除锈、防腐处理。

二、水环泵的故障分析处理

水环泵的故障分析及处理见表6-6。

表6-6　水环泵的常见故障与解决方法

故障现象	故障原因	解决方法
抽气量不足	1. 间隙过大 2. 填料处漏气 3. 水环温度高 4. 管道系统漏气 5. 进气管道流阻过大	1. 调整间隙 2. 压紧或更换填料 3. 增加供水量，降低供水温度 4. 拧紧法兰螺栓，更换垫片 5. 减少弯头数量，更换粗管路
真空度降低	1. 管道系统有漏点 2. 填料漏气 3. 间隙过大 4. 水环发热 5. 水量不足 6. 零件摩擦发热造成水环温度升高	1. 清除漏点 2. 压紧或更换填料 3. 调整间隙 4. 降低供水温度 5. 增加供水量 6. 调整或重新安装
振动并有响声	1. 地脚螺栓松动 2. 泵内有异物研磨 3. 汽蚀 4. 叶轮脱落	1. 拧紧地脚螺栓 2. 停泵检查取出异物 3. 打开汽蚀保护管道阀门 4. 更换叶轮
轴承发热	1. 润滑油不足 2. 填料压得过紧 3. 密封水供应不足 4. 轴承与轴承架配合过紧 5. 轴承损坏	1. 检查润滑情况，加油 2. 适当松开填料压盖 3. 供给密封水，加量 4. 调整轴承与轴承架的配合 5. 更换轴承
启动困难	1. 长期停机后泵内生锈 2. 填料过紧 3. 叶轮和泵体之间产生偏磨	1. 用手或工具转动叶轮数次 2. 放松填料压盖 3. 调整或重新安装
机械密封漏水	1. 机械密封损坏 2. 机械密封弹簧松动 3. O型密封圈损坏	1. 更换机械密封 2. 调整机械密封弹簧弹力 3. 更换O型密封圈
闷车	1. 叶轮轴向窜动 2. 有异物进入叶轮端面，导致卡死	1. 重新紧固叶轮 2. 清理异物
电机不启动、无声音	1. 电源断线 2. 熔断器熔断	1. 检查接线 2. 检查熔断器并更换

表 6-6（续）

故障现象	故 障 原 因	解 决 方 法
电机不启动、有嗡嗡声	1. 接线断线 2. 电机转子堵转 3. 叶轮故障 4. 电机轴承故障	1. 检查接线 2. 必要时将泵排空并清洁 3. 修正叶轮间隙或换叶轮 4. 换轴承
电机开动时，电流断路器跳闸	1. 绕组短路 2. 电机过载 3. 排气压力过高 4. 工作液过多	1. 检查电机绕组 2. 降低工作液流量 3. 降低排气压力 4. 减少工作液
消耗功率过高	产生沉淀	清洁、除掉沉淀
泵不产生真空	1. 无工作液 2. 系统泄漏严重 3. 旋转方向错误	1. 检查工作液 2. 修复泄漏处 3. 更换两根导线改变旋转方向
真空度太低	1. 泵功率太小 2. 工作液流量太小 3. 工作液温度过高 4. 零件磨蚀 5. 系统轻度泄漏 6. 密封泄漏	1. 换功率大一点的泵 2. 加大工作液流量 3. 冷却工作液，加大流量 4. 更换零件 5. 修复泄漏处 6. 检查密封
尖锐噪声	1. 产生汽蚀 2. 工作液流量过高	1. 打开汽蚀保护管路阀门 2. 检查工作液，降低流量
泵泄漏	密封垫损坏	检查所有密封面

【任务实施】

一、地点

实训教室。

二、器材

水环泵。

三、内容

（1）水环泵的检修。
（2）水环泵的故障分析。

四、实施方式

采用集中讲解与分组学习的方式。以 5~8 人为活动工作组，采用组长负责方式，小组自主学习，同学互评分，教师巡回检查指导，完成学习任务。

五、建议学时

6学时。

【任务考评】

考评内容及评分标准见表6-7。

表6-7　考评内容及评分标准

序号	考核内容	考核项目	配分	评分标准	得分
1	检修	分别说明水环泵小修和大修的项目	15	错一项扣2分	
		完成对水环泵的检修	30	错一小项扣3分 错一大项扣10分	
2	故障分析及处理	说明水环泵的常见故障类型	15	错一项扣2分	
		分析水环泵的故障原因并排除故障	30	错一小项扣3分 错一大项扣10分	
3	遵章守纪，文明操作	遵章守纪，团结合作	10	错一项扣5分	
合计					

【综合训练题2】

一、填空题

1. 目前我国最常用的瓦斯泵是（　　）。

2. 国产真空泵的型号由（　　）和（　　）两部分组成，两者之间为一横线。其表达形式为（　　）。前三格中字母表示（　　），后三格中字母表示（　　）。

3. SZ-3（4）型水环泵转子偏心地装于（　　）内，并且通过（　　）与（　　），轴的两端用（　　）支承。

4. 水环泵正常工作时轴承每年装油（　　）次，每年至少清洗轴承（　　），并全部更换（　　）。真空泵在工作（　　）内，每（　　）小时更换润滑油一次，以后每（　　）小时换油一次。

5. 水环泵运行中经常检查（　　）温度。（　　）温度不能超过环境温度（　　）℃，最高温度不得超过（　　）℃，（　　）应润滑良好。

6. 水环泵既可作为（　　）放在煤矿瓦斯抽采泵房，与其他附属装置组成地面（　　）抽采泵站，用于全矿井采用（　　）法抽采井下煤层钻孔钻场里的瓦斯；也可作为（　　）站使用，用于煤矿井下硐室或巷道、采空区、隅角或邻近层及本煤层等的（　　）。

二、判断题

(　　) 1. 水环泵要采用人为关小阀门的方法控制抽气率和真空度。

(　　) 2. 检查水环泵冷却水是否堵塞，水温不得超过 60 ℃。

(　　) 3. 水环泵运行中，经常检查滚动轴承温度。轴承温度不能超过环境温度 35 ℃，最高温度不得超过 80 ℃，滚动轴承应润滑良好。

(　　) 4. 检查水环泵泵体、端盖、隔板的磨损情况，不符合规定应调整、修理或更换。

(　　) 5. 经常检查水环泵的真空度波动和泵体振动情况。

(　　) 6. 水环泵在工作第一个月内，每 100 h 更换润滑油 1 次，以后每 500 h 换油 1 次。

三、简答题

1. 常用的水环泵有哪几种型号？其结构如何？
2. 水环泵与电动机、气水分离器、管道等如何连接？
3. 水环泵的常见故障有哪些？如何处理？

情境三　瓦斯抽采泵站

任务一　移动式瓦斯抽采泵站

【知识目标】

(1) 了解移动式瓦斯泵站的建立条件。

(2) 熟悉《煤矿安全规程》有关抽采瓦斯的安全规定。

(3) 掌握移动式瓦斯泵站的组成。

(4) 了解移动式瓦斯泵站的安装要求。

【技能目标】

(1) 能操作矿用移动式瓦斯泵站。

(2) 能维护保养矿用移动式瓦斯泵站。

(3) 能分析和处理矿用移动式瓦斯泵站的常见故障。

【任务描述】

大多数煤矿将瓦斯抽采泵站设在地面，管路距离长，沿程阻力大，需要的真空度也大，选择水环泵的难度大，甚至选不到合适的泵。为了解决这一问题，矿用移动式瓦斯抽采泵站就应运而生。矿用移动式瓦斯抽采泵站是处理矿井局部瓦斯问题的专用设备，主要用于采空区、隅角、邻近层及本煤层内的瓦斯抽采，可设置于煤矿瓦斯抽采泵房、煤矿井下硐室或巷道中。本任务就是要学习掌握矿用移动式瓦斯抽采泵站的使用与维护，以保证其安全、正常、高效地运转。

【任务分析】

一、ZWY 系列移动式瓦斯抽采泵站的组成及工作原理

（一）ZWY 系列移动式瓦斯抽采泵站的组成

ZWY 系列移动式瓦斯抽采泵站的型号含义如下：

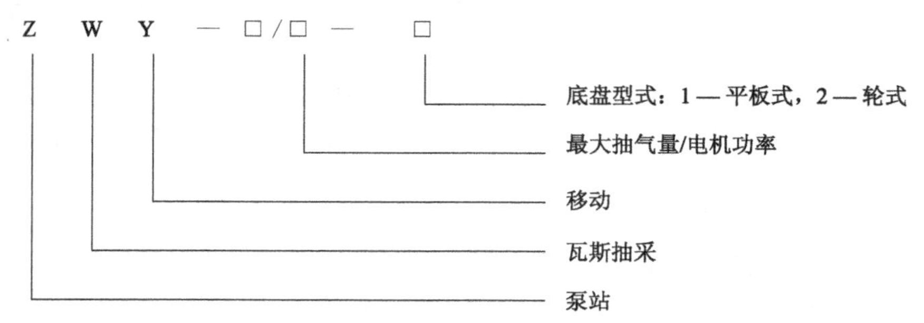

矿用移动式瓦斯抽采泵站主要由水环泵、矿用隔爆型三相异步电动机、恒水位气水分离器、环境瓦斯超限检测装置、流量计量及负压测定装置、隔爆型真空电磁起动器、磁化水装置、停水断电装置等组成。按结构分为直联式和皮带式传动两种，如图 6-14、图 6-15 所示。

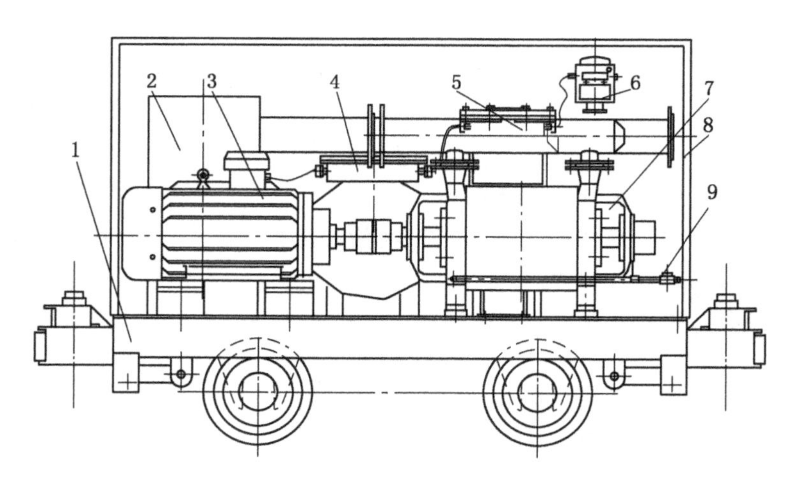

1—平板车；2—恒水位气水分离器；3—防爆电机；4—电磁起动器；5—甲烷断电仪；6—甲烷传感器；7—水环泵；8—泵站外壳；9—停水断电及磁化水装置

图 6-14 ZWY 矿用移动式瓦斯抽放泵站直联传动式结构简图

1. 恒水位气水分离器

恒水位气水分离器用于水环泵排气口端，由于水环泵吸气靠水环形成密封腔，故排气口气体中含有一定量的水分，因此，需要把水从气体中分离出来。气水分离器通过其内部控制连杆机构保证水位恒定，达到自动放水功能。

2. 环境瓦斯超限检测装置

瓦斯超限断电装置用于实时监测矿用移动式瓦斯抽采泵站工作环境甲烷浓度，当甲烷

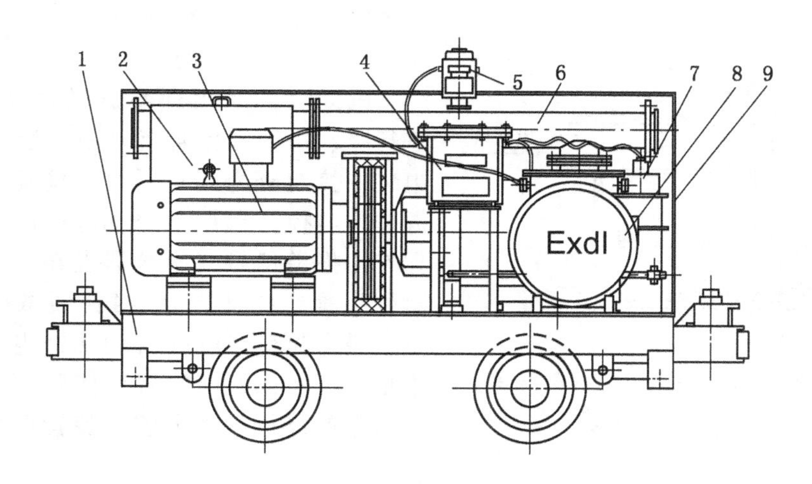

1—平板车；2—恒水位气水分离器；3—防爆电动机；4—甲烷断电仪；5—甲烷传感器；
6—水环泵；7—停水断电及磁化水装置；8—电磁起动器；9—泵站外壳

图 6-15　ZWY 矿用移动式瓦斯抽采泵站皮带式传动结构简图

浓度超过警戒线（1%）时，甲烷传感器发声光报警；当甲烷浓度超过 1.5%时，甲烷断电仪通过控制电路控制电磁起动器断电，确保瓦斯泵站安全。

3. 磁化水装置

磁化水装置用于软化天然水。天然水经过磁化水装置时，经过磁极数次变化，水中原来能够结垢成硬质水垢的钙、镁盐就会发生变化，而生成疏松的软质水垢，软垢在水中经强烈水流冲刷，不致硬结到泵壳及叶轮上，从而达到阻碍或延缓结垢的目的。

4. 流量计量及负压测定装置

流量计量及负压测定装置用来测定瓦斯抽采管路中的瓦斯流量及管路负压。其结构如图 6-16 所示。当气体经管路通过孔板时，在孔板两侧产生压差，通过压差可以计算出管路中气体的流量。注意：在连接孔板流量计时，其较短一部分的管路与泵体连接。

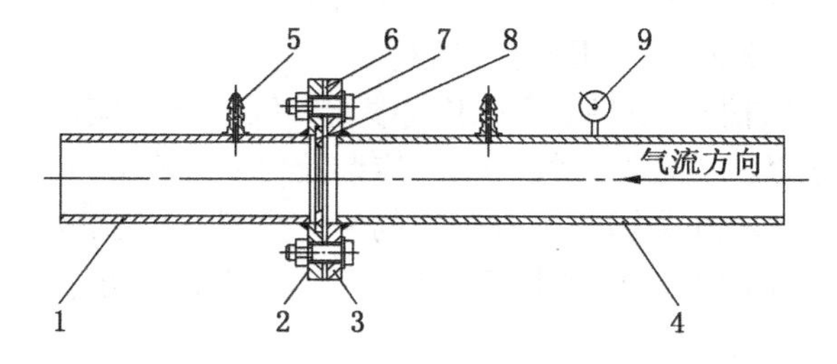

1、4—管路；2、3—法兰盘；5—压差计接头；6—密封圈；7—连接螺栓；8—孔板；9—负压表

图 6-16　流量计量及负压测定装置

5. 停水断电装置

停水断电装置用于监测水源供水情况，以避免泵站在无水情况下空转，损坏泵体。停

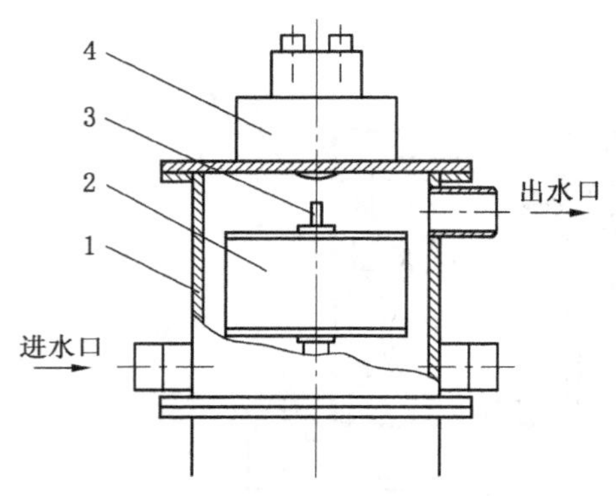

1—外壳；2—浮漂；3—导向杆；4-微动开关
图 6-17　停水断电装置结构图

水断电装置结构如图 6-17 所示。

6. 故障报警系统

电动机带动水环泵旋转产生负、正压，进行吸、排气。瓦斯超限断电装置和停水断电装置控制磁力起动器对环境瓦斯浓度和水源进行监控。当瓦斯浓度超限时，甲烷传感器发出报警信号（报警器设在工作人员容易听到和看到的地方）；当瓦斯浓度达到断电点，磁力起动器就会自动切断电源。当水源不足时，停水断电装置会使磁力起动器自动切断电源停机。两个监控装置任一个动作都会停机。

（二）ZWY 系列移动式瓦斯抽采泵站的工作原理

抽采泵站由防爆电动机带动水环泵叶轮转动进行吸、排气，抽出的瓦斯经排气系统排入回风巷道或矿井抽采系统的管道。

孔板流量计测定并计算瓦斯抽采量，甲烷传感器监测环境瓦斯浓度，煤矿用固定式甲烷断电仪实现抽采泵站的环境瓦斯浓度超限时断电，通过真空泵缺水信号检测水环泵的供水情况，当供水量小于规定水量时自动切断电动机电源，以保护水环泵。抽采泵站的用水为井下清洁水。

二、移动式瓦斯抽采泵站的安装要求

移动式瓦斯抽采泵站的安装、使用必须遵守《煤矿安全规程》和《煤矿瓦斯抽放规范》的有关规定。

（1）矿用移动式瓦斯抽采泵站安装地点应根据需要抽采瓦斯的区域就近安装，但应安装在有新鲜风流的巷道中，如采区上山联络巷、顺槽联络巷或地面泵房。

（2）安装地点不应堆放杂物，并能保证供水和排水方便。

（3）矿用移动式瓦斯抽采泵站的所有设施全部安装在一个平板矿车上，不需要重新解体装配，注意将底盘水平放置，并用木块垫稳。

（4）矿用移动式瓦斯抽采泵站吸气和出气端与管线连接处应用胶垫密封，不得有漏气现象，管线尽量避免急弯。在泵站进气口端，应装上 20～30 目/英寸过滤网。过滤网装夹在管路两法兰之间，过滤网外圆周要留有一定的装夹余量，以免被吸入泵内。

（5）矿用移动式瓦斯抽采泵站进水管的工作液应为常温清水，若水质不纯，需在进水端加过滤网。

（6）检查电源电压与矿用移动式瓦斯抽采泵站电动机的接法是否相符。

（7）矿用移动式瓦斯抽采泵站抽采管路要求：

①管路内壁应洁净无杂物。

②管路孔径应不小于孔板流量计孔径。

③所用抽采管路必须是防静电管路。

④管路的各接口处应密封良好。

⑤吸气端管路进入泵口处应加过滤网，抽采易吸入杂质区域的瓦斯时，在管路的最前端应加过滤网，以免杂物进入泵体，损坏叶轮。

⑥在管路的各凹拐点最低处应加放水器。

⑦为减少抽采阻力，管路布置应尽可能平直。

⑧矿用移动式瓦斯抽采泵站供水要求：

供水水流应稳定、持久。供水水质应为不含颗粒的清水，供水水压不能超过 1 MPa。若超过 1 MPa，应在泵站进水口处加减压阀；若水质不纯（含有颗粒物），应在水流入口端加过滤装置，供水量符合说明书规定要求。

三、移动式瓦斯抽采泵站的操作

1. 启动前的准备和检查

（1）用手盘动皮带轮或联轴器，看转动是否灵活，有无卡阻或摩擦现象，皮带轮或联轴器转动应灵活。

（2）检查各部分螺栓是否有松动现象。

（3）检查轴承的润滑脂是否充足。

（4）通过供水管路向泵内供水，冲洗泵腔，用手盘动转子，然后通过放水管路把污水排净。

（5）向泵腔和填料处注水（采用 SK 系列泵时，还要向气水分离器注入清水，直到观察孔见水为止），调节水压监控器，使红指针指在所需的耗水量范围的水压值上，再调节进水阀，使水压表黑指针不小于红色指针设定值。

（6）检查调整填料的松紧程度，以密封水成滴状滴下为宜。

（7）检查电气部分连接是否安全、正确。

（8）检查联轴器护罩或皮带罩是否可靠固定。

（9）开启煤矿用固定式甲烷断电仪，甲烷传感器开始工作，检查瓦斯浓度是否超限。

（10）打开进气阀门，启动磁力起动器，试验运转约 1 min，检查电动机的转向与水环泵的转向是否一致。如一致，可继续运转；如相反，则立即停机，检查电源连接。

2. 启动的操作程序

（1）开启吸气闸阀及排气闸阀。

（2）开启进水闸阀供水，直到水环泵自动排水阀有水流出。

（3）启动电机，使水环泵的供水符合规定的要求。

3. 运行中的注意事项

（1）正常启动后，在规定的转速下，进行试运转试验，时间不少于 30 min。

（2）注意水环泵填料松紧程度是否合适，以水成滴状流下为宜。

（3）检查孔板流量计 U 形管压差是否稳定。若有明显变化（变小），说明管路负压增大，有堵塞现象发生，应停机检查。

（4）注意泵运转声音是否正常，泵是否振动。

（5）检查气水分离器水位是否稳定。

（6）检查水源供水是否稳定。

（7）检查水环泵轴头和电机的表面温度，一般不高于 75 ℃。

（8）检查排水温度是否正常，以不超过 50 ℃为宜。

设备正常运转中，通过环境瓦斯超限检测装置对环境的瓦斯浓度进行监测，水压监测器对水压力进行监控。

4. 停机

在正常运转下，停机顺序是先关闭进气阀门、关闭电动机、关闭供水阀门，然后打开放水管或泵上的放水堵头，把水放掉，长时间停机应关闭监控系统。

四、矿用移动式瓦斯泵站的维护保养

（1）连续工作的瓦斯泵，每隔 15 天应停机一次，用水冲洗各种脏物。

（2）定期检查连接部位是否松动。

（3）定期检查皮带轮的松紧程度，确保皮带不打滑，更换的新皮带必须是防静电皮带。

（4）泵运转 2000 h，需要更换一次轴承内的黄油。每年至少清洗轴承一次，并将润滑油全部更换，注入黄油的量为充满轴承内空间的 2/3 即可。

（5）泵运行一年后，应将泵全部拆开检查，重点检查叶轮、侧盖、气水分离器是否有损伤，各种配合间隙是否正常，轴承磨损情况等，如有不正常的情况，应及时修复或更换。

（6）要求供水水质无腐蚀、不结垢。水循环使用，且有冷却装置。

（7）监控系统应做到密封、防水，并定期检查。在井下安装时，应避免水直接淋在监控系统上；各种信号电缆要固定好，以防损坏；定期检查各监控仪器的精度，按时校正。监控系统的保养，可参照其说明书。

（8）在泵停用过程中，泵头的进、出气端，进水端等必须封闭，以防杂物进入，损坏泵体。

（9）矿用移动式瓦斯抽采泵站长期不用时应置于阴凉、干燥通风处。

五、矿用移动式瓦斯抽采泵站的故障分析与处理

1. 真空度低

产生的可能原因及处理方法：

（1）管路漏气（法兰连接处漏气或管道有裂纹），应拧紧螺栓，更换密封垫或更换管道、补焊。

（2）泵填料处漏气（填料松或损坏或填料环堵塞），应压紧填料或更换填料。

（3）供水量不足，应加大供水量。

（4）水环发热，应降低水温。

2. 不正常声响

产生的可能原因及处理方法：

（1）泵内有杂物，应停机清理杂物。

（2）叶轮叶片破碎，应更换叶轮。

3. 轴承发热

产生的可能原因及处理方法：

（1）润滑油不足或过多，应调整润滑油量。

（2）润滑油质量不好，应更换润滑油。

（3）轴承内有杂物，用煤油清洗轴承。

（4）轴承安装不正确，应重新安装轴承。

（5）轴承锈蚀、磨蚀、滚道被划伤，应更换轴承。

4. 填料压盖发热

产生的可能原因及处理方法：

（1）填料压得太紧，应拧松填料盖。

（2）填料压盖偏斜与轴发生摩擦，应重新安装。

（3）填料尺寸过大或材料不符合要求，应更换合适的填料。

（4）密封水管或填料堵塞，应清理水管或填料环。

5. 泵体发热

产生的可能原因及处理方法：

（1）供水量不足，应增加供水量。

（2）补充水的温度太高，应降低补充水温度（正常在 15 ℃左右）。

6. 振动

产生的可能原因及处理方法：

（1）叶轮不平衡偏差太大，应校正平衡。

（2）地脚螺钉松动，应用混凝土填充底座空隙，拧紧地脚螺栓。

（3）轴承损坏了，应更换轴承。

7. 启动困难或启动电流大

产生的可能原因及处理方法：

（1）填料压盖压得太紧，应拧松填料压盖。

（2）两边轴承不对中，应重新调整。

（3）内部机件生锈，应用力扳动转子，并用水冲。

8. 吸气量明显下降，排压不够

产生的可能原因及处理方法：

（1）胶带打滑引起转速下降，应拉紧胶带。

（2）供水量不足或温度过高，应调节供水量，检查供水管路是否堵塞。

（3）系统有泄漏，应检查管路连接的密封性。

（4）介质腐蚀或异物磨蚀使机件间隙加大，应净化介质，防止固体物料吸入泵内，更换磨损件。

（5）填料密封泄漏，应稍拧紧填料压盖。

（6）泵内部结垢严重，应清除水垢。

（7）泵机件腐蚀，应更换零件。

（8）泵轴向间隙不符合要求，应重新调整轴向间隙。

（9）抽采管路堵塞，应清理管路。

六、移动式瓦斯泵站的有关规定

（一）移动式瓦斯泵站的建立条件

《煤矿瓦斯抽放规范》(AQ 1027—2006）有如下规定：

（1）凡符合下列情况之一的矿井，必须建立地面永久瓦斯抽放系统或井下移动泵站瓦斯抽放系统。

①一个采煤工作面绝对瓦斯涌出量大于 5 m^3/min 或一个掘进工作面绝对瓦斯出量大于 3 m^3/min，用通风方法解决瓦斯问题不合理的。

②矿井绝对瓦斯涌出量达到以下条件的：

——大于或等于 40 m^3/min；

——年产量 1.0~1.5 Mt 的矿井，大于 30 m^3/min；

——年产量 0.6~1.0 Mt 的矿井，大于 25 m^3/min；

——年产量 0.4~0.6 Mt 的矿井，大于 20 m^3/min；

——年产量等于或小于 0.4 Mt 的矿井，大于 15 m^3/min。

③开采具有煤与瓦斯突出危险煤层。

（2）不具备建立地面永久瓦斯抽放系统条件的，对高瓦斯区应建立井下移动泵站瓦斯抽放系统。

（3）建立井下移动泵站瓦斯抽放系统时，由企业技术负责人负责组织编制设计和安全技术措施。井下移动泵站瓦斯抽放工程设计可按地面永久瓦斯抽放工程设计的相关内容进行。

（4）井下移功瓦斯抽放泵站应安装在瓦斯抽放地点附近的新鲜风流中。抽出的瓦斯必须引排到地面、总回风道或分区回风道；已建永久抽放系统的矿井，移动泵站抽出的瓦斯可直接送至矿井抽放系统的管道内，但必须使矿井抽放系统的瓦斯浓度符合《煤矿安全规程》第一百四十八条规定。

（5）移动泵站抽出的瓦斯排至回风道时，在抽放管路出口处必须采取安全措施，包括设置栅栏、悬挂警戒牌。栅栏设置的位置，上风侧为管路出口外推 5 m，上下风侧栅栏间距不小于 35 m。两栅栏间禁止人员通行和任何作业。移动抽放泵站排到巷道内的瓦斯，其浓度必须在 30 m 以内被混合到《煤矿安全教程》允许的限度以内。栅栏处必须设警戒牌和瓦斯监测装置，巷道内瓦斯浓度超限报警时，应断电、停止瓦斯抽放、进行处理。监测传感器的位置设在栅栏外 1 m 以内。两栅栏间禁止人员通行和任何作业。

（6）井下移动瓦斯抽采泵站必须实行“三专”供电，即专用变压器、专用开关、专用线路。

图 6-18 所示为移动瓦斯泵站抽采系统平面布置图。

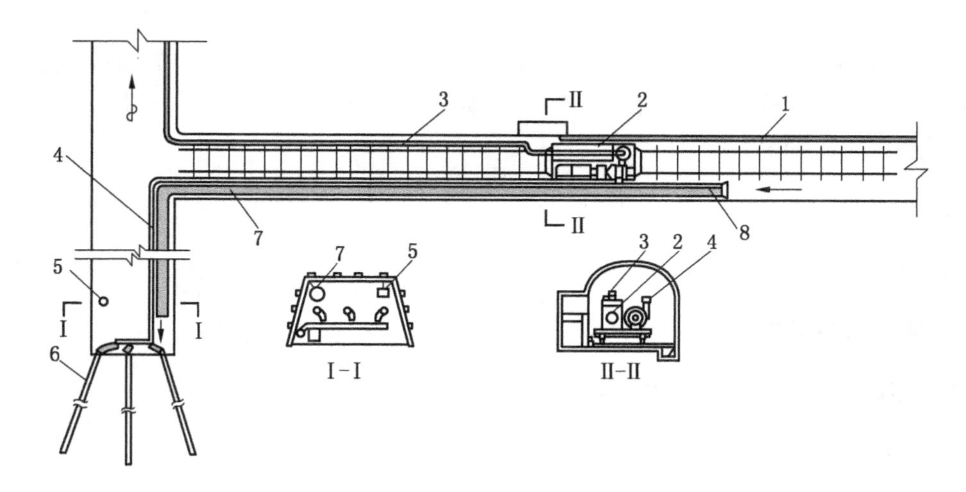

1—进水管；2—移动瓦斯泵站；3—瓦斯排放管；4–瓦斯抽放管；
5—瓦斯传感器；6—抽放瓦斯钻孔；7—风筒；8—局部通风机

图6–18　移动瓦斯泵站抽采系统平面布置图

（二）《煤矿安全规程》有关抽采瓦斯的安全规定

1. 抽采瓦斯设施的安全规定

（1）地面泵房必须用不燃性材料建筑，并必须有防雷电装置，其距进风井和主要建筑物不得小于 50 m，并用栅栏或围墙保护。

（2）地面泵房和泵房周围 20 m 范围内，禁止堆积易燃物和有明火。

（3）抽采瓦斯泵及其附属设备，至少应有 1 套备用，备用泵能力不得小于运行泵中最大一台单泵的能力。

（4）地面泵房内电气设备、照明和其他电气仪表都应采用矿用防爆型；否则必须采取安全措施。

（5）泵房必须有直通矿调度室的电话和检测管道瓦斯浓度、流量、压力等参数的仪表或自动监测系统。

（6）干式抽采瓦斯泵吸气侧管路系统中，必须装设有防回火、防回气和防爆炸作用的安全装置，并定期检查。抽采瓦斯泵站放空管的高度应超过泵房房顶 3 m。

泵房必须有专人值班，经常检测各参数，做好记录。当抽采瓦斯泵停止运转时，必须立即向矿调度室报告。如果利用瓦斯，在瓦斯泵停止运转后和恢复运转前，必须通知使用瓦斯的单位，取得同意后，方可供应瓦斯。

2. 抽采瓦斯的安全规定

（1）抽采容易自燃和自燃煤层的采空区瓦斯时，抽采管理应当安设一氧化碳、甲烷、温度传感器，实现实时监测监控。发现有自然发火征兆时，应当立即采取措施。

（2）井上下敷设的瓦斯管路，不得与带电物体接触并应当有防止砸坏管路的措施。

（3）采用干式抽放瓦斯设备时，抽放瓦斯浓度不得低于 25%。

（4）利用瓦斯时，在利用瓦斯的系统中必须装设有防回火、防回流和防爆炸作用的安全装置。

(5) 抽采的瓦斯浓度低于30%时，不得作为燃气直接燃烧。进行管道输送、瓦斯利用或者排空时，必须按有关标准的规定，并制定安全技术措施。

【任务实施】

一、地点

实训教室。

二、实训设备及器材

ZWY型矿用移动式瓦斯抽采泵站。

三、内容

(1) 操作矿用移动式瓦斯泵站。
(2) 矿用移动式瓦斯泵站的维护保养。
(3) 矿用移动式瓦斯泵站的常见故障的分析和处理。

四、实施方式

采用集中讲解与分组学习的方式。以5~8人为活动工作组，采用组长负责方式，小组自主学习，同学互评分，教师巡回检查指导，完成学习任务。

五、建议学时

6学时。

【任务考评】

考评内容及评分标准见表6-8。

表6-8 考评内容及评分标准

序号	考核内容	考核项目	配分	评分标准	得分
1	启动前的准备和检查	说明矿用移动式瓦斯泵站启动前的准备和检查的内容	15	错一项扣5分	
2	启动和停机操作	完成矿用移动式瓦斯泵站启动和停机操作	25	错一项扣5分	
3	日常维护	说明矿用移动式瓦斯泵站日常维护的内容	25	错一项扣5分	
4	故障分析	分析矿用移动式瓦斯泵站出现故障的原因，并对故障进行排除	25	错一项扣5分	
5	遵章守纪，文明操作	遵章守纪，团结合作	10	错一项扣5分	
合计					

任务二　地面瓦斯抽采泵站

【知识目标】

（1）了解地面瓦斯抽采泵站的建立条件。

（2）了解对抽采管路系统、抽采设备及抽采站的要求。

（3）掌握地面瓦斯泵站的组成。

【技能目标】

（1）能操作瓦斯泵。

（2）能分析和处理水环泵常见的故障。

【任务描述】

《煤矿瓦斯抽放规范》（AQ 1027—2006）对建立地面瓦斯抽采泵站有明确的规定和要求，这里主要学习地面瓦斯泵站的组成及各部分的作用；瓦斯泵的操作及常见故障的处理。

【任务分析】

一、地面瓦斯泵站的组成

地面矿用固定瓦斯抽采泵站主要利用水环泵的真空特性抽吸采用钻孔预抽法抽采井下煤层钻孔钻场中煤体里的瓦斯；再利用其压缩特性将瓦斯压入地面输气管路，供给用户。

地面矿用固定瓦斯抽采泵站平面布置如图6-19所示。图6-20所示为某矿水环泵房的布置图。

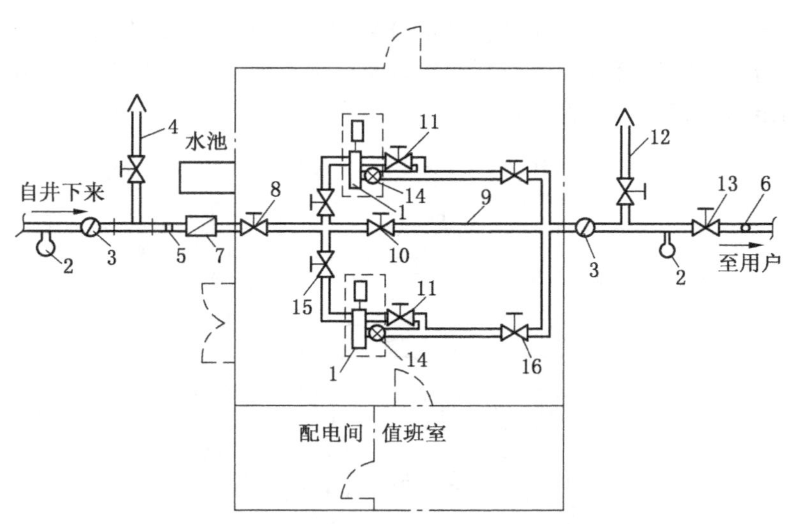

1—瓦斯泵；2—放水器；3—防爆防回火装置；4—入口放空管；5—入口负压和浓度测定孔；6—出口正压和浓度测定孔；7—流量测定装置；8—入口总阀门；9—大循环管；10—大循环管阀门；11—小循环管和阀门（叶氏和罗茨鼓风机特设）；12—出口放空管；13—出口总阀门；14—气水分离器（水环泵特设）；15—瓦斯泵入口阀门；16—瓦斯泵出口阀门

图6-19　地面矿用固定瓦斯抽采泵站平面布置示意图

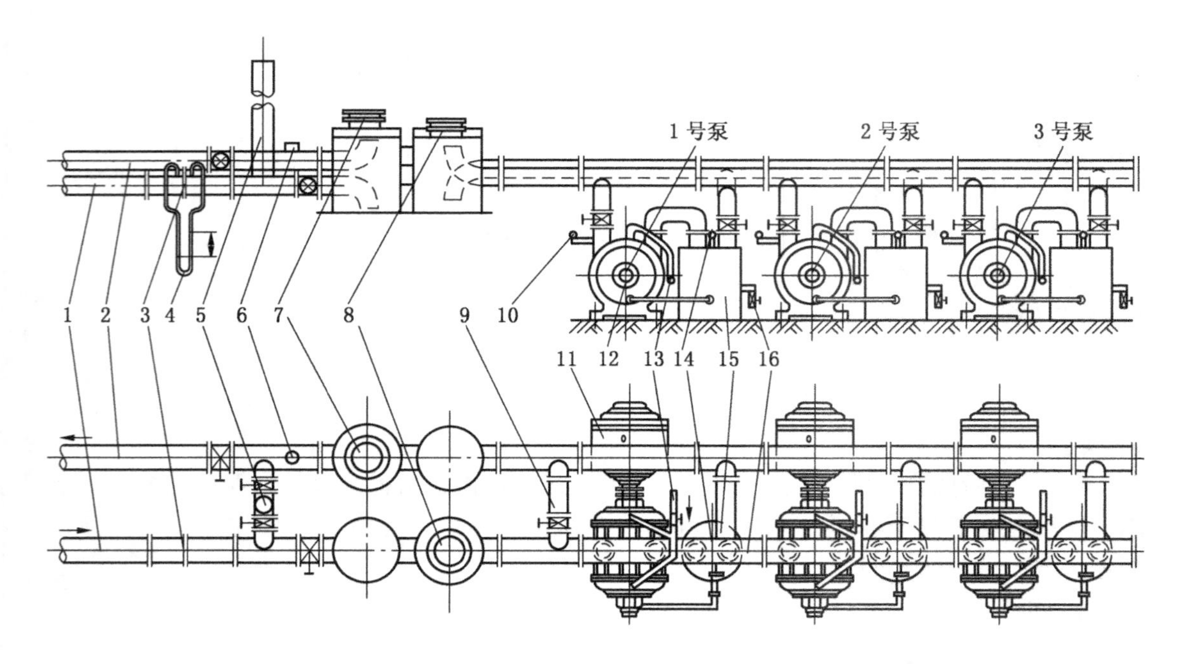

1—吸气管；2—排气管；3—孔板流量计；4—U型压差计；5—放空管；6—采样孔；
7—排气端防爆器；8—吸气端防爆器；9—大循环管；10—真空表；11—电动机；12—水环泵；
13—进水管；14—压力表；15—气水分离器；16—排水管

图6-20 某矿水环泵房布置图

(一) 水环泵的工作系统

水环泵的工作系统主要有水环泵、气水分离器和性能调节装置。如图6-21所示，水环泵1的入口与负压吸气管4相连，泵的出口通过排气管7与气水分离器10的入口相连，气水分离器的出口与正压排气管8相连。

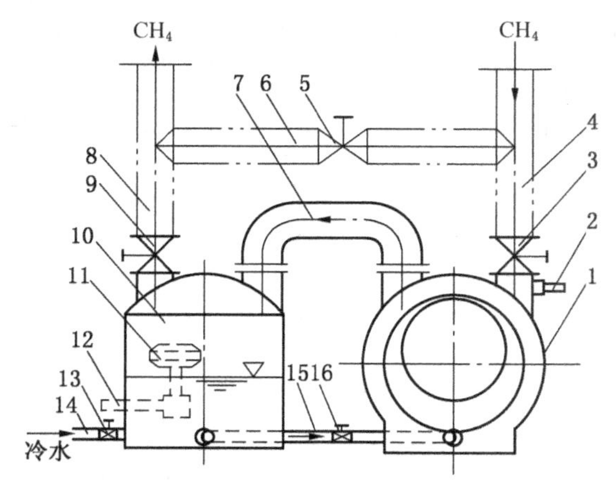

1—水环泵；2—真空调节阀；3、5、9、13、16—阀门；4—吸气管；6—循环管；
7、8—排气管；10—气水分离器；11—浮子开关；12—溢水管；14—补水管；15—进水管

图6-21 SZ型水环泵工作系统示意图

煤体内的CH_4→吸气管4→水环泵1→排气管7→气水分离器→排气管8→用户；气体中的水在气水分离器10中沉淀，当气水分离器中的积水达到一定程度时，气水分离器内的浮子开关11动作，浮子升起，开关自动打开，水由溢水管12放出，随着水位的下降，浮子落下，浮子开关关闭，由此保持气水分离器内所需的水位，从而保证泵内供水量。

水环泵用水：气水分离器10→进水管15→水环泵，阀16用来调节供水量。

水环泵在工作中因摩擦、压缩使工作水温升高，因而需从气水分离器底部沿补水管14不断供给冷水，以补充放掉的热水并起冷却作用。

吸气管路上的阀门3用于调节流量和泵的真空度，微量调节可用真空调节阀2进行（但调节后的瓦斯浓度不得低于30%）。排气管上的阀门9用于调节排气压力和流量，循环管6上的阀门5也可用于调节水环泵工作系统的流量。

（二）地面瓦斯泵站的附属装置

1. 放水器

在瓦斯抽采过程中，煤体含水在负压作用下随同瓦斯一起被吸入瓦斯管路，沿途在低洼处积聚。若不及时处理，一则瓦斯带水对用户不利，二则造成瓦斯流动局部受阻或管路阻塞。因此，抽采钻场、管路拐弯、低洼、温度突变处及沿管路适当距离（间距一般为200~300 m，最大不超过500 m）应设置放水器。

图6-22为两种人工负压放水器示意图。其中，低负压放水器，管内有水时积于水罐2内。放水人员打开死堵3可将水放出，放完后再将死堵拧紧。这种放水器用于井下负压分支管路积水量不大的低洼处。管内负压不宜过大，否则在关死堵时吸入空气。一般负压在1000 Pa以下时应用较多。

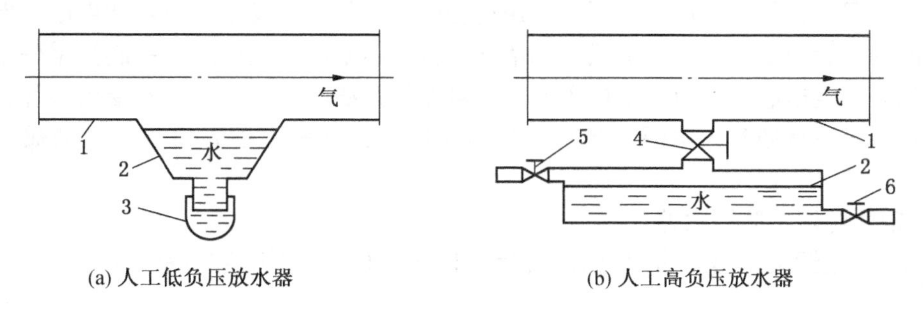

(a) 人工低负压放水器 (b) 人工高负压放水器

1—瓦斯管；2—积水罐；3—死堵；4—积水罐阀门；5—空气入口阀门；6—放水口阀门

图6-22 两种人工负压放水器

高负压放水器可避免关堵吸气现象。正常情况下阀5、6关闭，阀4打开，瓦斯管有水时，经阀4积于水罐2内。放水时，将阀4关闭，阀5打开，水罐通入空气，打开阀6即可放水。放完后，将阀5、6关闭，阀4打开。该放水器可用于井下负压主管中水量较大、负压较高处。一般设在水平管路与倾斜管路交界处、湿度突变处及低洼处。

图6-23为地面瓦斯管路放水器构造示意图，由积水罐1、抽水管2和盖板4等组成。瓦斯通过放水器时，水沉积于积水罐1下部。当积水达到一定量时，打开死堵6，接上吸水筒，将水通过抽水管2抽出。

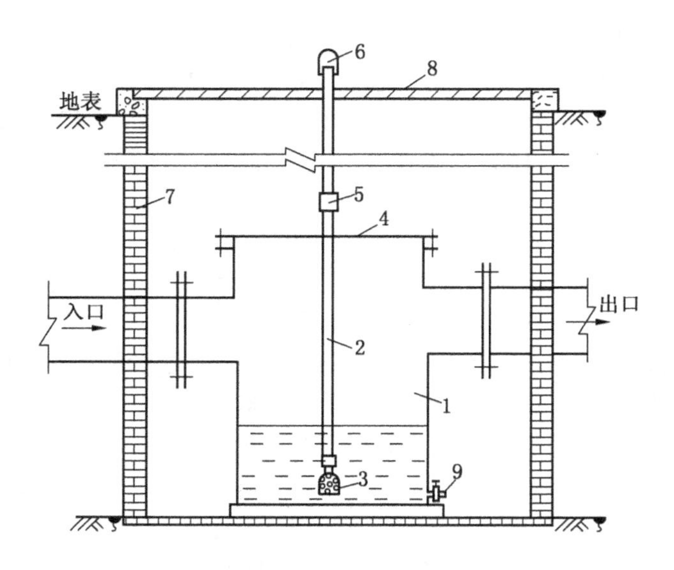

1—积水罐；2—抽水管；3—滤水器；4—积水罐盖板；5—外接头；6—死堵；
7—井壁；8—保护盖板；9—水罐放水口

图 6-23 地面瓦斯管路放水器构造

这种放水器主要用在地面主要瓦斯管路上。一般设在低洼易积水处，在主管与用户支管连接处也常设置，因这些地点温差大、坡度变化大，管内易积水。安装时应考虑冻土层厚度。

2. 防爆、防回火装置

正常情况下，较高浓度的瓦斯在输送过程中，一般不会发生瓦斯爆炸事故。但由于负压管路漏气，管内积水过多，造成局部堵塞；突然停泵或因机械故障引起抽采失常；地面放空管瓦斯受电击起火，电缆漏电等原因，可能使系统的正常工作状态受到破坏，管内瓦斯浓度降低，一旦遇有火源便导致瓦斯爆炸。因此，站房附近管道应设置防爆、防回火装置。

1）铜网防爆、防回火器

图 6-24 是铜网防爆、防回火器，它利用铜网的散热作用达到隔绝火焰的目的，进而起防爆作用。

2）水封式防爆、防回火装置

图 6-25 所示为水封式防爆、防回火装置，正常抽采时，瓦斯从进气口进入，通过水封后经出气口排出。一旦瓦斯管内发生燃烧或爆炸时，爆炸波和火焰被水封所隔绝，同时使防爆盖帽冲开，爆炸能量得以释放，从而达到防爆、防回火的目的。

水封式防爆、防回火装置一般设置在泵房出口处和用户附近。如设置在负压抽吸管段上，瓦斯通过水封时会造成较大的抽吸阻力，因而井下少用水封式防爆、防回火装置。

3. 避雷器

为防止雷电引起的电火花破坏瓦斯泵房或从瓦斯放空管点燃瓦斯，在瓦斯泵房和瓦斯罐附近必须设置避雷器。

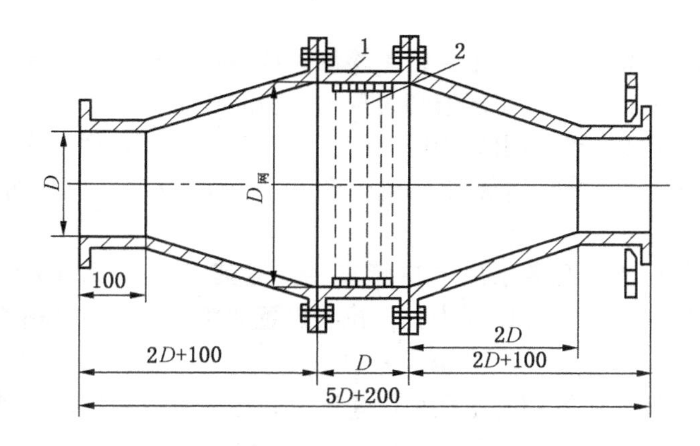

1—挡圈；2—铜丝网

图 6-24　铜网防爆、防回火器

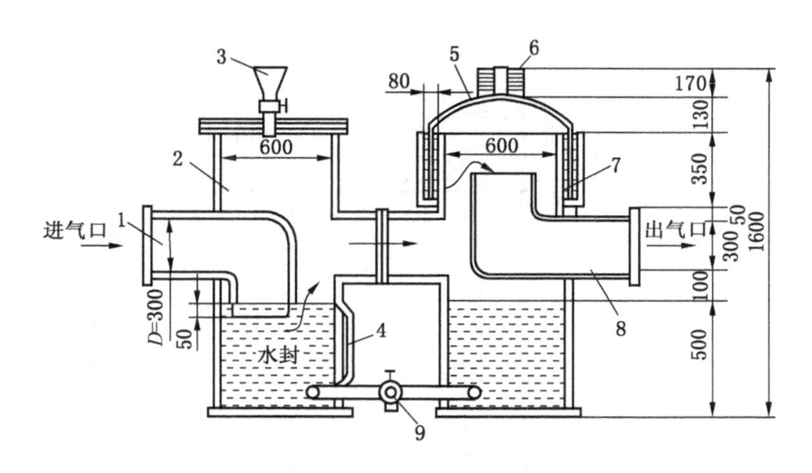

1—入口瓦斯管；2—水罐；3—注水管口；4—水位计；5—防爆盖；
6—防爆盖配重；7—水封环形槽；8—排出瓦斯管；9—水封器放水管

图 6-25　水封式防爆、防回火装置

4. 放空管

1）入口放空管

作用：当瓦斯泵全部检修或全部停电时靠瓦斯泵浮力自然放空；井下管路检修、放水等操作，需要停止瓦斯泵才能进行时，则打开入口放空管放空；管内瓦斯浓度过高时，根据用户需要降低浓度时，由入口放空管掺入空气。

安装位置：设置在入口总阀门靠近矿井一侧。为管理和操作方便，应设置在距瓦斯泵房较近处。

要求：管子直径要大于或等于矿井抽采瓦斯总管路的直径，阀门阻力要小。根据防火、防空气污染和增加自然排力等要求，其高度应超过瓦斯泵房脊 3 m 以上，拉线设置牢固，还需设置避雷器。

2）出口放空管

作用：当瓦斯用户检修、出口主要管路检修时放空；当瓦斯浓度高于30%但低于用户要求时放空；用于当瓦斯泵出口正压值超过规定数值时放空。

安装位置：设置在瓦斯泵与出口阀门之间。为管理和操作方便，应设置在距瓦斯机房较近处。为了两台瓦斯泵并联运转和换机过程中不中断供气，以设置两根单独放空管为宜。

要求：管子直径可小于瓦斯泵出入口管直径，但其阻力必须小于出口总管路系统阻力；高度应超过瓦斯泵房脊3 m以上为宜，拉线设置要牢固，需设置避雷器。

5. 流量计

瓦斯流量计有多种，最常用的是孔板流量计。孔板流量计由节流元件（孔板）和测压元件构成，如图6-26所示。测压元件常用U型、杯型式或倾斜式压差计，工作介质一般用水。使用时将流量计串入被测管路上，用软管将孔板前后的取压孔与U型测压计连接。通过测压计测量出的孔板前后压力差Δh，经计算求出通过管道的瓦斯流量。

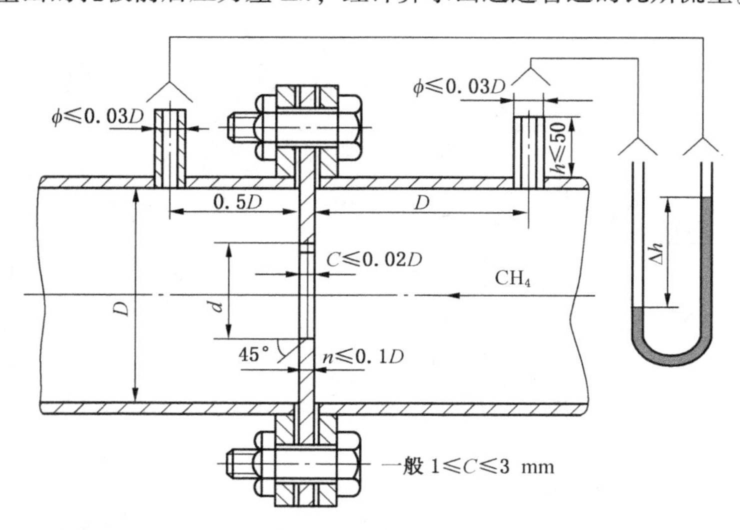

图6-26　孔板流量计的安装与构造

6. 阀门

1）瓦斯泵出入口阀门

作用：启动瓦斯泵时，调节瓦斯流量，限制启动电流；停止瓦斯泵后，关闭阀门；正常运转时，调节瓦斯流量；调节入口负压和出口正压。

安装位置：每台瓦斯泵的入口和出口各一个

要求：阻力小，最好用闸板式阀门

2）出入口总控制阀门

作用：正常运转时，出入口总控制阀门全部打开；瓦斯泵全部检修或全部停电时，关闭入口总阀门，打开入口放空管阀门放空；当用户管路或设备检修或临时瓦斯浓度低不合要求时，关闭出口总阀门，打开出口放空管放空；出入口总控制阀门也可以起瓦斯泵出入口阀门的作用。

安装位置：入口总阀门设置在入口放空管与瓦斯泵之间的总管上，出口总阀门设置在出口放空管与用户之间。

要求：为便于管理和操作方便，应设置在距瓦斯泵房较近的管路上。阻力尽量小，最好用闸板式阀门。

7. 循环管

1）小循环管

作用：回转式瓦斯泵启动时，为降低启动电流，打开小循环管阀门，启动完成后关闭。

安装位置及要求：与单台瓦斯泵并联连接，管路直径以出口、入口管径的0.3~0.4为宜。

2）大循环管

作用：调整入口负压和出口正压。

安装位置及要求：与两台瓦斯泵并联连接，管路直径与出口、入口管路直径相同。

8. 测压管

1）入口负压测量装置

作用：测量瓦斯泵入口负压。

安装位置及要求：安装在瓦斯泵入口总阀门的井下一侧。要求：管路平直，前后5倍管路直径长度无弯曲、障碍处；管口垂直于管子中心线。注意：测压管内不能积水。

2）出口正压测量装置

作用：测量瓦斯泵出口正压。

安装位置及要求：安装在瓦斯泵出口总阀门的靠用户一侧。要求：管口垂直于管子中心线；设在管路平直、前后5倍管径长度无弯曲、障碍处。注意：测压管内无积水。

9. 瓦斯抽采参数监控系统

作用：连续监测抽采管路系统中的瓦斯浓度、流量、正压、负压、温度及一氧化碳等参数，以及泵房内泄漏瓦斯浓度、抽采泵和电机的轴温等，由微机完成测量、显示、打印等功能。当任一参数超限时，可发出声光报警信号，并按给定的程序停止或启动抽采泵。图6-27为瓦斯抽采利用监控系统示意图。

二、瓦斯泵的操作

（一）开机前的准备工作

（1）检查泵站进出风气门、循环气门、配风气门、放空气门和利用气门，保证其处于正常工作状态。

（2）检查抽采泵地脚螺丝、各部连接螺丝及防护罩，要求不得松动。

（3）检查并保持油路、水路处于良好工作状态。

（4）检查各部位温度计是否齐全。

（5）检查泵房中的测压、测瓦斯浓度装置及电流表、电压表、功率表均是否正常工作。

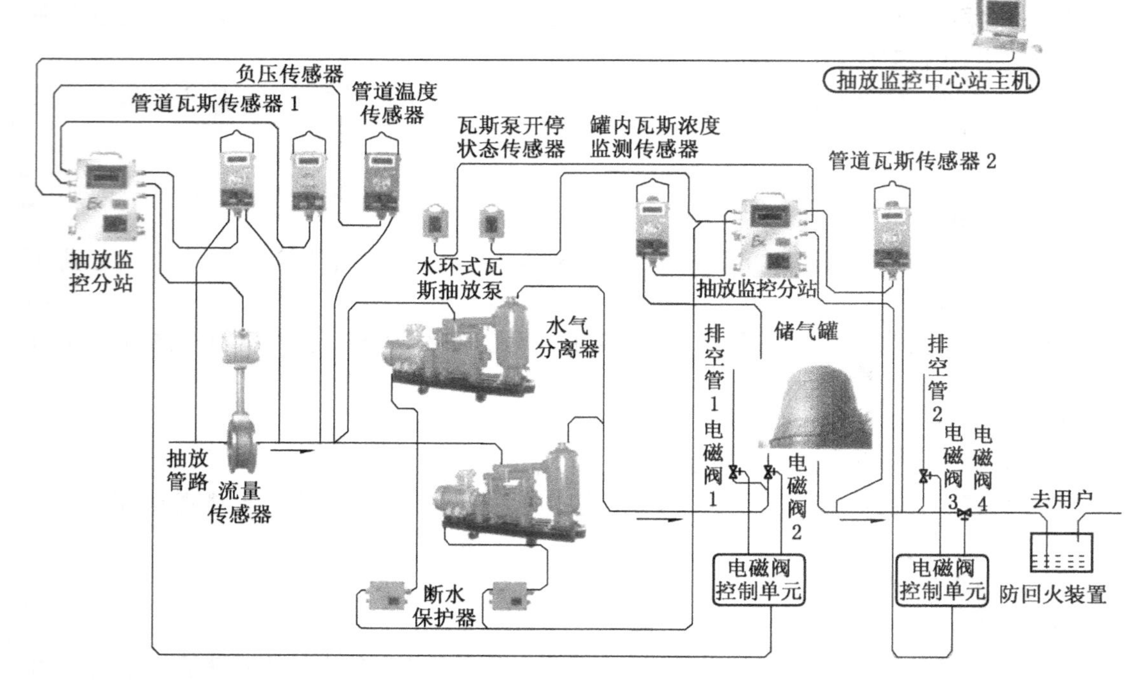

图 6-27 瓦斯抽采利用监控系统示意图

（6）检查泵站进、出气侧的安全装置，要求完好；水封式防爆装置水位是否达到规定要求。

（7）用手转动泵轮 1~2 周，检查泵内是否有障碍物。

（二）抽采瓦斯泵启动操作

（1）先启动供水系统，保证水位达到规定要求。

（2）关闭进气阀门，打开出气阀门、放空门和循环门。

（3）操作电气系统，使抽采泵投入运行。

（4）缓缓开启进气阀门。

（5）调节各阀门，使瓦斯泵正负压达到合理要求。

（三）抽采瓦斯泵停机操作

（1）开启放空门、循环门，关闭总供气门和井下总进气门，同时开启配风门，使抽采泵运转 3~5 min，将泵体内和井下总进气门间的管路内的瓦斯排出。

（2）操作电气系统，停止抽采泵运转。

（3）停止供水。

（4）抽采泵停止运转后，要按规定将管路和设备中的水放完。

（四）操作、运转中的注意事项

（1）操作电器设备时，必须穿绝缘鞋和戴绝缘手套。

（2）启动、停止瓦斯泵时，一人监护、一人操作。

（3）抽采泵启动后，应及时观测抽采正、负压及流量、瓦斯浓度、轴承温度、电气参数等，并监听抽采泵的运转声。

（4）反映抽采泵运行状态的各种参数（瓦斯浓度、设备温度、压力、孔板流量计静压差、流量等）及附属设备的运转状态、机房内的瓦斯浓度，在正常情况下应按规定的时间进行观测、记录和汇报，特殊情况下必须随时观测、记录和汇报。

（5）经常检查抽采系统各种计量装置、阀门和安全装置等，保证灵活可靠。

（6）如遇停电或其他紧急情况需停机时，必须首先迅速将总供气阀门关闭，然后将所有的放空门和配风门打开，并关闭井下总气门。

三、《煤矿瓦斯抽放规范》的有关规定

（一）建立抽放瓦斯系统的条件

（1）凡符合下列情况之一的矿井，必须建立地面永久瓦斯抽放系统或井下移动泵站瓦斯抽放系统。

①一个采煤工作面绝对瓦斯涌出量大于 5 m^3/min 或一个掘进工作面绝对瓦斯出量大于 3 m^3/min，用通风方法解决瓦斯问题不合理的。

②矿井绝对瓦斯涌出量达到以下条件的：

——大于或等于 40 m^3/min；

——年产量 1.0~1.5 Mt 的矿井，大于 30 m^3/min；

——年产量 0.6~1.0 Mt 的矿井，大于 25 m^3/min；

——年产量 0.4~0.6 Mt 的矿井，大于 20 m^3/min；

——年产量等于或小于 0.4 Mt 的矿井，大于 15 m^3/min。

③开采具有煤与瓦斯突出危险煤层。

（2）凡符合上述条件，并同时具备下列两个条件的矿井，应建立地面永久瓦斯抽放系统；

——瓦斯抽放系统的抽放量可稳定在 2 m^3/min 以上；

——瓦斯资源可靠，储量丰富，预计瓦斯抽放服务年限五年以上。

图 6-28 所示为地面瓦斯抽放泵站示意图。

（二）对抽放管路系统、抽放设备及抽放站的要求

1. 抽放管路系统

（1）抽放管路系统应根据井下巷道的布置、抽放地点的分布、瓦斯利用的要求以及矿井的发展规划等因素确定，避免或减少主干管路系统的频繁改动，确保管道运输、安装和维护方便，并应符合下列要求：

①抽放管路通过的巷道曲线段少、距离短，管路安装应平直，转弯时角度不应大于 50°。

②抽放管路系统宜沿回风巷道或矿车不经常通过的巷道布置；若设于主要运输巷内，在人行道侧其架设高度不应小于 1.8 m，并固定在巷道壁上，与巷道壁的距离应满足检修要求；瓦斯抽放管件的外缘距巷道壁不宜小于 0.1 m。

③当抽放设备或管路发生故障时，管路内的瓦斯不得流入采掘工作面及机电硐室内。

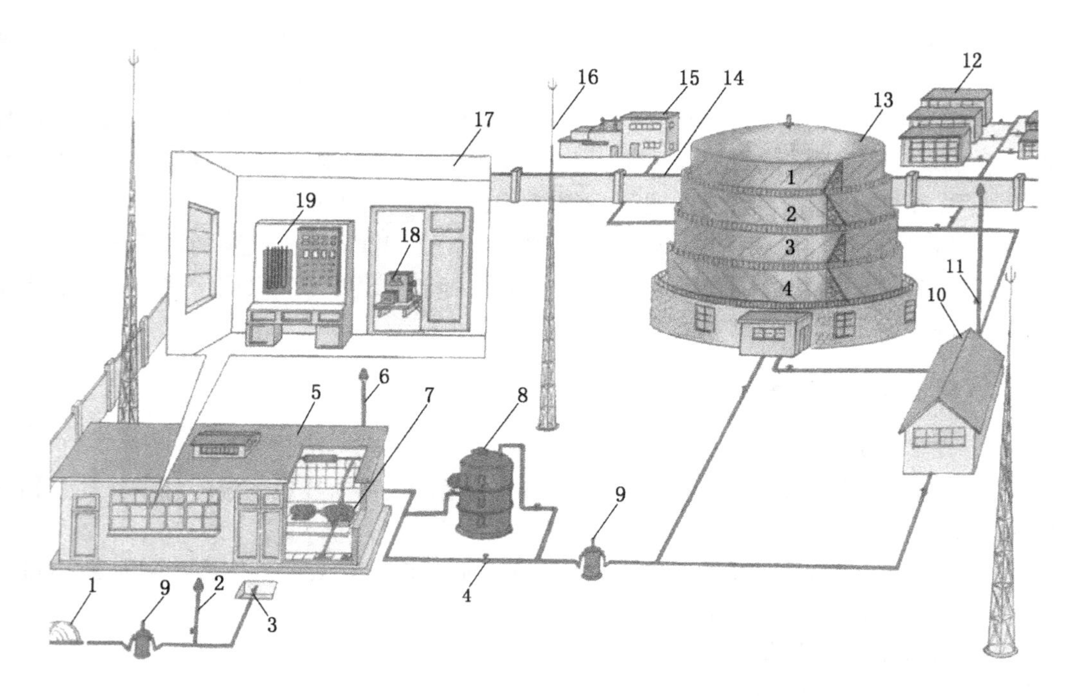

1—回风斜井；2—入口放空管；3—总入口阀门；4—循环阀门；5—瓦斯泵站；6—出口放空管；7—抽瓦斯泵；8—三防（防回火、防回气、防爆炸）装置；9—放水器；10—瓦斯机房；11—通用户放空管；12—住宅区；13—瓦斯罐；14—围墙；15—瓦斯发电厂；16—避雷针；17—监测室；18—瓦斯监测仪；19—操作台

图 6-28　地面瓦斯抽放泵站示意图

④管径要统一，变径时必须设过渡节。

（2）瓦斯抽放管路的管径应按最大流量分段计算，并与抽放设备能力相适应，抽放管路按经济流速为 5~15 m/s 和最大通过流量来计算管径，抽放系统管材的备用量可取 10%。

（3）当采用专用钻孔敷设抽放管路时，专用钻孔直径应比管道外形尺寸大 100 mm；当沿竖井敷设抽放管路时，应将管道固定在罐道梁上或专用管架上。

（4）抽放管路总阻力包括摩擦阻力和局部阻力；摩擦阻力可用低负压瓦斯管路阻力公式计算；局部阻力可用估算法计算，一般取摩擦阻力的 10%~20%。

（5）地面管路布置：

①尽可能避免布置在车辆通行频繁的主干道旁。

②不得将抽放管路和动力电缆、照明电缆及通信电缆等敷设在同一条地沟内。

③主干管应与城市及矿区的发展规划和建筑布置相结合。

④抽放管道与地上、下建（构）筑物及设施的间距，应符合《工业企业总平面设计规范》的有关规定。

⑤瓦斯管道不得从地下穿过房屋或其他建（构）筑物，一般情况下也不得穿过其他管网，当必须穿过其他管网时，应按有关规定采取措施。

（6）抽放管路附属装置及设施：

①主管、分管、支管及其与钻场连接处应装设瓦斯计量装置。

②抽放钻场、管路拐弯、低洼、温度突变处及沿管路适当距离（间距一般为200~300 m，最大不超过500 m）应设置放水器。

③在抽放管路的适当部位应设置除渣装置和测压装置。

④抽放管路分岔处应设置控制阀门，阀门规格应与安装地点的管径相匹配。

⑤地面主管上的阀门应设置在地表下用不燃性材料砌成的不透水观察井内，其间距为500~1000 m。

（7）条件适当时，可选用新材料的瓦斯抽放管，但井下抽放管路禁止采用玻璃钢管。

（8）在倾斜巷道中，管路应设防滑卡，其间距可根据巷道坡度确定，对28°以下的斜巷，间距一般取15~20 m。

（9）抽放管路应有良好的气密性及采取防腐蚀、防砸坏、防带电及防冻等措施。

（10）通往井下的抽放管路应采取防雷措施。

2. 抽放设备及抽放站

（1）矿井瓦斯抽放设备的能力，应满足矿井瓦斯抽放期间或在瓦斯抽放设备服务年限内所达到的开采范围的最大抽放量和最大抽放阻力的要求，且应有不小于15%的富裕能力。矿井抽放系统的总阻力，必须按管网最大阻力计算，瓦斯抽放系统应不出现正压状态。

（2）在一个抽放站内，瓦斯抽放泵及附属设备只有一套工作时，应备用一套；两套或两套以上工作时，应至少备用一套。

（3）抽放站位置：

①设在不受洪涝威胁且工程地质条件可靠地带，应避开滑坡、溶洞、断层破碎带及塌陷区等。

②宜设在回风井工业场地内，站房距井口和主要建筑物及居住区不得小于50 m。

③站房及站房周围20 m范围内禁止有明火。

④站房应建在靠近公路和有水源的地方。

⑤站房应考虑进出管敷设方便，有利瓦斯输送，并尽可能留有扩能的余地。

（4）抽放站建筑：

①站房建筑必须采用不燃性材料，耐火等级为二级。

②站房周围必须设置栅栏或围墙。

（5）站房附近管道应设置放水器及防爆、防回火装置，设置放空管及压力、流量、浓度测量装置，并应设置采样孔、阀门等附属装置。放空管设置在泵的进、出口，管径应大于或等于泵的进、出口直径，放空管的管口要高出泵房房顶3 m以上。

（6）泵房内电气设备、照明和其他电气、检测仪表均应采用矿用防爆型。

（7）抽放站应有双回供电线路。

（8）抽放站应有防雷电、防火灾、防洪涝、防冻等设施。

（9）干式瓦斯抽放泵吸气侧管路系统必须装设防回火、防回气、防爆炸的安全装置。

（10）站房必须有直通矿调度室的电话。

（11）抽放泵运转时，必须对泵流量、水温度、泵轴温度等进行监测、监控。

（12）抽放站应有供水系统。站房设备冷却水一般采用闭路循环。给水管路及水池容积均应考虑消防水量。污水应设置地沟排放。

（13）抽放站采暖与通风应符合现行的《煤炭工业矿井设计规范》的有关规定。

（14）废水、噪声和对空排放瓦斯不得超过工业卫生规定指标，抽放站场地应搞好绿化。

3. 瓦斯抽放参数的监测、监控

（1）矿井瓦斯抽放系统必须监测抽放管道中的瓦斯浓度、流量、负压、温度和一氧化碳等参数，同时监测抽放泵站内瓦斯泄漏等。当出现瓦斯抽放浓度过低、一氧化碳超限、泵站内有瓦斯泄漏等情况时，应能报警并使抽放泵主电源断电。

（2）抽放站内应配置专用检测瓦斯抽放参数的仪器仪表。

【任务实施】

一、场地

矿山流体机械实训车间。

二、设备

水环泵一台。

三、内容

（1）能操作瓦斯泵。

（2）能分析和处理水环泵常见的故障。

四、实施方式

采用集中讲解与分组学习的方式。以5~8人为活动工作组，组长负责，小组自主学习，同学互评分，教师巡回检查指导，完成学习任务。

五、建议学时

6学时。

【任务考评】

考评内容及评分标准见表6-9。

表6-9　考评内容及评分标准

序号	考核内容	考核项目	配分	评分标准	得分
1	地面瓦斯抽放泵站的认识	说明地面瓦斯抽放泵站的系统组成及各部分作用	20	错一项扣5分	
2	准备和检查	说明瓦斯泵启动前准备和检查的内容	20	错一项扣5分	
3	启动和停机操作	操作瓦斯泵，实现启动和停机	50	错一项扣5分	
4	遵章守纪，文明操作	遵章守纪，团结合作	10	错一项扣5分	
合计					

【综合训练题3】

一、填空题

1. 矿井瓦斯是在采掘过程中从煤层、岩层、采空区释放出的和生产过程中产生的（　　）的总称。煤矿井下的有害气体中（　　）所占比重最大，在80%以上，所以矿井瓦斯习惯上又单指（　　）。

2. 煤矿瓦斯抽采系统主要由（　　）、（　　）、（　　）及（　　）组成。

3. 瓦斯用途目前主要分为两大类：一是作（　　）；二是作（　　）。

4. 水环泵用于煤矿抽放瓦斯时，其抽吸口、压出口均与瓦斯管路连接，借其（　　）特性抽吸煤体中瓦斯，借其（　　）特性再将瓦斯压入地面输气管路。

5. 水环泵是靠泵腔（　　）的变化来实现吸气、压缩和排气的，因此它属于（　　）式真空泵。

6. 水环泵若为机械密封，应先给机械密封（　　）后再启动电动机。

7. 水环泵工作中遇到瓦斯含量低于（　　）时应立即停泵。

8. 矿用移动式瓦斯抽放泵站按其结构分为（　　）和（　　）两种。

9. 停水断电装置是用于（　　），以避免泵站在无水情况下空转，损坏泵体。

10. 矿用移动式瓦斯抽放泵站进水管的工作液应为（　　），若水质不纯，需在进水端加（　　）。

11. 井下移动瓦斯抽放泵站必须实行“三专”供电，即（　　）、（　　）、（　　）。

12. 地面矿用固定瓦斯抽放泵站主要是利用（　　）的真空特性抽吸采用钻孔预抽法抽放井下煤层钻孔钻场中煤体里的瓦斯；再利用其压缩特性再将瓦斯压入地面输气管路，供给用户。

13. 地面瓦斯抽放泵站的抽放管路系统，（　　）将抽放管路和动力电缆、照明电缆及通信电缆等敷设在同一条地沟内。

二、判断题

（　　）1. 受采动影响已排放瓦斯区域的煤层瓦斯压力称为原始瓦斯压力。

（　　）2. 一般在设计水环泵时都以最高吸入压力来确定压缩比，以此来确定排气口的起始位置，这样就解决了压缩不足的问题。

（　　）3. 水环泵启动前，应检查瓦斯含量，不得低于20%。

（　　）4. 水环泵停止时，关闭供水管路上的闸阀，停水后应立即停泵。

（　　）5. 水环泵不得采用人为关小阀门的方法控制抽气率和真空度。

（　　）6. 矿用移动式瓦斯抽放泵站安装地点应根据需要抽放瓦斯的区域就近安装。

（　　）7. 移动式瓦斯抽放泵站运行中，应注意检查水环泵填料松紧程度是否合适，以不滴水为宜。

（　　）8. 年产量等于或小于0.4 Mt的矿井，矿井绝对瓦斯涌出量大于15 m^3/min，必须用通风方法解决瓦斯问题。

（　　）9. 为防止雷电引起的电火花破坏瓦斯泵房或从瓦斯放空管点燃瓦斯，在瓦斯泵房和瓦斯罐附近必须设置避雷器。

三、选择题

1. 矿井可抽瓦斯量是指瓦斯储量中在当前技术水平下能被抽出来的（　　）瓦斯量。

A. 最大　　B. 最小　　C. 平均　　D. 一般

2. 水环真空压缩机的主要缺点是（　　）。

A. 检修工艺复杂　　B. 工作效率低　　C. 需要提供工作水　　D. 安全性差

3. 水环泵如果停车时间超过（　　），必须将泵及气水分离器内的水放掉，以防锈蚀。

A. 8 小时　　B. 一天　　C. 三天　　D. 一周

4. 矿用移动式瓦斯抽放泵站正常启动后，在规定的转速下，进行试运转试验，时间不少于（　　）。

A. 10 min　　B. 20 min　　C. 30 min　　D. 60 min

5. 抽放容易自燃和自燃煤层的采空区瓦斯时，必须经常检查（　　）浓度和气体温度参数的变化，发现有自然发火征兆时，应当立即采取措施。

A. 氧气　　B. 一氧化碳　　C. 二氧化碳　　D. 空气

6. 地面瓦斯抽放泵站建筑必须采用不燃性材料，耐火等级为（　　）。

A. 一级　　B. 二级　　C. 三级　　D. 四级

四、简答题

1. 瓦斯抽采有哪些参数？
2. 简述单作用、双作用水环泵的工作原理。
3. 简述移动式瓦斯抽放泵站的启动操作程序。
4. 移动式瓦斯抽放泵站运转中应注意哪些事项？
5. 简述抽放泵停机操作方法。
6. 水环泵的常见故障有哪些？

参 考 文 献

[1] 毛君．煤矿固定机械及运输设备 [M]．北京：煤炭工业出版社，2006.

[2] 黄文建，彭敏．矿山流体机械的操作与维护 [M]．重庆：重庆大学出版社，2009.

[3] 李新梅．矿山流体机械 [M]．北京：航空工业出版社，2010.

[4] 张书征．矿山流体机械 [M]．北京：煤炭工业出版社，2010.

[5] 白铭声，陈祖苏．流体机械 [M]．北京：煤炭工业出版社，1983.

[6] 姜庆乐．主扇风机操作工 [M]．北京：煤炭工业出版社，1998.

[7] 国家安全生产监督管理总局、国家煤矿安全监察局．煤矿安全规程 [M]．北京：煤炭工业出版社，2016.

[8] 于励民，仵自连．矿山固定机械选型使用手册 [M]．北京：煤炭工业出版社，2007.

[9] 郭丽颖．矿山流体机械 [M]．北京：煤炭工业出版社，2014.